# 淘宝天猫网店美工

# 全能一本通

配色 抠图 装修 无线店铺

◎ 廖俊 张璐 主编 ◎ 秦李 王娜 何晓琴 副主编

【视频指导版】

人民邮电出版社
北京

**图书在版编目（CIP）数据**

淘宝天猫网店美工全能一本通 ：配色 抠图 装修 无线店铺 ：视频指导版 / 廖俊，张璐主编. -- 北京 ：人民邮电出版社，2017.5

ISBN 978-7-115-44981-8

Ⅰ. ①淘… Ⅱ. ①廖… ②张… Ⅲ. ①电子商务—网站—设计 Ⅳ. ①F713.361.2②TP393.092

中国版本图书馆CIP数据核字(2017)第032913号

## 内容提要

随着电子商务的迅速发展，网络购物已经成为了人们生活中的一部分。由于网络购物颠覆了传统的商业模式，其虚拟的交易方式使得网店页面的视觉设计比实体店铺的装修更加重要，由此衍生了“网店美工”这个针对网店页面视觉设计的新兴职业。本书从淘宝、天猫网店美工角度出发，以为卖家提供全面、实用、快捷的店铺视觉设计与装修指导为主旨进行编写。全书以知识与实例结合的方式进行讲解，涵盖了淘宝、天猫网店美工需要系统掌握的知识和技能，主要包括网店美工的基础，网店美工设计的基本理念，商品图片的修饰，调色与特殊处理，商品图片的切片与管理，店铺装修元素的设计，淘宝、天猫推广图设计，店铺首页的设计，店铺详情页的设计以及无线店铺的装修设计等内容。本书内容层层深入，且实例丰富，能有效地引导读者进行淘宝、天猫店铺装修的学习。

本书可供有志于或者正在从事淘宝、天猫网店美工相关岗位的人员学习和参考，也可作为高等院校电商美工相关课程的教材。

◆ 主　　编　廖　俊　张　璐
　副 主 编　秦　李　王　娜　何晓琴
　责任编辑　朱海昀
　责任印制　焦志炜

◆ 人民邮电出版社出版发行　　北京市丰台区成寿寺路 11 号
　邮编　100164　　电子邮件　315@ptpress.com.cn
　网址　http://www.ptpress.com.cn
　北京缤索印刷有限公司印刷

◆ 开本：787×1092　1/16
　印张：14.75　　　　2017 年 5 月第 1 版
　字数：347 千字　　　2017 年 5 月北京第 1 次印刷

定价：69.80 元

**读者服务热线：(010)81055256　印装质量热线：(010)81055316**
**反盗版热线：(010)81055315**
**广告经营许可证：京东工商广字第 8052 号**

# 前言 PREFACE

淘宝、天猫网店美工是基于我国蓬勃发展的电子商务行业而兴起的岗位。该岗位工作内容简单来讲就是对淘宝、天猫店铺进行美化。随着网上购物的不断流行，网上店铺蓬勃发展起来，为了在淘宝、天猫市场中争得一席之地，简单枯燥的店铺页面远远不足以打动消费者，由此对淘宝、天猫网店美工人员的需求也越来越大。而好的网店美工不仅可以为消费者带来舒适的视觉感受，更能将良好的营销思维应用到产品中，通过独特的利益诉求点来打动消费者，促使他们进行交易。

本书主要设计了4篇内容，对淘宝、天猫网店美工的知识和技能进行了详细讲解，包括网店美工的基础、店铺图片的处理与管理、常规店铺装修设计与无线店铺装修设计。各篇的主要学习内容和学习目标如表0-1所示。

**表 0-1 全书内容和学习目标**

| 章 | 主要学习内容 | 学习目标 |
| --- | --- | --- |
| 第 1 篇 网店美工基础 | | |
| 第 1 章 | 1. 熟悉网店美工岗位<br>2. 熟悉 Photoshop 图像处理软件<br>3. 熟悉其他常用的图像制作与处理软件 | 明确网店美工的含义与岗位职责，熟悉网店美工需要涉及的一些图形图像软件 |
| 第 2 章 | 1. 了解设计元素<br>2. 色彩搭配<br>3. 文案排版设计<br>4. 视觉构图与页面的布局 | 了解视觉营销设计的一些基础知识，以便于为后面进行店铺元素设计、首页设计与详情页设计打下基础 |
| 第 2 篇 店铺图片的处理与管理 | | |
| 第 3 章 | 1. 调整商品图片的尺寸<br>2. 修饰商品图片<br>3. 调整商品图像的色彩与质感 | 掌握图片的基本处理方式，能够调整商品图片尺寸，修饰商品图片的污点与缺陷，以及掌握提高商品图片亮度与对比度、饱和度的方法 |
| 第 4 章 | 1. 处理商品图片的背景<br>2. 商品图片的组合 | 掌握为商品图片制作虚化背景、白底背景，以及更换背景的方法，学会对商品进行组合陈列，展示最优的视觉效果 |
| 第 5 章 | 1. 商品图片的切片<br>2. 商品图片的管理 | 了解图片切片，掌握上传图片到图片空间的方法，为装修店铺提供更为便捷的图片管理方式 |

续表

| 章 | 主要学习内容 | 学习目标 |
| --- | --- | --- |
| 第 3 篇 常规店铺装修设计 | | |
| 第 6 章 | 店铺 Logo、店标、店招、快速导航设计 | 掌握 Logo、店标、店招等店铺元素的尺寸以及设计方法 |
| 第 7 章 | 1. 制作高点击率的主图<br>2. 直通车推广图设计<br>3. 智钻图设计 | 了解文案写作的基础知识，并掌握文案的设计与写作方法，以便更好地推广产品 |
| 第 8 章 | 1. 了解店铺首页<br>2. 设计首焦轮播图和优惠券、分类、宝贝促销、收藏区、客服、页尾模块 | 了解首页须知的模块，根据店铺需要搭配相应的模块进行设计，要求整体风格统一，模块间的分类清晰 |
| 第 9 章 | 1. 了解商品详情页<br>2. 设计详情页首页焦点图、搭配建议模块、商品亮点、商品信息展示、商品细节 | 了解商品详情页须知的模块，并掌握根据店铺需要搭配相应的模块的方法，在制作时要求商品的卖点表达清晰 |
| 第 4 篇 无线店铺装修设计 | | |
| 第 10 章 | 1. 了解无线店铺装修要点<br>2. 无线店铺首页、详情页、自定义页面装修 | 掌握无线店铺装修设计要点，以及无线店铺首页、详情页、自定义页面装修设计的方法 |

本书主要有以下特点。

**1. 内容全面，案例和练习素材丰富，实战性强**

本书从淘宝、天猫网店美工岗位的认知入手，一步步深入地介绍淘宝、天猫网店美工所涉及的知识和技能。书中案例丰富、实用，读者可以借鉴书中的案例进行设计，也可以在其基础上进行扩展练习。书中的“新手试练”和“高手进阶”栏目是供读者进行实战练习的，可以帮助读者尽快理解和掌握岗位技能。

**2. 配套资源丰富，附加值高**

书中的“经验之谈”栏目是与淘宝、天猫网店美工相关的经验、技巧。“微课堂”栏目是书中知识的延伸，读者可以扫描其中的二维码阅读。本书还配备了PPT、素材和效果文件、店铺装修模板等资源，读者可以登录人邮教育社区（www.ryjiaoyu.com）免费下载使用。此外，书中的重点内容配备了相应的操作视频，以二维码的形式嵌入书中，读者可以通过手机等移动终端设备扫描观看。

本书由廖俊、张璐担任主编，秦李、王娜、何晓琴担任副主编，参与编写的还有曹亚景。由于时间仓促和编者水平有限，书中难免存在不足之处，欢迎广大读者批评指正。

编者

2017年2月

# CONTENTS

## 第2篇 店铺图片的处理与管理

### 第3章 商品图片的处理



### 第4章 商品图片的特殊处理



### 第5章 商品图片的切片与管理

# 第3篇 常规店铺装修设计

## 第6章 店铺装修元素设计



## 第7章 淘宝、天猫推广图设计

# 第4篇 无线店铺装修设计

## 第10章 无线店铺装修设计

# 第1篇　网店美工基础

# 第1章

# 初识网店美工

网店美工是店铺的装饰者，他们从视觉角度上快速提高店铺的形象，帮助树立网店品牌，吸引更多顾客进店浏览。Photoshop作为当前最常用的图像制作与图像处理软件，是网店美工必须进行掌握的软件之一。网店美工通过Photoshop可以快速修复商品图片的拍摄缺陷，并制作出店铺需要的店招、主图、海报等图片。除此之外，其他辅助软件也可以协助完成图片的修饰与制作，如常用的美图秀秀和Illustrator等软件。

# 1.1 熟悉淘宝、天猫网店美工岗位

考虑到很多读者第一次接触网店美工岗位，对该岗位并不熟悉，因此本小节主要介绍淘宝、天猫网店美工的相关知识，包括淘宝、天猫网店美工的工作范畴与设计要求和淘宝、天猫网店美工的技能要求两部分，为后面进行淘宝、天猫网店美工设计奠定基础。

## 1.1.1 淘宝、天猫网店美工的工作范畴与设计要求

淘宝、天猫网店美工的工作范畴包括店铺页面设计与美化、网店促销海报的制作、宝贝内页设计、图片美化、网页切片、商品上传等。下面对淘宝、天猫网店美工的工作范畴与设计要求分别进行介绍。

- 负责店铺和网站的美工设计、图片处理。在设计时要求对产品有一定敏感度，能用简练文案表达产品的卖点。
- 设计网页布局的风格，进行网页色彩的搭配。要求具有良好的审美观。
- 负责每款商品的设计和美化，包括商品的拍摄及商品图片的校色、美化处理。要求掌握拍摄与处理图片的方法。
- 能独立完成店铺的主页美化，设计快速导航、促销、描述、宝贝分类、商品展示模板等店铺的模板，能够进行网页切片。要求掌握不同模板的操作方法。
- 商品图片的上传与调整，根据公司产品的上架情况和促销信息自主制作促销广告位，设计动画、动态广告条等。要求掌握图片的上传与制作方法。
- 挖掘消费者的浏览习惯和点击需求，从用户角度来优化网店，提高网店的效用。

## 1.1.2 网店美工的技能要求

作为一名合格的网店美工，除了能够熟练使用Photoshop、Flash、Fireworks、Dreamweaver等常用设计与制作软件外，还需要具备扎实的美术功底和创新思维，精通网页设计语言并有一定的文字功底，写出的广告文案能够突出产品的亮点，这个亮点即为产品的诉求点。一个好的诉求点不仅能打动消费者，还能展示商家产品的优越性，因此一个好的网店美工不仅仅要懂专业知识，更要懂产品、懂营销、懂广告，了解如何将良好的营销思维应用到产品中，了解所制作的图片将传达什么信息，懂得如何去打动买家，引起买家的购买欲。

## 1.1.3 搜索并熟悉网店美工知识

下面进行网店美工知识实战。首先在百度搜索引擎中搜索“淘宝美工”，了解淘宝美工需掌握的一些基本知识，然后通过大型招聘网站查看淘宝美工岗位的岗位需求和技能要求。常用的大型招聘网站有前程无忧、猎聘网、58同城招聘、智联招聘等，本小节将通过智联招聘让读者充分了解淘宝美工岗位的潜在需求，从而拥有学习的动力和兴趣，其具体操作如下。

**步骤 01** 在百度搜索引擎中搜索“淘宝美工”，可查看淘宝美工相关的信息，图1-1所示为搜索到的淘宝美工百度百科，以及最新的招聘信息。

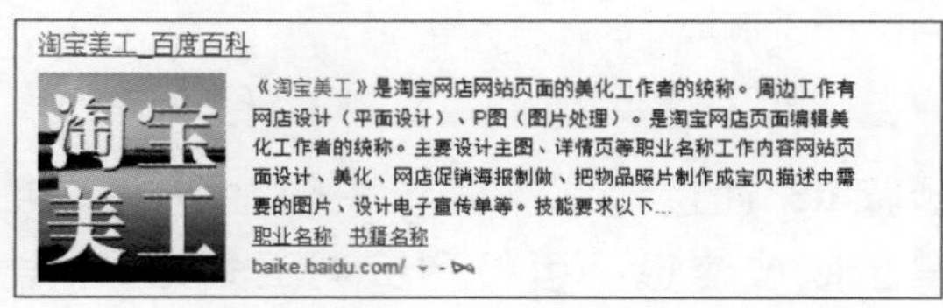


淘宝美工_最新招聘信息36883条_百度百聘

成都 淘宝美工

选择学历 选择月薪 选择工作经验 搜工作

相关热搜职位(成都) 换一换

| 职位名称 | 公司名称 | 工作经验 | 学历要求 | 薪酬 |
|---|---|---|---|---|
| 互联网集团急招... | 广州多迪网络科技有限公司 | 不限 | 不限 | 面议 |
| 摄影师/平面设计... | 四川世联瑞合电子商务有... | 不限 | 不限 | 5000-80... |
| 4K起网页设计/... | 成都恒安瑞达科技有限公司 | 不限 | 中专 | 4001-6000 |
| 急聘淘宝天猫实... | 上海旅烨网络科技有限公... | 不限 | 不限 | 面议 |

查看全部相关职位>>

图1-1 通过百度搜索淘宝美工

**步骤 02** 访问智联招聘网（http://sou.zhaopin.com），输入搜索的职位“淘宝美工”，并设置工作地点与发布时间，如图1-2所示。

职位类别 行业类别 发布时间
互联网产品/运营管理：淘宝/微信运营专员/主管 选择行业 所有时间
全文 公司名 职位名 工作地点
淘宝美工 成都
淘宝美工设计
淘宝美工助理
淘宝美工天猫美工
淘宝美工学徒
淘宝美工实习生
淘宝美工设计师
淘宝美工平面设计
淘宝美工主管
淘宝美工助理设计师
出纳员
文档/资料管理
会计经理/主管 客户代表 财务主管/总帐主管 采购专员/助理
施工员 成本会计 后勤人员 区域销售专员/助理
人力资源主管 销售总监 销售工程师 财务总监
大客户销售代表 渠道/分销专员 实习生 软件工程师

图1-2 搜索“淘宝美工”

**步骤 03** 单击 搜工作 按钮，查看搜索的“淘宝美工”职位结果，查看职位需求信息、月薪与工作地点，如图1-3所示。

默认顺序 相关度 首发日 显示方式

全选 申请职位 收藏职位

| 职位名称 | 反馈率 | 公司名称 | 职位月薪 | 工作地点 |
|---|---|---|---|---|
| 淘宝美工 | 73% | 成都笔杆子电子商务有限责任公司 | 3000-5000 | 成都 - 武侯区 |
| 网络营销淘宝阿里巴巴美工产品优化推广网页制作微信微博营销 | 100% | 成都耀发线缆有限公司 | 2001-4000 | 成都 - 青白江区 |
| 淘宝美工学徒，UI设计助理，软件开发方向 | | 成都天雄瑞科软件有限公司 | 4001-6000 | 成都 - 武侯区 |
| 以下职位也很不错，不妨试试~ | | | | |
| 淘宝美工主管 | | 四川圣地天堂实业有限公司 | 4000-8000 | 成都 - 金牛区 |
| 淘宝美工兼客服 | | 成都蜀国御科技有限公司 | 2001-4000 | 成都 |
| 平面、网页 淘宝美工学徒 | | 成都恒安瑞达科技有限公司 | 4001-6000 | 成都 - 金牛区 |
| 天猫淘宝美工 | | 成都逸品家居用品有限公司 | 4001-6000 | 成都 - 金牛区 |
| 天猫/淘宝美工 | | 成都快力文商务有限公司 | 2001-4000 | 成都 |
| 淘宝美工 | | 成都迪阳贸易有限公司 | 2001-4000 | 成都 - 武侯区 |
| 淘宝（电商）美工 | | 成都盛华世代投资开发有限公司 | 2001-4000 | 成都 - 青白江区 |
| 淘宝美工/平面设计新手学徒/零基础/应届生 | | 成都鹏瑞恒信网络科技有限公司 | 4001-6000 | 成都 - 武侯区 |
| 3K起急招网页设计/淘宝美工助理/包住双休 | | 成都天科同创科技有限公司 | 4001-6000 | 成都 - 金牛区 |

图1-3 查看职位需求信息

**步骤 04** 单击进入第一条职位信息页面，查看职位的具体信息，以及岗位职责与任职要求，如图1-4所示。

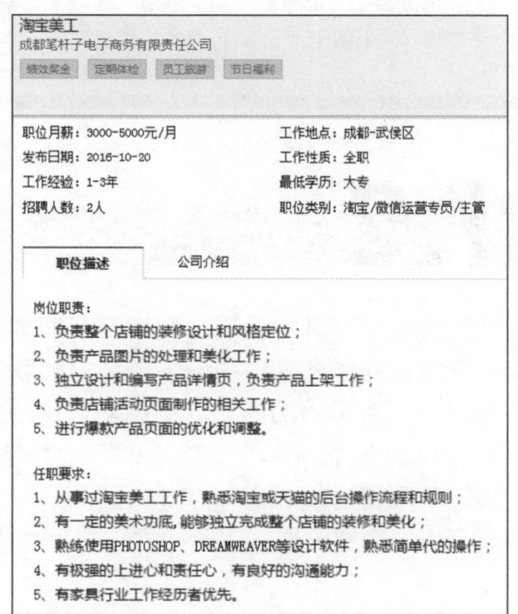
淘宝美工
成都笔杆子电子商务有限责任公司
绩效奖金 定期体检 员工旅游 节日福利

职位月薪：3000-5000元/月 工作地点：成都-武侯区
发布日期：2016-10-20 工作性质：全职
工作经验：1-3年 最低学历：大专
招聘人数：2人 职位类别：淘宝/微信运营专员/主管

职位描述 公司介绍

岗位职责：
1、负责整个店铺的装修设计和风格定位；
2、负责产品图片的处理和美化工作；
3、独立设计和编写产品详情页，负责产品上架工作；
4、负责店铺活动页面制作的相关工作；
5、进行爆款产品页面的优化和调整。

任职要求：
1、从事过淘宝美工工作，熟悉淘宝或天猫的后台操作流程和规则；
2、有一定的美术功底，能够独立完成整个店铺的装修和美化；
3、熟练使用PHOTOSHOP、DREAMWEAVER等设计软件，熟悉简单代码的操作；
4、有极强的上进心和责任心，有良好的沟通能力；
5、有家具行业工作经历者优先。

图1-4 查看岗位职责与任职要求

**步骤 05** 使用相同的方法访问其他招聘网站，查看“淘宝美工”职位信息、岗位职责与任职要求，图1-5所示为前程无忧与58同城的搜索结果。

图1-5　了解其他招聘网站中的招聘信息

**经验之谈**

不同地区，同一职位的需求量与待遇也会有所差异，因此还可搜索其他地方的“淘宝美工”职位需求，便于更全面地了解淘宝美工的市场状况与发展前景。

**步骤 06** 通过对比不同求职网站中的淘宝美工职位信息，可将淘宝美工分为3个层次：初级美工，月薪3000～5000元，半年淘宝经验；中级美工，月薪4000～6000元，1年以上美工经验；高级美工，月薪5000～8000元，3年以上美工经验。

**新手试练**

熟悉淘宝、天猫网店美工岗位，要求了解淘宝、天猫网店美工的工作范畴和技能要求，可在百度、猎聘网中进行搜索，并整理相关的信息。

# 1.2 熟悉Photoshop图像处理软件

随着电子商务的发展，网店已经成为人们生活中必不可少的部分。作为网店美工，如何在竞争日益激烈的电子商务市场中脱颖而出成为了成功的关键，通过Photoshop制作出具有吸引力、宣传力的图片，提高店铺的视觉营销效果，是当前网店美工必须解决的问题。当然，作为一个网店美工新手，了解并掌握Photoshop的基本使用方法是进行其他操作的前提，下面将对Photoshop CS6的基础知识进行介绍，主要包括工作界面、常用工具、“图层”面板、图层操作、图层样式和常用快捷键。

## 1.2.1 认识Photoshop CS6的工作界面

选择【开始】/【所有程序】/【Adobe Photoshop CS6】菜单命令，启动Photoshop CS6，将打开如图1-6所示的工作界面，该界面主要由标题栏、菜单栏、工具箱、工具属性栏、面板组、图像窗口、状态栏组成。下面对Photoshop CS6工作界面的各组成部分进行详细讲解。

图1-6 Photoshop CS6工作界面

- **菜单栏：** 菜单栏用于将Photoshop所有的操作进行分类，包括文件、编辑、图像、图层、文字、选择、滤镜、3D、视图、窗口、帮助共11个菜单，每个菜单项下内置了多个相关的菜单命令。
- **标题栏：** 标题栏用于显示当前打开文件的名称，当打开多个图像文件时，将以选项卡的方式排列显示，以便切换查看和使用。
- **工具箱：** 工具箱中集合了绘制图像、修饰图像、创建选区、调整图像显示比例等工具按钮。若工具按钮右下角有黑色小三角形，表示该工具位于一个工具组中，单击黑色小三角形，或在该工具按钮上按住鼠标左键不放或单击鼠标右键，将显示隐藏的工具。
- **工具属性栏：** 当用户选择工具箱中的某个工具时，工具属性栏将变成对应的工具属性栏进行设置。
- **面板组：** Photoshop CS6中的面板组默认显示在工作界面的右侧，是工作界面中非常重要的一个组成部分，用于选择颜色、编辑图层、新建通道、编辑路径、撤销编辑等操作。选择“窗口”菜单命令，在打开的子菜单中选择相应的菜单命令，可显示或隐藏对应的面板。
- **图像窗口：** 图像窗口是对图像进行浏览和编辑操作的主要场所，所有的图像处理操作都是在图像窗口中进行的。
- **状态栏：** 状态栏位于图像窗口的底部，最左端显示当前图像窗口的显示比例，在其中输入数值并按“Enter”键可改变图像的显示比例，中间将显示当前图像文件的大小。

## 1.2.2 认识Photoshop CS6的常用工具

在Photoshop CS6中制作或处理图像过程中经常需要使用到一些工具，如图1-7所示。下面分别进行介绍。

- **规则选框工具组：** 包括矩形选框工具、椭圆选框工具、单行选框工具、单列选框工具，主要用于在文件中创建各种类型的选框，创建后，操作只在选框内进行，选框外不受任何影响。
- **套索工具组：** 包括普通套索工具、多边形套索工具、磁性套索工具，主要用于建立复杂的几何形状的选区。

- **魔棒工具组：**包括快速选择工具和魔棒工具，主要适用于选取图像中颜色相近或有大色块单色区域的图像，通过图像中相邻像素的颜色近似程度来创建选区。
- **橡皮擦工具组：**主要包括普通橡皮擦工具、背景橡皮擦工具、魔术橡皮擦工具，用于擦除图像中不需要的颜色。
- **移动工具：**用于移动选区内容、辅助线或层的内容，也可以将内容置入其他文档中。
- **钢笔工具组：**包括自由钢笔工具、转换点工具、添加锚点工具、删除锚点工具，用于绘制与编辑路径。

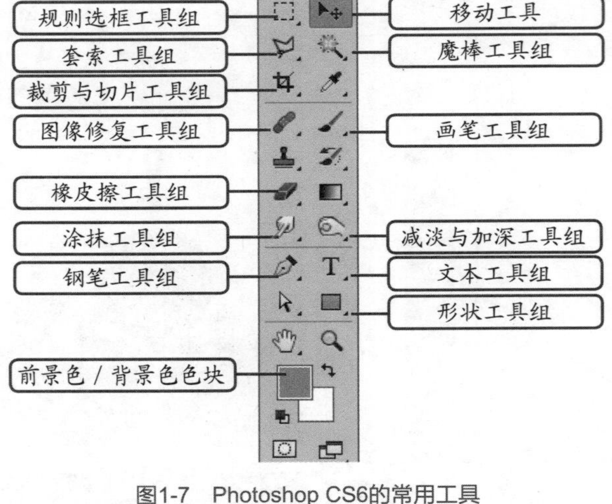


图1-7　Photoshop CS6的常用工具

- **形状工具组：**包括椭圆工具、矩形工具、圆角矩形工具、多边形工具和自定义形状工具，用于绘制不同的形状或路径。
- **裁剪与切片工具组：**包括裁剪工具、透视裁剪工具、切片工具、切片选择工具，用于将图像裁剪成需要的大小或将图像切割成多个部分的图像保存。
- **画笔工具组：**包括画笔工具、铅笔工具、颜色替换工具、混合器画笔工具，用于绘制各种图形、图案或为选区上色、描边。
- **图像修复工具组：**主要包括修复画笔工具、污点修复画笔工具、修补工具、红眼工具，用于去除商品图片中的污点或修补图像。
- **图章工具组：**包括仿制图章工具、图案图章工具，用于吸取图像中的一部分或图像中的图案修补图像的其他部分。
- **减淡与加深工具组：**包括加深工具、减淡工具、海绵工具，可以使涂抹过的区域颜色变深变暗或减淡变亮，或降低部分图像的饱和度。
- **涂抹工具组：**包括模糊工具、涂抹工具、锐化工具，分别用于涂抹图像中的颜色，模糊部分图像，或提高部分图像的清晰度，常用于首饰珠宝的修饰。
- **文本工具组：**包括横排文字工具、直排文字工具、横排文字蒙板工具、直排文字蒙板工具，用于输入横排、竖排文字、文字选区、段落文本。
- **前景色/背景色色块：**前景色是插入、绘制图形的颜色，背景色是需要处理的图片底色，默认的是白色。按“Ctrl+Delete”组合键可以用背景色填充当前图形，按“Alt+Delete”组合键可以用前景色填充当前图形。单击对应的色块可打开颜色设置对话框，在其中可选择颜色。

## 1.2.3　认识Photoshop CS6的“图层”面板

图层好比是一张透明的醋酸纸，层与层之间是叠加的。若上层无任何图像，则对当前层无影响，若上层有图像，则与当前层重叠的部分会遮住当前层的图像。单击“图层”面板，将显示图层信息，如图1-8所示。

“图层”面板的部分选项与常用操作介绍如下。

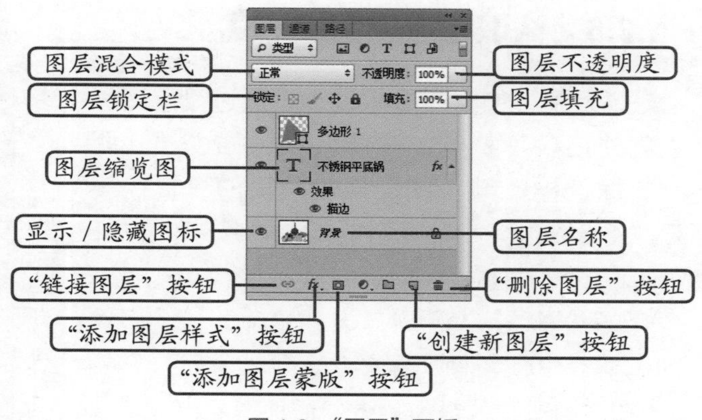

图 1-8 “图层”面板

- **图层混合模式**：用于创建图层的各种特殊效果，包括溶解、变暗、正片叠底、颜色加深、线性加深、叠加、柔光、亮光、强光。
- **图层不透明度、图层填充**：图层填充针对的是图层上的填充颜色，对图层上添加的一些描边、投影、斜面浮雕等特效不起作用；图层不透明度则针对的是整个图层，包括图层特效。
- **图层锁定栏**：用于设置选择图层的锁定方式，其中包括“锁定透明像素”按钮、“锁定图像像素”按钮、“锁定位置”按钮、“锁定全部”按钮。锁定的对象不能进行编辑。
- **“创建新图层”按钮**：用于创建一个新的空白图层。
- **“删除图层”按钮**：用于删除选择的图层。
- **显示/隐藏图标**：单击可切换显示和隐藏图层，若按“Alt”键单击该图标，可切换显示或隐藏其他图层。
- **“链接图层”按钮**：用于链接两个或两个以上的图层，方便同时进行缩放或透视等操作。
- **“添加图层样式”按钮**：用于选择和设置图层的样式。
- **“添加图层蒙版”按钮**：单击该按钮，可为图层添加蒙版。

## 1.2.4 图层常用的操作

图层的常用操作包括复制、移动、合并和盖印等，分别介绍如下。

- **复制图层**：按“Ctrl+J”组合键可复制当前选择的图层，拖动图层至“新建图层”按钮上也可复制该图层。
- **移动图层的顺序**：选择【图层】/【排列】菜单命令，从打开的子菜单中选择需要的命令即可移动图层的顺序，也可在“图层”面板直接拖动图层到其他位置实现图层顺序的更改。
- **合并图层**：选择两个或两个以上要合并的图层，选择【图层】/【合并图层】菜单命令或按“Ctrl+E”组合键可将多个图层合并为一个图层。选择【图层】/【合并可见图层】菜单命令，或按“Shift+Ctrl+E”组合键将合并可见的图层，其中隐藏的图层不进行合并。
- **盖印图层**：若要将多个图层的内容合并到一个新的图层中，同时保留原来的图层不变，可执行盖印图层操作。选择一个图层，按“Ctrl+Alt+E”组合键，可将该图层盖印到下面的图层中，原图层保持不变；选择多个图层，按“Ctrl+Alt+E”组合键，可将选择的图层盖印到一个新的图层中，原图层中的内容保持不变；按“Shift+Ctrl+Alt+E”组合键，可将所有可见图层中的图像盖印到一个新的图层中，原图层保持不变。

## 1.2.5 认识与应用图层样式

为了得到更加立体的效果，可通过设置图层样式创建出各种特殊的图像效果，如光照、阴影、斜面、浮雕等。图层样式效果的设置需要打开“图层样式”对话框，如图1-9所示。打开该对话框的方法主要有3种，分别介绍如下。

- 选择【图层】/【图层样式】菜单命令，在打开的子菜单中选择一种效果命令。
- 在“图层”面板中单击“添加图层样式”按钮 fx. ，在打开的下拉列表中选择一种效果选项。
- 直接双击需要添加效果的图层右侧的空白部分。

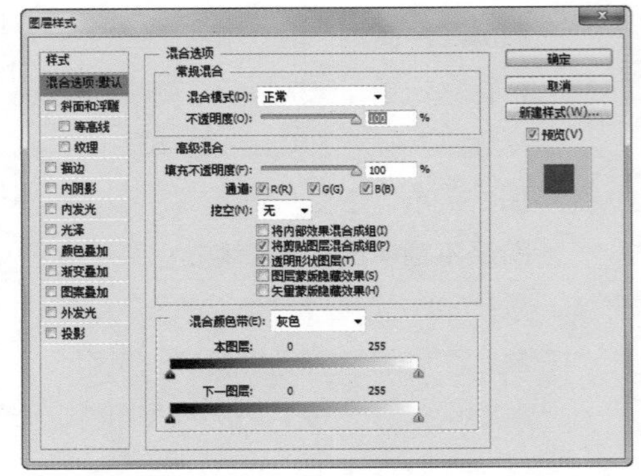


图1-9 “图层样式”对话框

打开“图层样式”对话框后，单击选中“图层样式”窗口左侧的复选框可切换到对应的设置面板。常用图层样式的效果介绍如下。

- **混合选项**：混合选项图层样式可以控制图层与其下面的图层混合的方式。图层混合样式包括溶解、变暗、叠加、强光、变亮、颜色加深等。图1-10所示为强光混合模式效果。

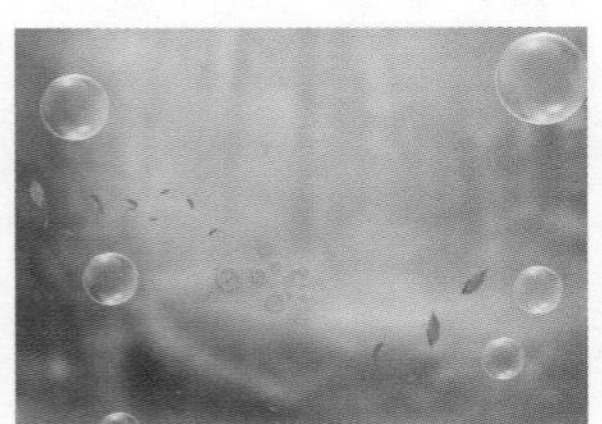

图1-10 强光混合模式效果

- **斜面和浮雕**：“斜面和浮雕”图层样式可以使图层中的图像产生凸出和凹陷的斜面和浮雕效果，还可以添加不同组合方式的高光和阴影。
- **等高线**：使用“等高线”图层样式可以勾画在浮雕处理中被遮住的起伏、凹陷、凸起的线，且设置不同等高线生成的浮雕效果也不同。
- **纹理**：使用“纹理”图层样式可以为斜面和浮雕应用图案填充效果。
- **描边**：描边图层样式可以沿图像边缘填充一种颜色，如图1-11所示。
- **内阴影**：内阴影图层样式可以在紧靠图层内容的边缘内添加阴影，使图层图像产生凹陷效果，如图1-12所示。

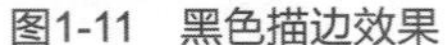
图1-11 黑色描边效果

图1-12 内阴影效果

- **内发光**：内发光图层样式可以沿图像的边缘向内创建发光效果。
- **光泽**：通过为图层添加光泽样式，可以在图像中产生游离的发光效果。
- **颜色叠加**：颜色叠加图层样式可以在图层上叠加指定的颜色，通过设置颜色的混合模式和不透明度来控制叠加效果。
- **渐变叠加**：渐变叠加图层样式可以在图层上叠加指定的渐变颜色。
- **图案叠加**：图案叠加图层样式可以在图层上叠加指定的图案，并且可以缩放图案，设置图案的不透明度和混合模式，如图1-13所示。
- **外发光**：外发光图层样式是沿图像边缘向外产生发光效果。
- **投影**：投影图层样式用于模拟物体受光后产生的投影效果，可以增加层次感，图1-14所示为添加投影前后的效果。

图1-13 图案叠加效果

图1-14 投影效果

## 1.2.6 Photoshop中的常用快捷组合键

在使用Photoshop处理商品图片或设计商品广告过程中，使用相应的快捷键无疑会比选择菜单命令节省时间。表1-1中总结了淘宝美工常用的快捷组合键。

表 1-1 常用快捷组合键

| 文件操作 | 图层操作 | 图像操作 | 选择与画笔操作 |
|---|---|---|---|
| 新建文件 Ctrl+N | 新建图层 Ctrl+Shift+N | 调整色阶 Ctrl+L | 全选 Ctrl+A |
| 保存文件 Ctrl+S | 复制图层 Ctrl+J | 调整曲线 Ctrl+M | 取消选择 Ctrl+D |
| 打开文件 Ctrl+O | 与前一图层编组 Ctrl+G | 调整色彩平衡 Ctrl+B | 反选 Ctrl+Shift+I |
| 打印文件 Ctrl+P | 取消编组 Ctrl+Shift+G | 调整色相 / 饱和度 Ctrl+U | 羽化 Shift+F6 |
| 关闭当前文件 Ctrl+W | 合并图层 Ctrl+E | 去色 Ctrl+Shift+U | 缩小画笔 Shift+[ |
| 显示网格 Ctrl+Alt+' | 合并可见图层 Ctrl+Shift+E | 反向 Ctrl+I | 放大画笔 Shift+] |
| 显示标尺 Ctrl+R | 盖印图层 Ctrl+Alt+E | 液化 Ctrl+Shift+X | |
| 放大视图 Ctrl++ | 盖印可见图层 Shift+Ctrl+Alt+E | 自由变换 Ctrl+T | |
| 缩小视图 Ctrl+− | 删除图层 Delete | 再次变换 Ctrl+Shift+T | |

## 1.2.7 促销标签制作实战

下面以制作促销标签为例，讲解Photoshop的基础操作方法，包括新建、打开、保存图像文件，文字工具、多边形工具、渐变填充工具，图层的管理与图层样式的应用。在设计标签时，将以“促销”为主题，选择大红色与较粗的促销字体，放置在主图上，在外形上将考虑从具有爆炸感觉的星形着手，烘托促销氛围，再将制作的标签放置在主图上，参考效果如图1-15所示。

图1-15 促销标签效果

下面进行促销标签的制作，其具体操作如下。

**步骤 01** 在“开始”菜单中选择Adobe Photoshop CS6菜单命令，启动Photoshop CS6。选择【文件】/【新建】菜单命令，打开“新建”对话框，设置名称为“标签”，宽度和高度均为“1000像素”，其他属性保持默认设置，单击 确定 按钮，如图1-16所示。

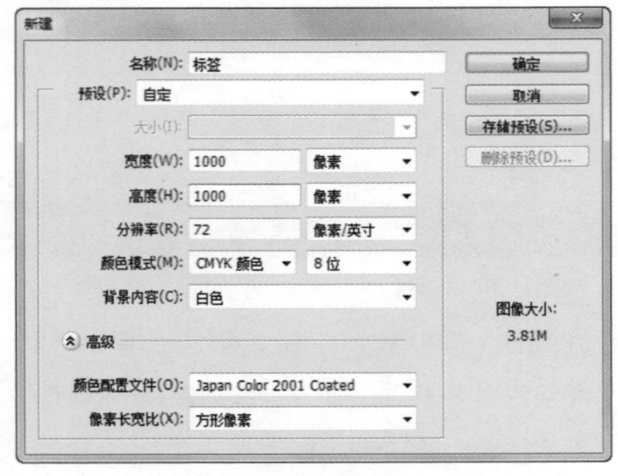


图1-16 新建文件

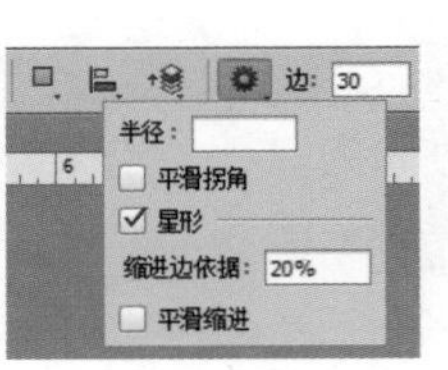

图1-17 设置并绘制多边形

**步骤 02** 选择“多边形工具”，在工具属性栏中设置边为“30”，单击“设置”按钮，在打开的面板中单击选中“星形”复选框，并将“缩进边依据”设置为“20%”，在画布上拖动鼠标绘制多边形，效果如图1-17所示。

**步骤 03** 在多边形工具属性栏中单击“填充”栏后的色块，在打开的面板中单击“渐变填充”按钮，设置填充方式为“径向填充”，分别双击色标打开“拾色器（色标）”对话框，分别设置渐变颜色为“#ff6516、#ea0801”，如图1-18所示。

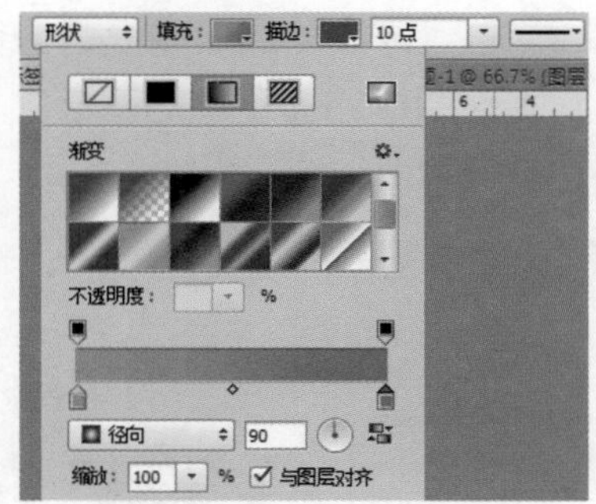

图1-18 设置形状填充

**步骤 04** 从中心向图形边缘拖动鼠标指针创建渐变填充效果，在工具属性栏设置描边颜色为“#ad0000”，描边粗细为“10点”，描边样式为“实线”，填充与描边效果如图1-19所示。

图1-19 查看填充与描边效果

**步骤 05** 在“图层”面板中选择刚才绘制的多边形图层，按“Ctrl+J”组合键复制该图层，如图1-20所示。

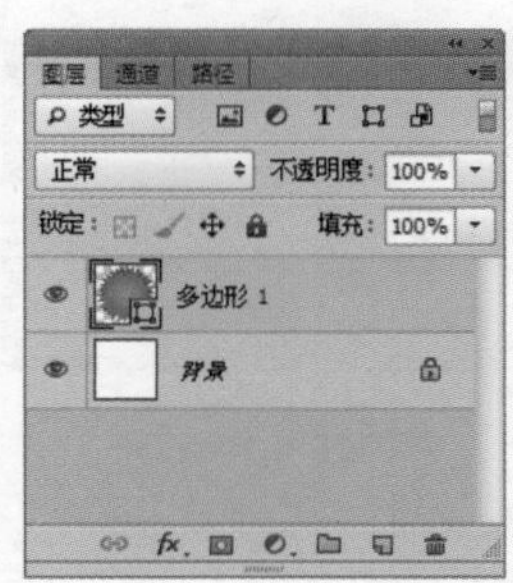

图1-20 复制图层

**步骤 06** 选择“横排文字工具”T，在工具属性栏设置字体为“汉仪粗黑简、181、#80201c”，输入文字“最低价”，调整字号；继续输入“99.99”文本，字体格式为“方正兰亭特黑扁_GBK、白色”，调整字号与位置，效果如图1-21所示。

图1-21 输入文本

**步骤 07** 选择“最低价”文本图层，在“图层”面板底部单击“添加图层样式”按钮fx，在打开的对话框中单击选中“投影”复选框，投影参数如图1-22所示。

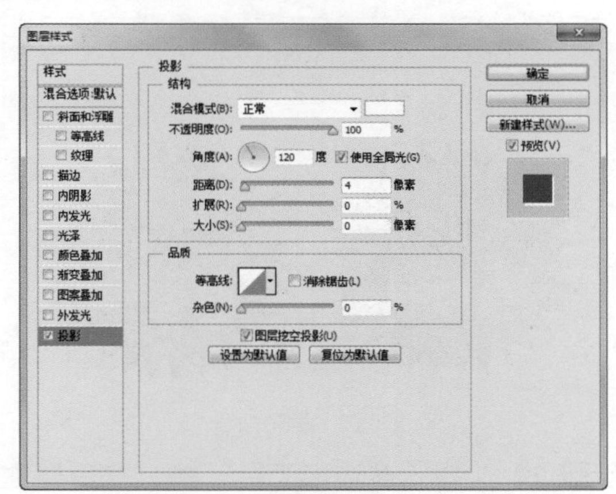

图1-22 添加投影

**步骤 08** 单击 确定 按钮返回工作界面查看投影效果，如图1-23所示。

图1-23 查看投影效果

**步骤 09** 选择“直线工具”，在工具属性栏中设置填充颜色为“#bfbfbf”，粗细为“8像素”，取消描边，按住“Shift”键向右拖动鼠标绘制直线，如图1-24所示。

图1-24　添加描边样式

**步骤 10** 选择多边形副本图层，选择“钢笔工具”，按住“Ctrl”键单击图形边缘，激活该路径，释放“Ctrl”键，单击删除不需要的节点，单击曲线添加节点，按住“Ctrl”键拖动节点与控制柄调整曲线，如图1-25所示。

图1-25　编辑曲线

**步骤 11** 选择“多边形工具”，在其属性设置填充为白色，无描边，在“图层”面板将该图层的不透明度设置为“35%”，效果如图1-26所示。

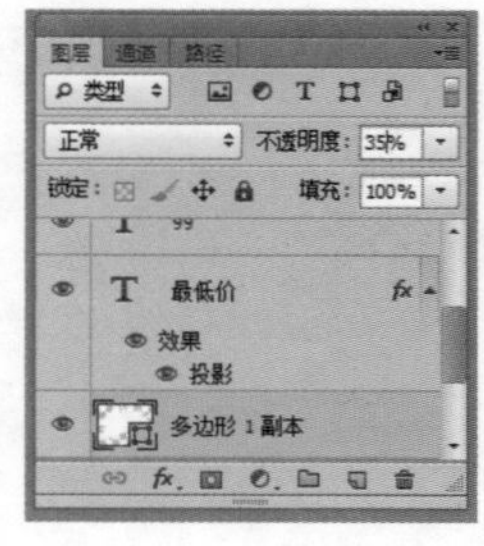

图1-26　设置图层的不透明度

**步骤 12** 单击“背景”图层前面的眼睛图标，取消眼睛图标的显示，隐藏该图层，效果如图1-27所示。

图1-27　隐藏图层

**步骤 13** 选择【文件】/【储存为】菜单命令，打开“储存为”对话框，选择格式为“PNG（*.PNG；*.PNS）”选项，单击按钮，如图1-28所示。完成本例的制作（配套资源:\效果文件\第1章\标签.png）。

图1-28　储存文件

**经验之谈**

保存标签的格式为PNG格式可以制作成无背景的效果，方便添加到商品图片上。

**新手试练**

为了更加了解网店美工的工作内容，可浏览淘宝网中各式各样的店铺，发现某些店铺中有精美的图片，可以收集并保存下来，图 1-29 所示为一些标签示例。

图1-29　精美淘宝标签

然后进行制作，为了使制作的标签符合需要，需要注意以下两个方面。

- 标签的外观、颜色、字体要符合商品图的风格与主题。
- 标签中的文本应清晰、易识别。

# 1.3 熟悉其他常用的图像制作与处理软件

在处理或制作淘宝店铺需要的图像时，淘宝网店美工可选择的软件较多，除了Photoshop外，还包括Illustrator、CorelDRAW、Painter、3dsmax、美图秀秀、光影魔术手和可牛影像等。下面以Illustrator和美图秀秀为例，讲解其他图形图像软件的使用方法。

## 1.3.1 认识Adobe Illustrator CS6

选择【开始】/【所有程序】/【Adobe Illustrator CS6】菜单命令，启动 Illustrator CS6 后，将打开如图 1-30 所示的工作界面，因为同属于 Adobe 旗下产品，所以 Illustrator CS6 界面的组成与各部分的作用与 Photoshop CS6 工作界面相似。

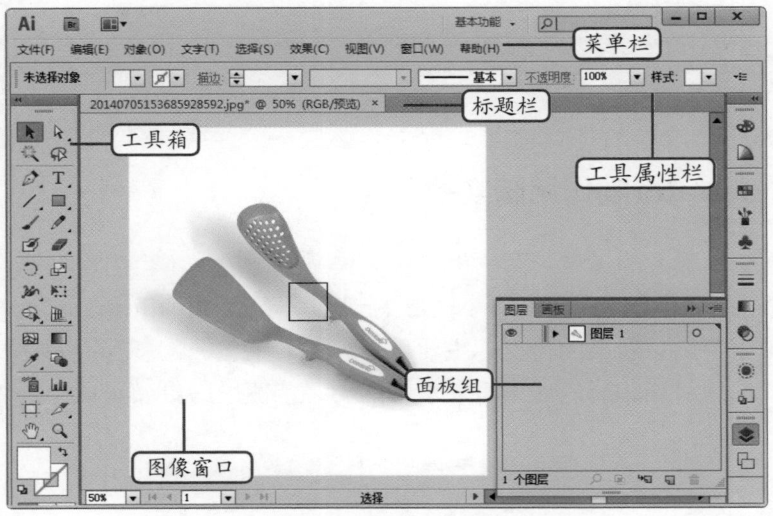


图1-30　Illustrator 界面

## 1.3.2 认识美图秀秀

美图秀秀是一款简单、易操作的图片处理软件，具有独有的美化、美容、拼图、场景、边框和饰品等功能，能轻松对拍摄的图片进行美化与修饰。

选择【开始】/【所有程序】/【美图】/【美图秀秀】菜单命令，启动美图秀秀，并打开美图秀秀的工作界面。在美图秀秀的工作界面单击首页中的打开一张图片按钮，打开需要处理的图片，即可进行图片的处理。如单击“美化”选项卡，在界面左侧向右略微拖动“亮度”与“对比度”滑块，在右侧的“特效”栏中选择“HDR”特效，素材图片即可得到美化，效果如图1-31所示。

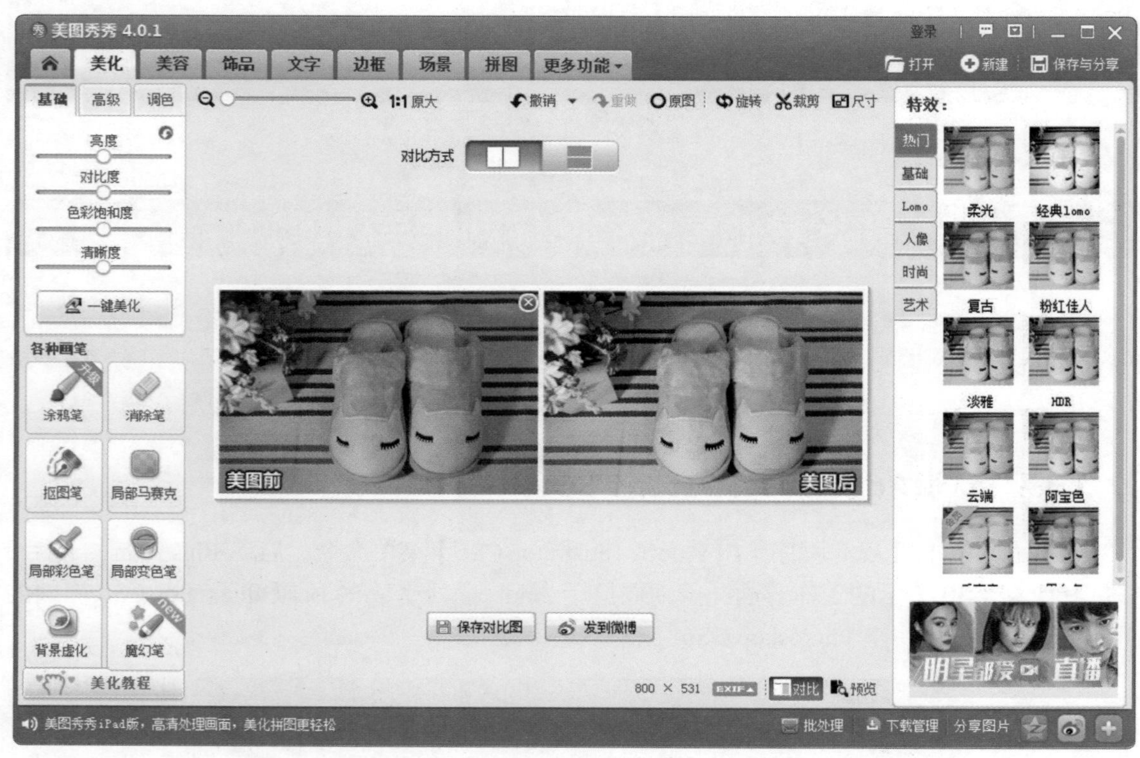

图1-31 美化图片

## 1.3.3 Illustrator制作吊牌实战

Illustrator是一款强大的矢量绘图软件，因为矢量图像放大不会出现马赛克，所以可用于Logo、店标、网页按钮和促销标签等小图形的制作。下面利用Illustrator制作一款上新的吊牌，在制作时为了突出“新”的特点，主要采用绿色为主色，代表春日万物复苏，从而与上新的时间吻合，使用斜线和三角形来增加吊牌的动感，使吊牌更加灵动，制作后的效果如图1-32所示。

图1-32　上新吊牌效果

在Illustrator中使用钢笔工具、椭圆工具、直线工具绘制吊牌，结合渐变填充、轮廓设置面板，以及混合模式润色与修饰吊牌，其具体操作如下。

**步骤 01** 启动Illustrator CS6，选择【文件】/【新建】菜单命令，打开“新建”对话框，设置名称为“吊牌”，宽度和高度均为500像素，其他保持默认设置，单击 确定 按钮，如图1-33所示。

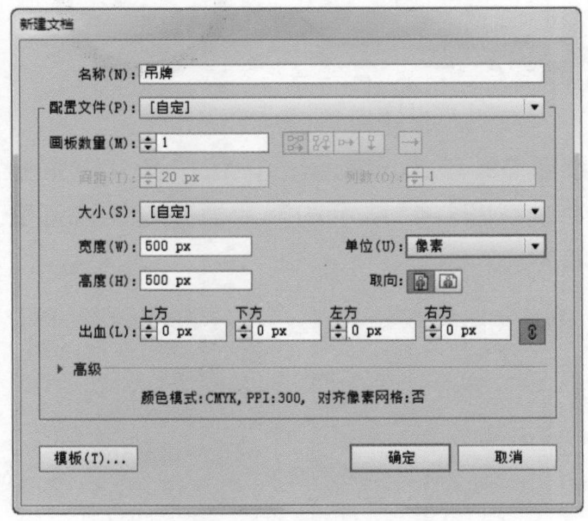


图1-33　新建文件

**步骤 02** 选择“钢笔工具”，在画布中单击增加锚点，移动到合适位置继续单击并拖动锚点，最后单击起点封闭图形，使用“直接选择工具”拖动曲线或锚点编辑绘制的图形，效果如图1-34所示。

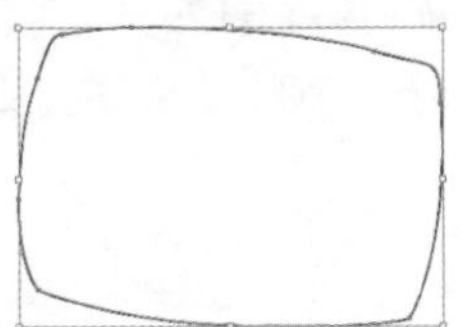

图1-34　绘制吊牌

**经验之谈**

在使用钢笔工具绘制图形的过程中，按住鼠标左键不放在锚点位置处进行拖动，可调整曲线弧度。

**步骤 03** 单击选择吊牌，在左侧的面板组中单击“渐变”按钮，在打开的“渐变”面板中设置填充方式为“线性”，角度为“－35.8°”，分别双击色标，在打开的面板中分别设置渐变颜色CMYK为“57.38、0、75.83、0”“89、49、100、13.5”，如图1-35所示。

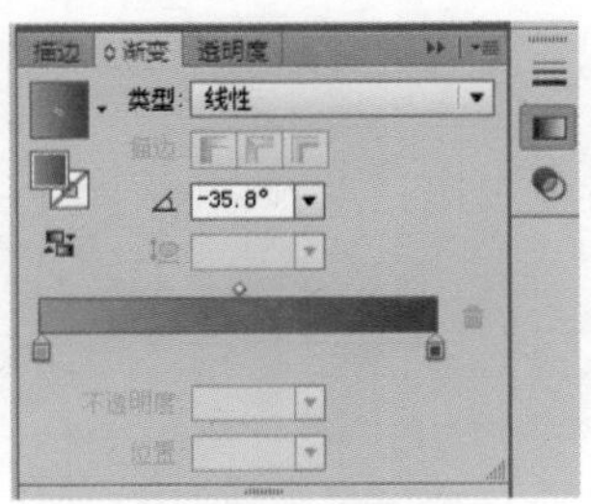


图1-35　设置渐变填充

**步骤 04** 单击“描边”选项卡，将描边粗细设置为“0”，取消描边，效果如图1-36所示。

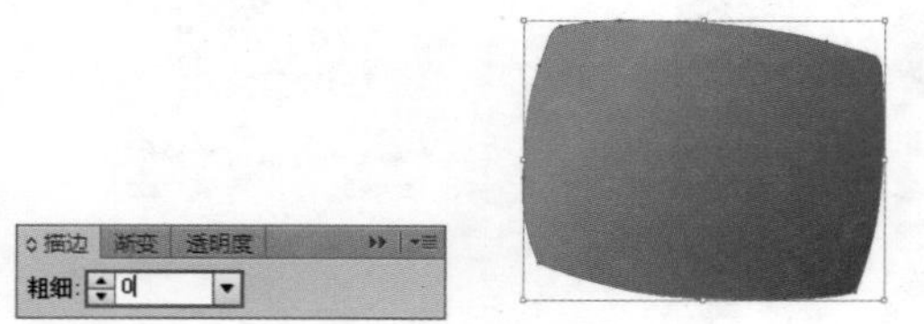


图1-36　取消描边

**步骤 05** 选择“直线工具”，设置粗细为“3pt”，在吊牌左上角和右下角绘制斜线，在“渐变”面板中单击按钮，设置轮廓颜色CMYK分别为“71、14、80、0”“90、52、96、20”，如图1-37所示。

图1-37　绘制斜线

**步骤 06** 选择“选择工具”，按住“Shift”键分别选择绘制两条斜线，选择【对象】/【混合】/【混合选项】菜单命令，打开“混合选项”对话框，设置间距为“指定的距离，6px”，单击确定按钮，按“Alt+Ctrl+B”组合键建立混合，如图1-38所示。

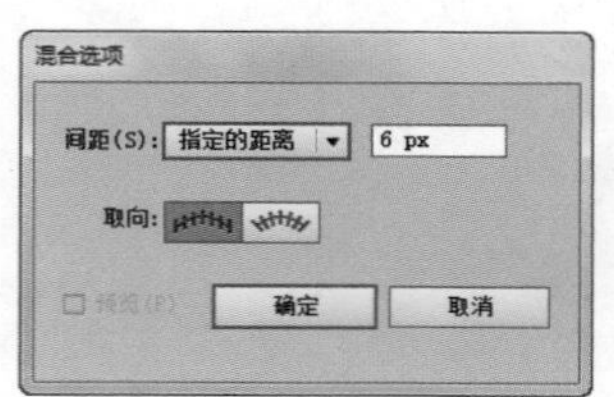

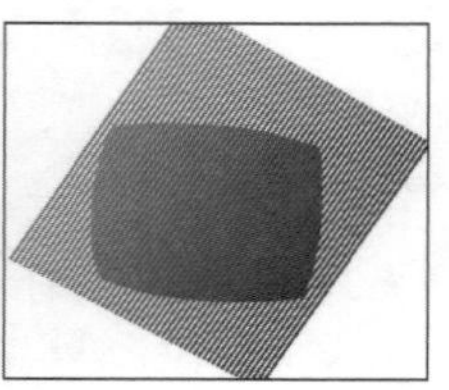

图1-38　建立混合

**步骤 07** 按“Ctrl+C”组合键复制吊牌，按“Ctrl+V”组合键粘贴，将其移动到混合线条上方，同时选择混合后的斜线与复制的吊牌，单击鼠标右键，在弹出的快捷菜单中选择“建立剪切蒙版”命令，蒙版效果如图1-39所示。

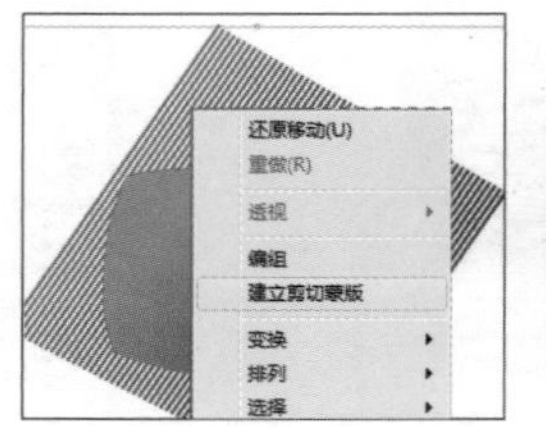

图1-39　建立剪切蒙版

**步骤 08** 选择“椭圆工具”，按住“Shift”键绘制宽度与高度为“42.5px”的圆形，设置描边粗细为“5px”，如图1-40所示。

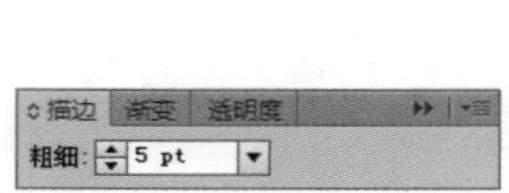

图1-40　绘制圆形

**步骤 09** 单击选择圆形，在“渐变”面板中设置图1-41所示的渐变填充与轮廓渐变填充。

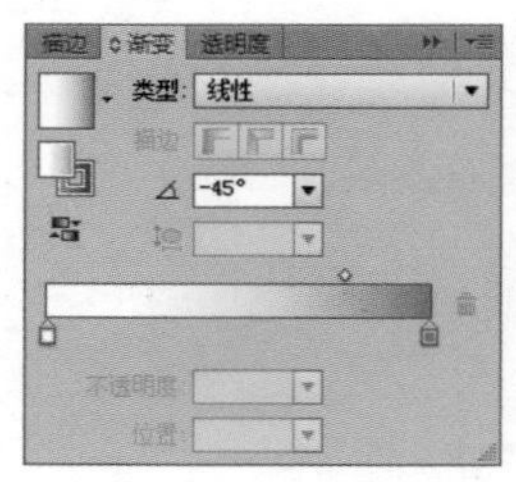

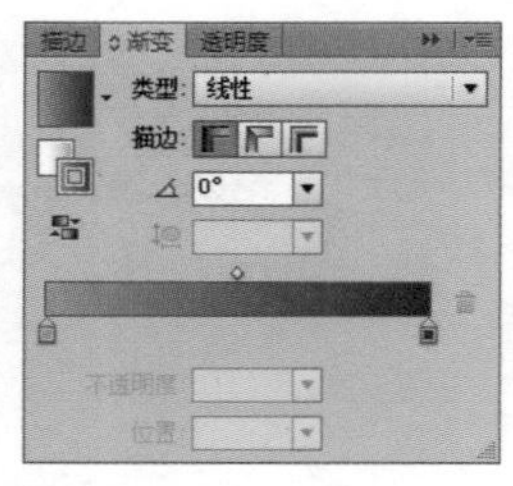


图1-41　设置圆形的渐变填充与轮廓填充

**步骤 10** 复制两个圆，选择“选择工具”，拖动四角来缩小圆，更改描边粗细、填充颜色与描边颜色，将其移动到吊牌左右上角；使用“钢笔工具”绘制粗细为0.5pt的吊绳，在工具属性栏将画笔定义为“圆点”，取消填充，轮廓色设置为“浅灰色”，如图1-42所示。

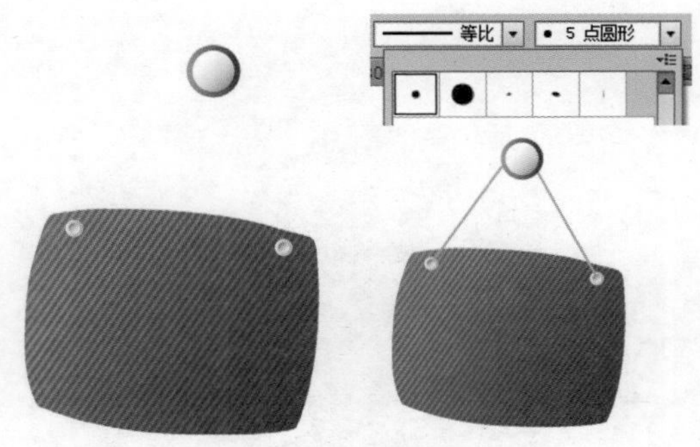

图1-42　复制圆并绘制吊绳

**步骤 11** 选择“文字工具”T，在工具属性栏设置字体为“方正粗圆简体、白色”，输入文本“3.1日新品上市”，调整字号，选择“选择工具”，单击文本，将鼠标移至文本框右上角，当出现双箭头旋转符号时，旋转文本框至合适位置；然后使用“钢笔工具”绘制白色三角形，如图1-43所示。

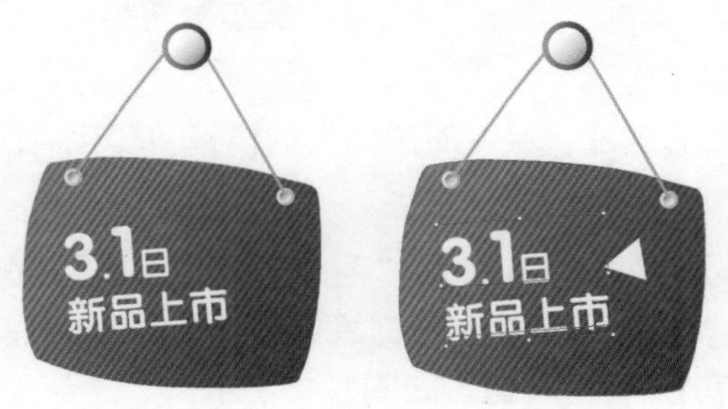

图1-43　输入文本并绘制三角形

**步骤 12** 选择最底层的吊牌图形，选择【效果】/【风格化】/【投影】菜单命令，打开“投影”对话框，设置投影参数，如图1-44所示，单击确定按钮。

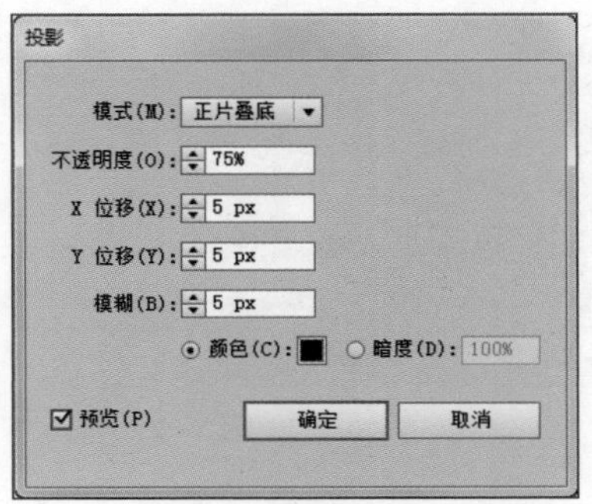

图1-44　设置投影参数

**步骤 13** 返回工作界面查看添加投影后的效果，如图1-45所示。全选吊牌图形，选择【文件】/【导出】菜单命令，打开“导出”对话框，设置格式为“png”，单击保存(S)按钮，完成本例的操作（配套资源:\效果文件\第1章\吊牌.png）。

图1-45　添加投影效果

## 1.3.4　美图秀秀制作海报拼图实战

下面利用美图秀秀制作海报拼图。因为是儿童毛巾，商品自身的色彩比较淡雅、素静，所以在制作时选择明度较高的黄色背景作为拼图的底色，增加画面的鲜艳度，处理前后的效果如图1-46所示。

图1-46　海报拼图效果

下面通过美图秀秀的一键美化功能快速美化商品图片，然后使用提供的模板将美化后的照片制作成海报拼图，其具体操作如下。

**步骤 01** 启动美图秀秀，单击“美化”选项卡，在打开的界面中单击打开一张图片按钮，如图1-47所示。

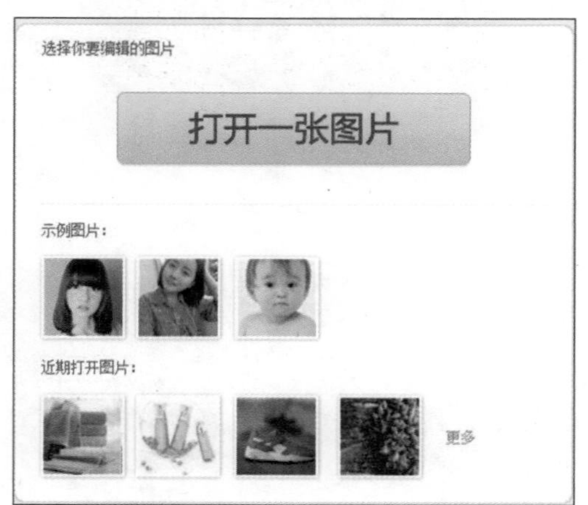


图1-47　打开处理的图片

**步骤 02** 打开“打开图片”对话框，选择素材保存路径，选择“毛巾（1）”文件（配套资源:\素材文件\第1章\毛巾（1）.jpg），单击打开(O)按钮，如图1-48所示。

图1-48　选择打开的图片

**步骤 03** 在美图秀秀界面打开素材图片，在左侧单击“基础”选项卡，单击一键美化按钮，如图1-49所示。

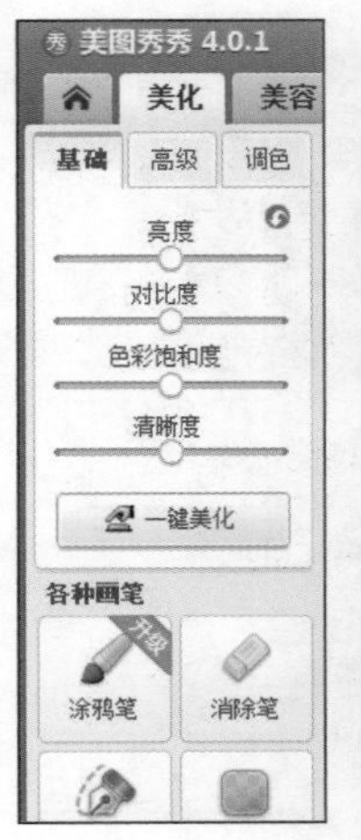

图1-49　一键美化图片

**步骤 04** 单击界面右上角的保存与分享按钮，打开“保存与分享”对话框，设置保存路径与保存名称，单击保存按钮即可完成保存，效果如图1-50所示。

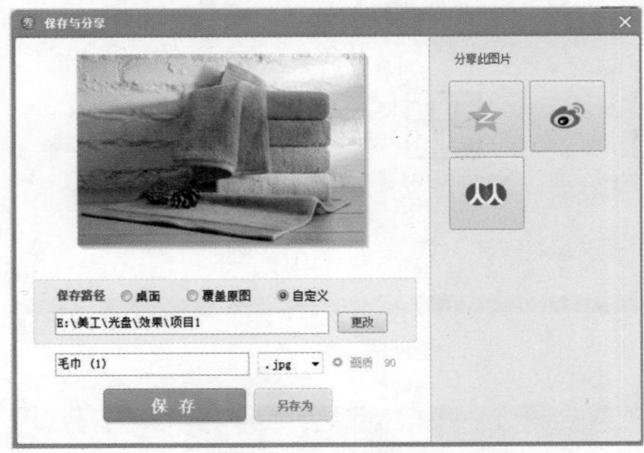

图1-50　保存美化后的图片

**步骤 05** 使用相同的方法美化“毛巾（2）.jpg、毛巾（3）.jpg”（配套资源:\素材文件\第1章\毛巾（2）~（3）.jpg）。在界面顶端单击“拼图”选项卡，在左侧选择“海报拼图”选项，如图1-51所示。

**经验之谈**

使用美图秀秀的特效可以很方便的为图片进行调色，除了单独应用某一特效外，也可叠加多种特效得到意想不到的效果。

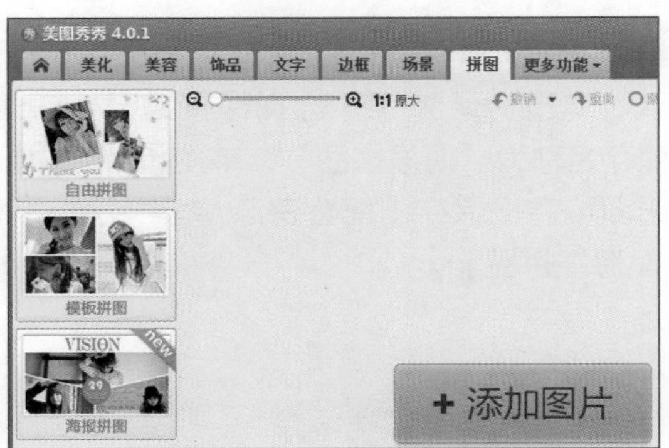

图1-51　选择“海报拼图”选项

**步骤 06** 打开海报拼图界面，在左侧单击“添加多张图片”按钮，添加美化后的“毛巾（1）~（2）.jpg”图片，在右侧的模板窗格中选择如图1-52所示的模板。

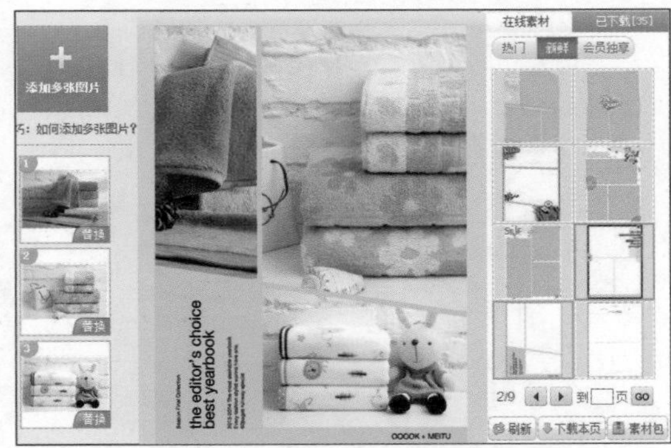

图1-52　添加海报拼图模板

**步骤 07** 在界面中拖动图片到其他位置可更改图片在拼图中的位置，若只是在框内拖动，可控制图片在该区域的显示范围；单击图片，打开“图片设置”对话框，在其中可更改图片大小与角度，效果如图1-53所示。

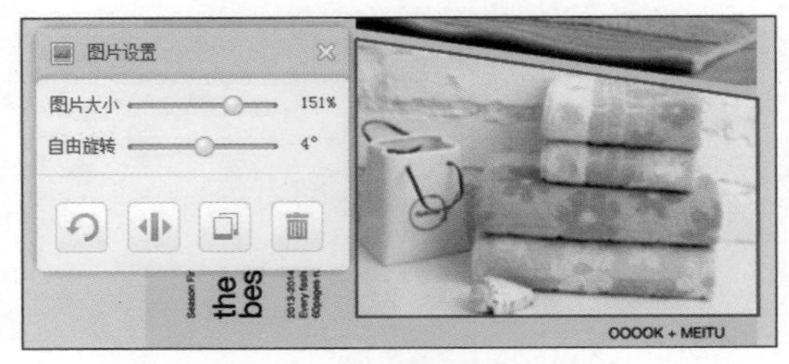

图1-53　编辑模板中的图片

**步骤 08** 编辑完成后的效果，如图1-54所示。单击按钮，选择保存路径，设置保存名称为“海报拼图”，单击保存按钮即可完成保存（配套资源:\效果文件\第1章\海报拼图.jpg）。

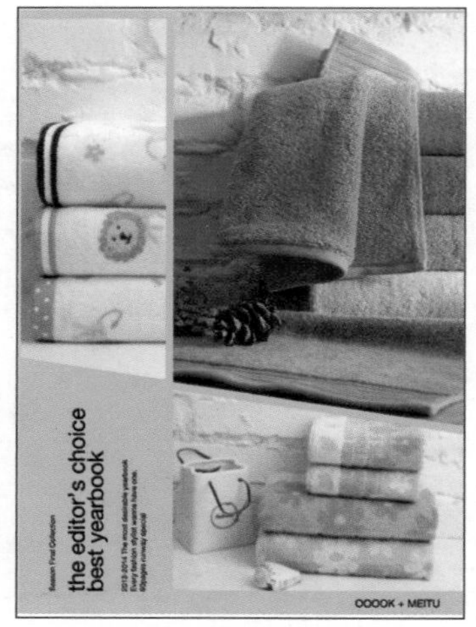


图1-54 最终效果

**经验之谈**

在应用海报模板时，可根据图片的风格、产品的类型选择合适的模板。

**新手试练**

某淘宝店铺拍摄了一些商品图片，但是在该商品图片中出现了光线处理不当、部分图片显得昏暗的现象，现要求使用美图秀秀进行美化处理，并绘制一些图标来装饰店铺。由于图标的大小并没有特定的要求，考虑放大后不影响图片的清晰度，所以使用矢量图软件 Illustrator 进行绘制，要求绘制的图标与店铺的风格一致。图 1-55 所示为淘宝店铺中的卡通气球与一些功能图标的效果。

图1-55 卡通气球与一些功能图标

# 1.4 扩展阅读——高级淘宝、天猫网店美工的成长路径

作为淘宝、天猫网店美工的新手，如何提高职业水平，成为职业中的高手，是大多数淘宝、天猫网店美工比较迷茫的事情，下面将分阶段阐述淘宝、天猫网店美工的成长路径。

- **第一阶段：**了解店铺的构成模块，以及运营的基础知识。例如，如何推广产品，包括搜索优化、直通车、淘宝客和淘宝活动等，以及如何查看与分析店铺中涉及的数据，如何节约成本，如何维护客户关系，如何增加销量等。通过运营，可以更加了解自己的工作职责与工作意义，了解如何与他人配合。
- **第二阶段：**软件基础的学习。淘宝、天猫网店美工需要涉及很多平面设计的知识与操作，在制作海报、主图等图片时，需要有针对性的掌握Photoshop、Illustrator、Dreamweaver、Fireworks等软件的操作。
- **第三阶段：**优秀店铺作品的鉴赏与模仿。在熟练掌握软件的操作后，许多学生还是无从下手，此时就需要学习优秀店铺的装修方式，包括构图技巧、配色技巧、风格搭配、商品的陈列、文案的组合、页面的排版等视觉营销方面的知识，先进行对比与总结，然后搜集素材，试着进行临摹与改编，形成自己的店铺作品。

- **第四阶段：** 拓展行业知识，提升视觉审美，善于观察生活中的事物，培养敏锐的市场洞察力，逐渐形成自己的设计风格。

## 1.5 高手进阶

（1）使用Photoshop制作“点击收藏”按钮，制作该按钮时需要用到钢笔工具、横排文本工具，并使用了图层样式中的描边、渐变叠加、投影效果，效果如图1-56所示。

（2）使用Illustrator制作数码网店的优惠券，制作该券需要用到文字工具、矩形工具、椭圆工具、钢笔工具，并使用混合选项、渐变填充等功能，需要注意的是为文本添加渐变效果时，需要在右键菜单中创建轮廓，再进行渐变填充，效果如图1-57所示。

图1-56　“点击收藏”按钮效果

图1-57　优惠券效果

（3）使用美图秀秀处理商品图片（配套资源:\素材文件\第1章\玉佩.jpg）。由于提供的素材光线较暗，因此需要稍微提高亮度，然后依次应用“100%去雾、80%HDR、50%粉饰佳人、25%复古”特效美化图片。处理前的效果如图1-58所示。处理后的效果如图1-59所示（配套资源:\效果文件\第1章\玉佩.jpg）。

图1-58　处理前的效果

图1-59　处理后的效果

# 第2章 网店美工设计的基本理念

由于人们在网店中购物不能像在实体店那样，可以用五官去感知商品，只能通过眼睛对卖家提供的文本、图片、视频进行查看，因此网店的视觉设计就显得尤为重要。本章将针对网店美工设计的一些基本理念进行介绍，告诉大家如何通过文字、图片、颜色、页面布局与排版进行网店的视觉营销，最终达到提高店铺的流量、转化率、品牌形象的目的。

# 2.1 了解设计元素

点、线、面是图像中最基本的三大要素，并且点、线、面具有不同的情感特征，在网店美工设计中，将三者进行组合可以制作出丰富的视觉页面效果，向买家传达对应的情感诉求。

## 2.1.1 点

点是可见的最小的形式单元，具有凝聚视线的作用。画面上的点可以使画面布局显得合理舒适、灵动且富有冲击力。点的表现形式丰富多样，既包含圆点、方点、三角点等规则的点，又包含锯齿点、雨点、泥点、墨点等不规则的点。点是相对而言的，没有一定的大小和形状，画面中越小的形体越容易给人以点的感觉，如漫天的雪花、夜空中的星星、大海中的帆船和草原上的马等。点既可以单独存在于画面之中，又可以组合成线或者面。点的大小、形态、位置不同，所产生的视觉效果、心理作用也不同。图2-1所示上图月亮即为点放大后形成的面，周围的星星以点的形式装饰背景，突出中秋的主题；下图以玫瑰花瓣为点，排列成环绕模特的曲线的装饰画面，并突出模特的服装。

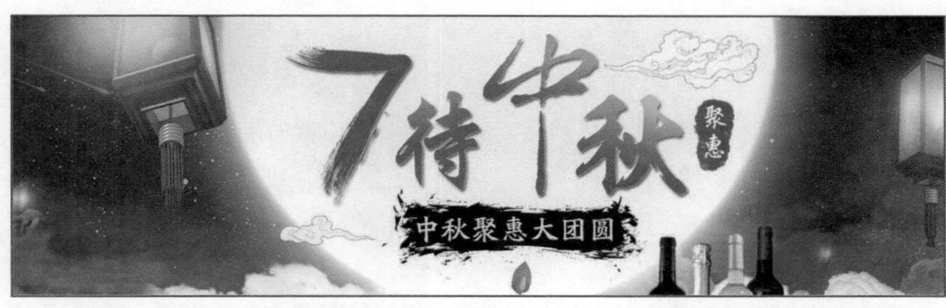

图2-1　淘宝视觉设计赏析

## 2.1.2 线

线在视觉形态中可以表现长度、宽度、位置、方向性和性格，具有刚柔并济、优美和简洁的特点，经常用于渲染画面，引导、串联或分割画面元素。线分为水平线、垂直线、斜线、曲线。不同线的形态所表达的情感是不同的，直线单纯、大气、明确、庄严；曲线柔和流畅、优雅灵动，如图2-2所示；斜线具有很强的视觉冲击，可以展现活力四射，如图2-3所示。

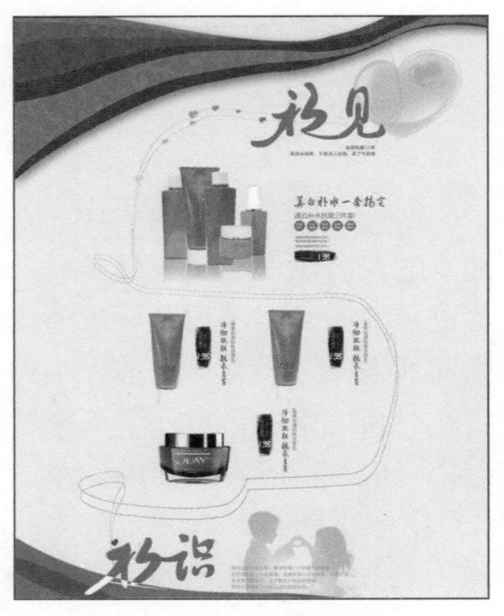


图2-2　曲线的应用

图2-3　斜线的应用

## 2.1.3　面

点的放大即为面，线的分割产生各种比例的空间也可称为面。面有长度、宽度、方向、位置、摆放角度等特性。在版面中，面具有组合信息、分割画面、平衡和丰富空间层次，烘托与深化主题的作用。利用面来组合画面时，需要注意的是，面与面之间要通过不同的排列来进行灵活对比。面在设计中的表现形式一般分为两种，即几何形和自由形。

- **几何形**：是指有规律的易于被人们所识别、理解和记忆的图形，包括圆形、矩形、三角形、菱形、多边形等，以及线条组成的不规则几何元素。不同的几何形能带给人不同的感觉，如矩形给人带来稳重、厚实与规矩的感觉；圆形给人充实、柔和、圆满的感觉；正三角形给人坚实、稳定的感觉；不规则几何形给人时尚活力的感觉。若背景采用不规则几何形切割画面，与产品配合，可以为画面营造前后层次感，避免画面背景过于单调，如图2-4所示。

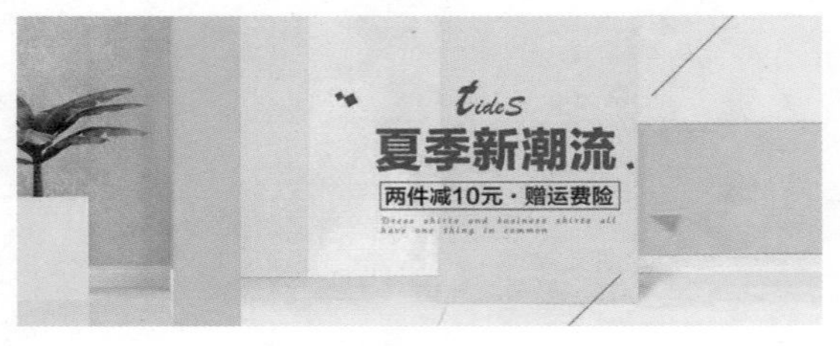

图2-4　不规则几何元素的应用

- **自由形**：自由形来源于自然或灵感，比较洒脱、随意，可以营造淳朴、生动的视觉效果。自由形可以是表达个人情感的各种手绘形，也可以是曲线弯曲形成的各种有机形，还可以是自然力形成的各种偶然形。

## 2.1.4 全屏海报设计元素赏析

点、线、面几乎存在于所有的网店美工设计中，合理的安排与设计点、线、面在页面中的大小、形态、位置、比例等，才能在营销商品的同时优化页面的视觉效果。下面将对“膜法世家全屏海报”中点、线、面的应用进行赏析，其具体操作如下。

**步骤 01** 进入膜法世家官方旗舰店首页，在图片轮播模块中可以看到图2-5所示的图片。从图片中可以看出，面的形态表现为“面膜”，与文本组合，居于画面的中心位置，使画面平衡稳定。

图2-5 面的应用

**步骤 02** 线的形态主要用于分割文案，并修饰文案“水润亮泽 保湿焕采”，将文案引导到商品图上，如图2-6所示。

图2-6 线的应用

**步骤 03** 点的形态表现为“海鸥”，并实现了近实远虚，近大远小的对比，增加了画面的动感并丰富了画面表现力，配合营造了海的氛围。

**步骤 04** 就海鸥位置分析，海鸥分布于画面的左右两侧，并未影响商品的展示，体现其装饰作用，左侧海鸥最大，右侧海鸥较小，放置了两只海鸥，以实现画面的整体平衡，如图2-7所示。

图2-7 点的应用

**经验之谈**

为了突出对比效果，往往将不同粗细的线条进行组合应用，突出画面的层次感与动感。此外，海报中的“线”并不一定是线条，可以是丝带、树枝、藤蔓等看似呈“线”形的所有元素。

**新手试练**

图 2-8 所示为搜集的两款海报效果。为了提高读者视觉设计的水平，要求对图中的点、线、面的应用方式与应用技巧进行分析。

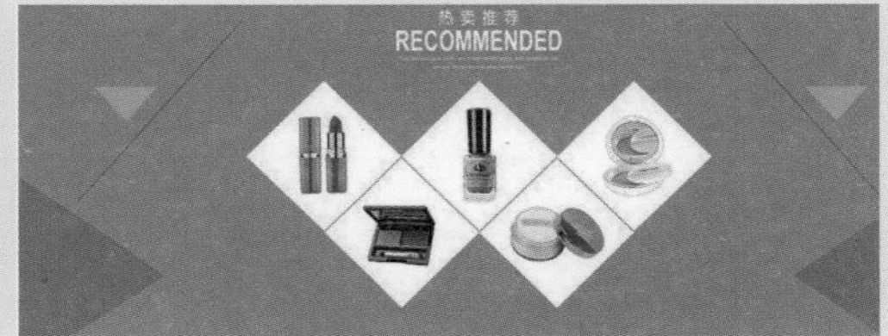


图2-8 海报

# 2.2 色彩的搭配

淘宝、天猫店铺的色彩与风格是浏览者进入店铺中首先感受到的东西，因此色彩是做好店铺视觉营销的基础。很多卖家在装修店铺的时候，喜欢将一些酷炫的色块随意地堆砌到店铺里，让整个页面的色彩感觉杂乱无比，给买家造成视觉疲劳。好的色彩搭配不但能够让页面更具亲和力和感染力，而且还能提升浏览量，因此，在店铺装修时色彩搭配尤为重要。

## 2.2.1 色彩的属性与对比

色彩由色相、明度以及纯度3种属性构成。色相是指各类色彩的视觉感受，如红、黄、绿、蓝等各种颜色；明度是指眼睛对光源和物体表面的明暗程度的感觉，取决于光线的强弱；纯度也称饱和度，是指色彩鲜艳度与浑浊度的感受。在搭配色彩时，经常需要用到一些色彩的对比，下面对常用的色彩对比进行介绍。

- **明度对比**：利用色彩的明暗程度进行对比。恰当的明度对比可以产生光感、明快感、清晰感。通常情况下，明暗对比较强时，可以使页面清晰、锐利，不容易出现误差；而当明度对比较弱时，配色效果往往不佳，页面会显得柔和单薄、形象不够明朗。图2-9所示为红色的不同明度对比效果。
- **纯度对比**：利用纯度的强弱形成对比。纯度较弱的对比画面视觉效果也就较弱，适合长时间查看；纯度适中的对比画面效果和谐、丰富，可以凸显画面的主次；纯度越强的对比画面越鲜艳明朗、富有生机。图2-10所示为红色的不同纯度对比。

图2-9 不同明度效果

图2-10 不同纯度效果

- **色相对比**：利用色相之间的差别形成对比。进行色相对比时需要考虑其他色相与主色相之间的关系，如原色对比、间色对比、补色对比、邻近色对比，以及最后需要表现的效果。衡量色差需要借助色相环，如图2-11所示。其中，原色对比一般指红色、黄色和蓝色的对比；间色对比是指两种原色调配而成的颜色的对比，如红+黄=橙，红+蓝=紫；补色对比是指色相环中的一个颜色与180°对角的颜色的对比；临近色对比是指色相环上的色相在15°以内的颜色对比。

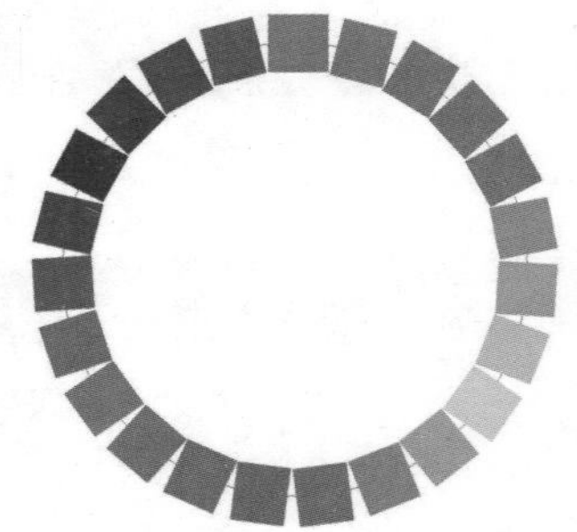

图2-11 24色色相环

- **冷暖色对比**：从颜色给人带来的感官刺激考量，黄、橙、红等颜色给人带来温暖、热情、奔放的感觉，属于暖色调；蓝、绿、紫给人带来凉爽、寒冷、低调的感觉，属于冷色调。图2-12所示为冷色调和暖色调页面的对比效果。

图2-12　冷色调和暖色调的对比

- **色彩面积对比：** 各种色彩在画面中所占面积的大小不同，所呈现出来的对比效果也就不同，图2-13所示为在页面中使用了大面积的浅色调。当在其中加入适当的红色能起到协调和平衡视觉的作用，使用小面积的红色还能起到强调促销文字和突出视觉中心的作用。

图2-13　色彩面积对比

## 2.2.2　主色、辅助色与点缀色

网店美工在搭配店铺的页面色彩时，并不是随心所欲的，而是需要遵循一定的比例与程序。网店装修配色的黄金比例为"70 : 25 : 5"，其中，主色色域应该占总版面的70%，辅助颜色所占比例为25%，而其他点缀性的颜色所占比例为5%。网店装修的配色程序为：首先根据店铺类目选择占用大面积的主色调，然后根据主色调合理搭配辅色与点缀色，用于突出页面的重点、平衡视觉。在色彩搭配中，主色、辅助色与点缀色是3种不同功能的色彩，具体介绍如下。

- **主色：**主色调是页面中占用面积最大，也是最受瞩目的色彩，它决定了整个店铺的风格，主色调不宜过多，一般控制在1~3种颜色，过多容易造成视觉疲劳。主色调不是随意选择的，而是系统性分析自己品牌受众人群的心理特征，找到群体中易于接受的色彩，如童装喜欢选择黄色、粉色和橙色等暖色调作为主色，图2-14所示的浅黄色即为店铺的主色调。
- **辅助色：**辅助色是指占用面积略小于主色，用于烘托主色的颜色，图2-14所示的青色为店铺的辅助色。合理应用辅助色能丰富页面的色彩，使页面显示更加完整、美观。
- **点缀色：**点缀色是指页面中面积小、色彩比较醒目的一种或多种颜色，图2-15所示的红色为店铺的点缀色。合理应用点缀色，可以起到画龙点睛的作用，使页面主次更加分明、富有变化。

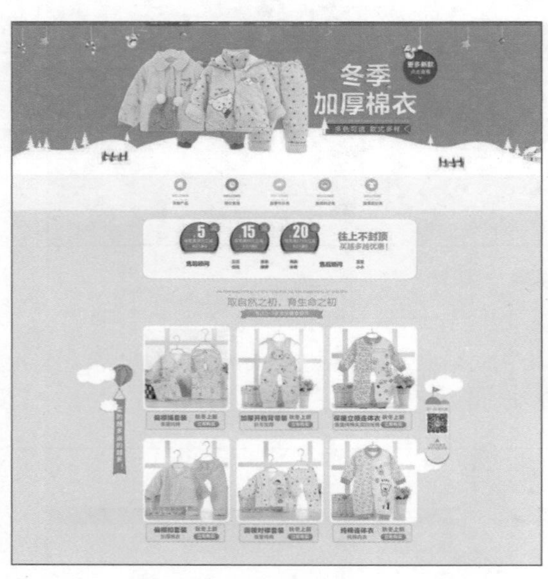

图2-14　童装店铺配色

图2-15　男装店铺配色

## 2.2.3　店铺首页颜色赏析

为店铺定位合理的色彩形象，能够有效提升店铺的销售额。下面对玛兰朵美品牌店首页中颜色的应用与搭配进行赏析，其具体操作如下。

**步骤 01** 进入玛兰朵美品牌店首页，可看到主色调为明度较低的深灰色，如图2-16所示。使整个页面含蓄而柔和，给人高品味、含蓄、雅致、耐人寻味的感觉，突出家纺柔软精致的特点。

图2-16　主色调的应用

**步骤 02** 白色与浅蓝色均是本页面的辅助色，中等明度的浅蓝色实现了低明度的深灰色与高明度的白色的自然过渡，使画面饱满，既符合夏季清爽的主题，又能与整个页面的深灰调子很好地调和在一起，如图2-17所示。

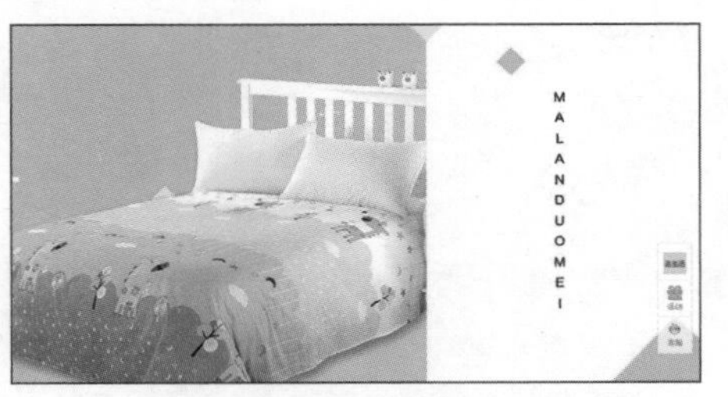


图2-17　辅助色的应用

**步骤 03** 小面积的不同明度与纯度的黄色色块是首屏的点睛色，能很好地与浅蓝色融为一体，装饰了首屏，丰富了整个页面的层次；其中，棕黄色、白色与深灰色背景形成鲜明的对比，可以很好地突出网页文本，如图2-18所示。

图2-18　点缀色的应用

**新手试练**

图 2-19 所示为搜集的淘宝网页首屏效果。为了提高读者颜色应用与搭配水平，要求对页面中颜色的明度、饱和度与纯度，以及主色、辅助色与点缀色的搭配进行分析。

图2-19　网页首屏效果

# 2.3 文案排版设计

可读性强、搭配合理的文本能直观地向买家倾诉商品的详细信息，引导买家完成商品的浏览与购买。然而，当设计中应用了不和谐、不恰当的字体时，卖家想要传输给买家的信息就会大打折扣，因此文本也是店铺装修需要设计的重要元素。图2-20所示为海报应用不同字体后的效果，很显然右图的文本排版更美观，字体与小鹿、毛衣的外形更为吻合，更能融入海报的氛围。

图2-20　文案排版前后的对比

## 2.3.1　字体的性格特征

不同字体展现不同的性格特征。在选择字体时，需要根据商品的特征来选择对应的字体。下面对淘宝店铺常用的字体性格特征进行介绍。

- **宋体**：宋体是店铺应用最广泛的字体，其笔画的起点与结束点有额外的装饰、横细竖粗，其外形端庄秀美、具有浓厚的文艺气息，适合用于标题设计。系统默认的宋体纤细、美观端庄，但作为标题分量不足，而方正大标宋不仅具有宋体的秀美，还具备黑体的醒目性，因此经常被用于女性产品的设计。此外，方正大标宋、书宋、大宋、中宋、仿宋、细仿宋等也属于常用的宋体。图2-21所示为宋体在女装海报中的应用效果。

图2-21　宋体

- **黑体**：黑体笔画粗细一致，粗壮有力、非常醒目，具有强调的视觉感，宣传性强，常用于广告、导航等设计，如图2-22所示。常见的黑体样式包括粗黑、大黑、中黑、雅黑等。

图2-22　黑体

- **书法体**：书法体包括楷体、叶根友毛笔行书、篆书体、隶书体、行书体和燕书体等，书法体具有古朴秀美、历史悠久的特征，常用于古玉、茶叶、笔墨、书籍等古典气息浓厚的店铺中，如图2-23所示。

图2-23　书法体

- **美术体：**美术体是指将文本的笔画涂抹变形，或用花瓣、树枝等拼凑成各种图形化的文本，装饰作用力强，主要用于海报的设计，可有效提升店铺的艺术品位，图2-24所示为美术体的应用效果。

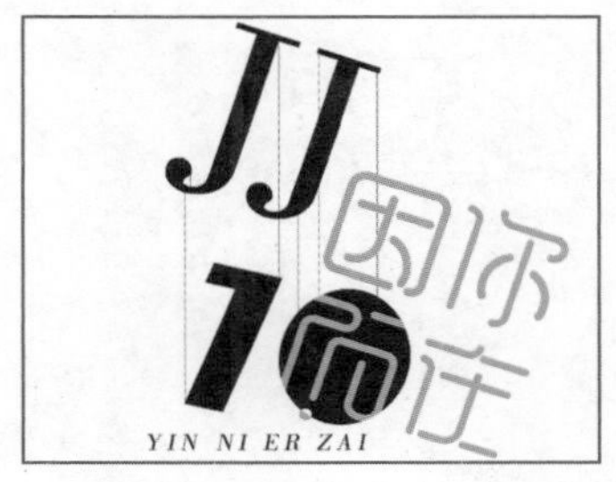

图2-24　美术体

## 2.3.2　字体风格的搭配

字体风格是指通过文字的视觉体现产生不同的视觉联想，选择合适的字体风格不仅渲染了版面的氛围，还能便于受众对主题的理解与消化。下面对淘宝、天猫中常用的字体风格进行分析。

- **男性字体：**在设计车、剃须刀、重金属、摇滚、竞技游戏、足球等男性消费者占主导地位的产品时，一般使用笔画粗的黑体类字体或带棱角的字体。常用的男性字体有方正粗谭黑简体、造字工房劲黑、汉仪菱心体简、蒙纳简超刚黑等。图2-25所示的剃须刀和男装海报中使用的字体能很好的展示男性硬朗、粗犷、力量、稳重、大气的特点。

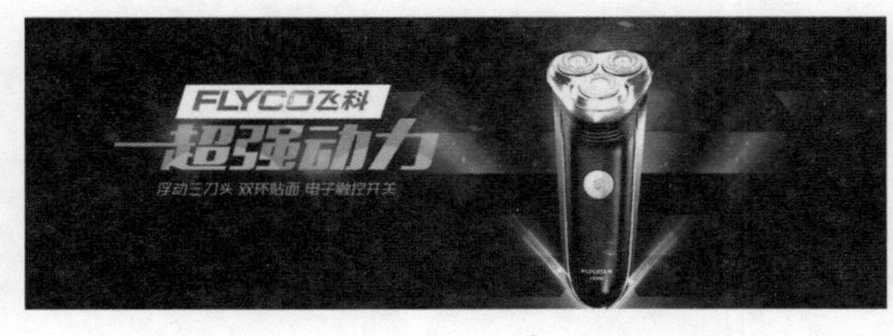

图2-25　男性字体

- **女性字体：**在鲜花类、珠宝配饰类、女性用品、护肤品、化妆品等以女性消费者为主体的产品设计中，一般采用纤细秀美、时尚、线条流畅，字形有粗细变化的字体，如宋体、方正中倩简体、方正纤黑简体、张海山悦线简体、方正兰亭黑简体等。图2-26所示为化妆品海报与女装海报中的字体设计效果。

图2-26　女性字体

▪ **儿童字体：**在零食、玩具、童装、点读机、卡通漫画等以儿童消费为主体的产品设计中，一般采用活泼、可爱、呆萌、肥圆、调皮的字体，如汉仪娃娃篆简、方正胖娃简体、方正少儿简体、腾祥孔淼卡通简体等。图2-27所示中的字体圆润逗趣，很符合卡通、可爱、调皮的特点。

图2-27　儿童字体

▪ **促销型字体：**促销文案涉及了多个行业，重在突出促销信息，因此一般采用粗、大、醒目的字体，并配合适当的倾斜、文字变形等特效增加促销效果。一般选择笔画较粗的字体，如黑体、方正粗黑、方正粗谭黑简体等。图2-28所示为促销型字体的应用效果。

图2-28　促销型字体

## 2.3.3　字体的布局技巧

在淘宝、天猫视觉营销设计中，文字除了传达营销信息外，还是一种重要的视觉材料，字体的布局在画面空间、结构、韵律上都是很重要的因素。下面对淘宝、天猫视觉营销设计中常用的布局技巧进行介绍。

▪ **字体的选用与变化：**排版淘宝、天猫广告文案时，选择2~3种匹配度高的字体是最佳的视觉效果。否则，字体过多会产生零乱而缺乏整体的感觉，容易分散买家注意力，使买家产生视觉疲劳。在选择字体时，可考虑加粗、变细、拉长、压扁或调整行间距来变化字体大小，来产生丰富多彩的视觉效果。

▪ **文字的统一：**在进行文字的编排时，需要把握文字的统一性，即文字的字体、粗细、大小与颜色在搭配组合上让买家有一种关联的感觉，这样文字组合才不会显得松散杂乱。

- **文字的层次布局：**在淘宝视觉营销设计中，文案的显示并非是简单的堆砌，而是有层次的，通常是按重要程度设置文本的显示级别，引导买家浏览文案的顺序，首先映入买家眼帘的应该是作品强调的重点。在进行文字的编排时，可利用字体、粗细、大小与颜色的对比来设计文本的显示级别。图2-29所示的焦点图中，首先通过大字号配合气球突出“热恋”的氛围，然后配合形状使用白色强调销量的件数，其次用红色的文字突出“温暖”。

图2-29　文字的层次布局

## 2.3.4　海报字体搭配赏析

字体的选择与搭配、字体颜色的搭配、字体的修饰与布局是视觉营销设计中不可或缺的因素。下面对某牛仔裤海报的字体搭配进行赏析，具体可从字体的选择、字体颜色的搭配、字体的排列与布局、字体的搭配等方面入手，其具体操作如下。

**步骤 01** 从海报整体而言，产品的类目为男性牛仔裤，在字体选择上采用了笔画方正、较粗的符合男性气质的方正兰亭粗黑、方正北魏楷，以及棱角分明的Engravers MT字体，使画面更加硬朗、粗犷，如图2-30所示。

图2-30　字体的选择与搭配

**步骤 02** 在字体颜色的选择上，选择了低调沉稳的白色、黑色、深蓝色、暗红色，深蓝色与牛仔裤的颜色相互呼应，如图2-31所示。

图2-31　字体颜色的赏析

**步骤 03** 该海报用牛仔裤的面料来填充英文字体，使文字与牛仔裤紧密相连；使用黑色矩形作为白色文本的背景，可以使白色文本更加醒目，易于阅读，相比简单的填充某一种颜色，字体的美观度得到提升，如图2-32所示。

图2-32　字体的修饰

图2-33　布局的层次

**步骤 04** 该海报应用字体大小与字体颜色的对比来设置文本的显示级别，买家首先看到的是区别整个海报颜色的暗红色的价格信息，其次看到的是烘托页面的英文字体，如图2-33所示。

**经验之谈**

在淘宝、天猫视觉设计中，修饰文本的方法有很多，除了常见的倾斜、加粗、更改字体颜色外，还可为文本设置描边、加粗、发光、投影效果，以及叠加颜色或图案等。

**新手试练**

图 2-34 所示为搜集的淘宝网页海报效果。为了提高读者颜色应用与搭配水平，要求对海报中字体的风格、字体的修饰与字体的布局进行分析。

图2-34　海报

# 2.4 视觉构图与页面的布局

良好的页面布局能够让店铺更加出彩。好的页面布局离不开视觉构图的设计，以及各元素的布局与排版设计。下面将分别对视觉构图、店铺页面布局的基本元素、店铺页面布局的原则等知识进行介绍。

## 2.4.1 视觉构图

在进行店铺视觉营销设计时，需要根据商品与主题要求，将要表现的信息合理地组织起来，构成一个协调完整的画面。良好的视觉构图能够让店铺更加出彩，为了提高构图水平，下面对常见的构图方法进行介绍。

- **中心构图**：在画面中心位置安排主元素，如商品或促销文案。这种构图方式给人稳定、端庄的感觉，适合对称式的构图，可以产生中心透视感，如图2-35所示。在使用该构图方式时，为了避免画面呆板，通常会使用小面积的形状、线条或装饰元素进行灵活搭配，增强画面的灵动感。

图2-35　中心构图

- **九宫格构图**：是指用网格将画面平均分成9个格子，在4个交叉点，选择一个点或者两个点作为画面的主物体的位置，同时其他点还应适当考虑平衡与对比等因素。该构图方式富有变化与动感，是常用的构图方式之一。图2-36所示的吹风机和价格在右边两点的位置，而左边两点以文字和图片加以展示，画面相对比较和谐而价格正好处于视觉中心，充分传达了促销信息。

图2-36　九宫格构图

- **对角线构图**：是指画面主题居于画面的斜对角位置，能够更好呈现主题的立体效果，表现出立体效果。与中心点构图方式相比，该构图方式打破了平衡，具有活泼生动的特点。图2-37所示的键盘采用了对角线构图方式，让键盘突破画面，更具立体感。
- **三角形构图**：以3个视觉中心为元素的主要位置，形成一个稳定的三角形。该三角形可以是正三角也可以是斜三角或倒三角，其中斜三角较为常用，也较为灵活。三角形构图具有安定、均衡但不失灵活的特点。图2-38所示的人物与包构成了三角形，给人强烈的视觉动感，便于受众记忆。

图2-37　对角线构图

图2-38　三角形构图

- **黄金分割构图：**是指将画面一分为二，其中较大部分与较小部分之比等于整体与较大部分之比，其比值为1∶0.618或1.618∶1。0.618是公认的最具美学价值的比例，具有艺术性与和谐性。图2-39所示的构图主推产品为羽绒服，正是在画面的黄金分割位置。

图2-39　黄金分割构图

## 2.4.2　店铺页面布局的基本元素

一个完整的淘宝店铺中，网店页面一般包括的元素有店招、导航、轮播海报、优惠券、宝贝分类、宝贝展示、页尾等，图2-40所示为典型的页面布局元素。

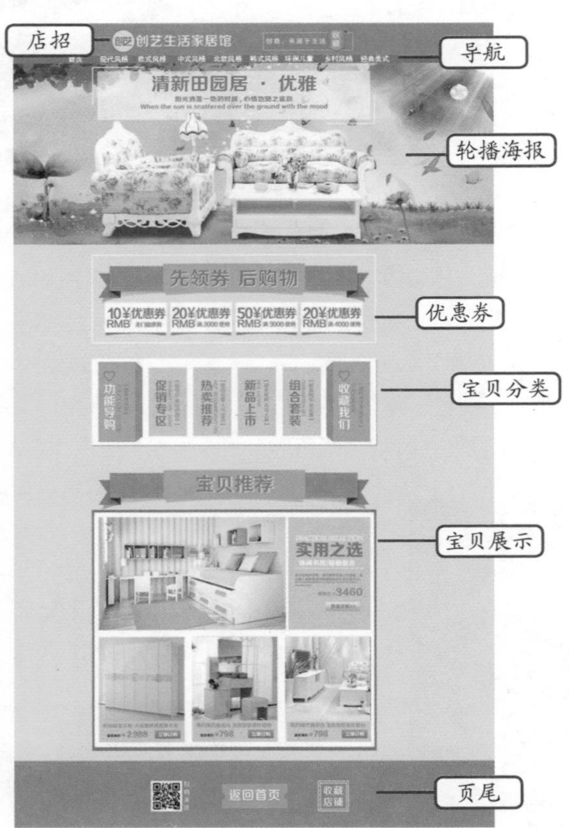


图2-40　店铺页面布局的基本元素

## 2.4.3 店铺页面布局的原则

一个店铺的布局成功与否，直接影响了买家能否在第一时间产生浏览或购买的欲望。为最大可能地把握店铺的每一点流量，提高整体流量，网店布局除了要根据自己店铺的风格、产品、促销活动分门别类地进行清晰、完整的布局外，还要求讲究整体部分的合理性，使浏览者享有一个流畅的视觉体验。要做到合理布局店铺页面，需要遵循以下原则。

- **主次分明、中心突出**：视觉中心一般在屏幕的中心位置或中部偏上的位置。将店铺促销信息或爆款、主推款等重要商品安排在最佳的视觉位置，无疑会迅速抓住买家眼球。在视觉中心以外的地方可以安排稍微次要的内容，这样可以在页面上突出重点，做到主次有别。图2-41所示为妖精的口袋的部分布局。从图中可以看到视觉中心为主推的毛衣或服装。

图2-41 妖精的口袋

- **大小搭配、相互呼应**：展示多个商品时，可通过大小搭配的方式使页面错落有致，如图2-42所示。
- **区域划分明确**：合理、清晰地分区可引导消费者快速找到自己的消费目标。图2-43所示为宝贝的分类，买家可根据分类找到所需类型的产品。

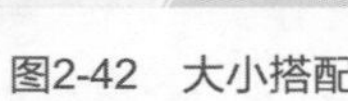
图2-42 大小搭配

图2-43 宝贝分类

- **简洁与一致性**：保持页面简洁与一致性是网页布局的基础，如标题要醒目，页面字体、颜色搭配得当，各页面的文本、商品的间距移至图形、标题之间的留白一致。
- **合理使用页面元素**：页面元素的选用要合理、精确，在页面中的大小、间距与位置要合适。例如，背景图案生动、页面文本无错别字且可读性强等。

- **布局丰满、应有尽有：**布局丰满并非是所有模块的简单堆砌，而是将有必要的模块涵盖全面。除了包含产品常规模块外，页面还包括收藏模块、客服模块、搜索模块等必备的模块，以增加店铺的黏性，提升新老客户的忠实度，提高店铺的用户体验。

## 2.4.4 淘宝首页视觉赏析

意尔康是中国领先的鞋类品牌企业。下面将对意尔康淘宝网页中海报的构图技巧、商品的陈列、色彩与文本的应用进行赏析，其具体操作如下。

**步骤 01** 意尔康属于比较成熟品牌，顾客以25～40岁之间的女性为主，秉承一贯传统文化的风格，在文本与形状等元素的用色上主要采用具有民族特色的红色、简练的黑色、明快的白色布局首屏，突出店铺的风格，如图2-44所示。

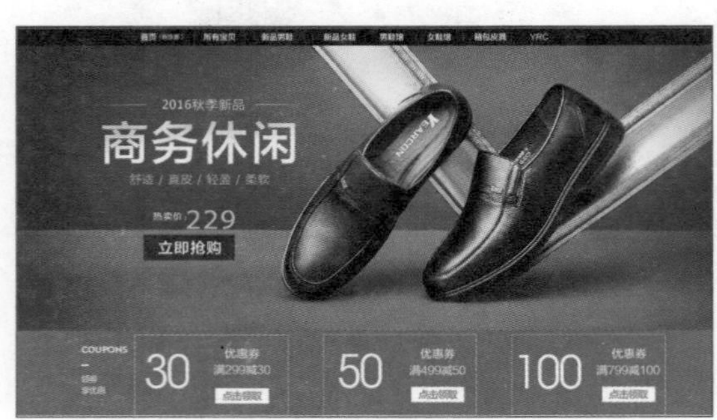


图2-44 店铺配色风格

**步骤 02** 在首屏海报构图时，左边为文本，右边为商品，右侧的商品用三角架支撑，增强了商品的空间感，恰好与文本形成黄金分割构图方式，如图2-45所示。

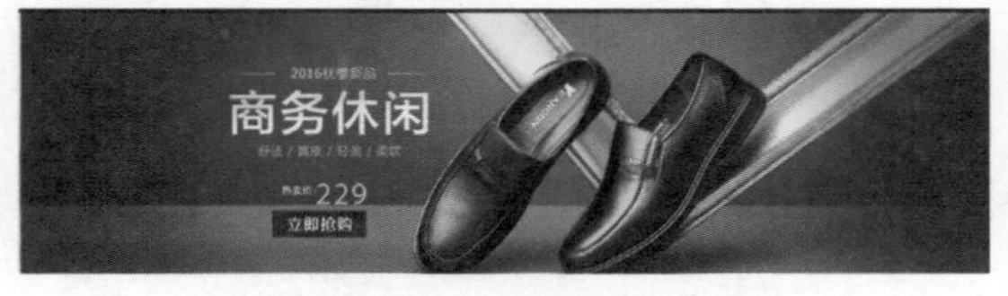


图2-45 海报的构图

**步骤 03** 就商品展示而言，既有规则的水平排列，又有大小不一致的错落搭配，使页面布局灵活生动，如图2-46所示。

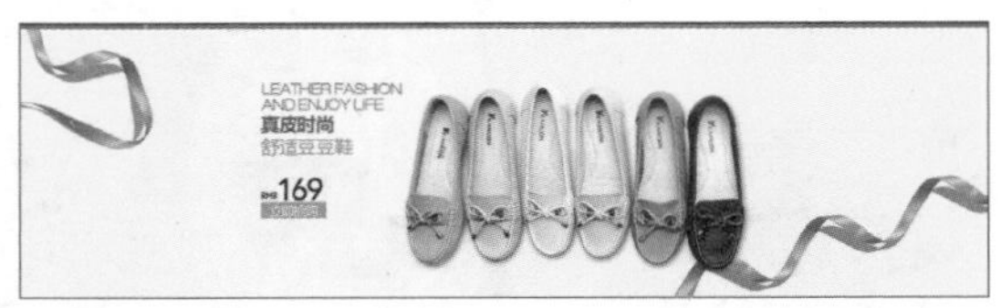

图2-46 商品的陈列分析

**步骤 04** 该店铺的用色，以及图片与文本的大小、间距与位置等相对统一，保证了网页的简洁性与一致性，如图2-47所示。

图2-47 简洁性与一致性分析

**步骤 05** 店铺中各个模块清晰，宝贝分类模块、快速导航模块、优惠券模块、客服模块极大地提高了店铺的买家体验，如图2-48所示。

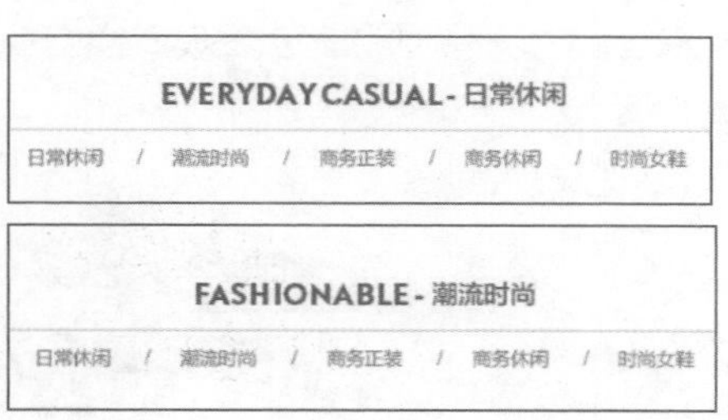

图2-48　模块分析

## 新手试练

图2-49所示为古老鲨鱼淘宝官方店首页第一、二屏的效果。为了提高读者视觉构图与页面布局的水平，要求对网页中的构图方式、网页元素的布局方式进行分析。

图2-49　古老鲨鱼淘宝官方店首页第一、二屏的效果

# 2.5 扩展阅读——淘宝、天猫文本装饰技巧

通过文本修饰可以让网页中原本平淡无奇的文本变得活灵活现。除了设置文本的主题、字号、颜色外，修饰文本的方式还有很多，淘宝、天猫网店美工经常用到的装饰方法大致有以下几种。

- **使用图形装饰文本：**在文本下方添加图形是图形装饰文本最常见的方式，此外，还可将图形融入文本的笔画中，从而得到更具创意的文本效果，图2-50所示为使用图形装饰文本的效果。

图2-50　使用图形装饰文本

- **加粗、倾斜文本：**通过Photoshop中文本工具的“加粗与倾斜”按钮可实现加粗与倾斜操作。文本加粗可以让文本更加醒目；文本倾斜可以得到更加动态的显示效果，如图2-51所示。
- **变形文本：**使用Photoshop中文本工具的“创建文字变形”按钮可以为文本创建扇形、上浮、下浮、波浪、凸起、膨胀等变形效果，如图2-52所示。

图2-51　倾斜文本

图2-52　变形文本

- **使用颜色装饰文本：**在输入文本过程中，不仅可以为文本填充纯色，还可以为文本设置渐变色，或为文本的笔画设置不同的颜色来装饰文本。图2-53所示为文本设置渐变色的效果。

图2-53　使用颜色装饰文本

- **编辑文本笔画：**将文本的某些笔画扭曲、拉长、缩短、变粗、删除是装饰文本的常见方法。图2-54所示为编辑文本笔画得到的效果。

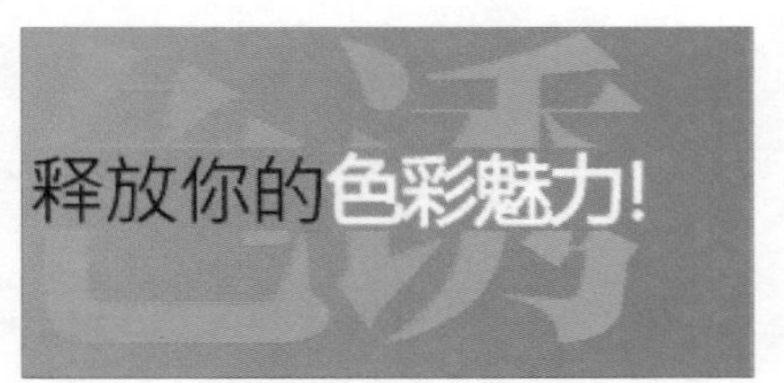

图2-54　编辑文本笔画

- **使用图案装饰文本：**使用文本为图案创建剪切蒙版，可以得到丰富多样的图案裁剪的文本效果。
- **为文字添加图层样式：**利用“图层样式”对话框中可为文本设置描边、投影、发光、图案叠加效果。

图2-55所示为文本的投影、描边与发光效果。

图2-55 投影、描边与发光效果

- **为文本添加立体效果：** 通过3D效果或是使用CorelDRAW中的立体工具可为文本添加立体效果，如图2-56所示。

图2-56 为文本添加立体效果

# 2.6 高手进阶

（1）赏析图2-57所示的TRIWA天猫旗舰店首屏效果，要求对页面的设计元素、页面的颜色搭配与字体搭配进行分析。

图2-57 TRIWA旗舰店首屏

（2）赏析图2-58所示的歌莉娅官方店首页，要求对网页中颜色、风格、搭配、构图方式、网页元素等布局方式进行分析。

图2-58　歌莉娅官方店首页

# 第2篇　店铺图片的处理与管理

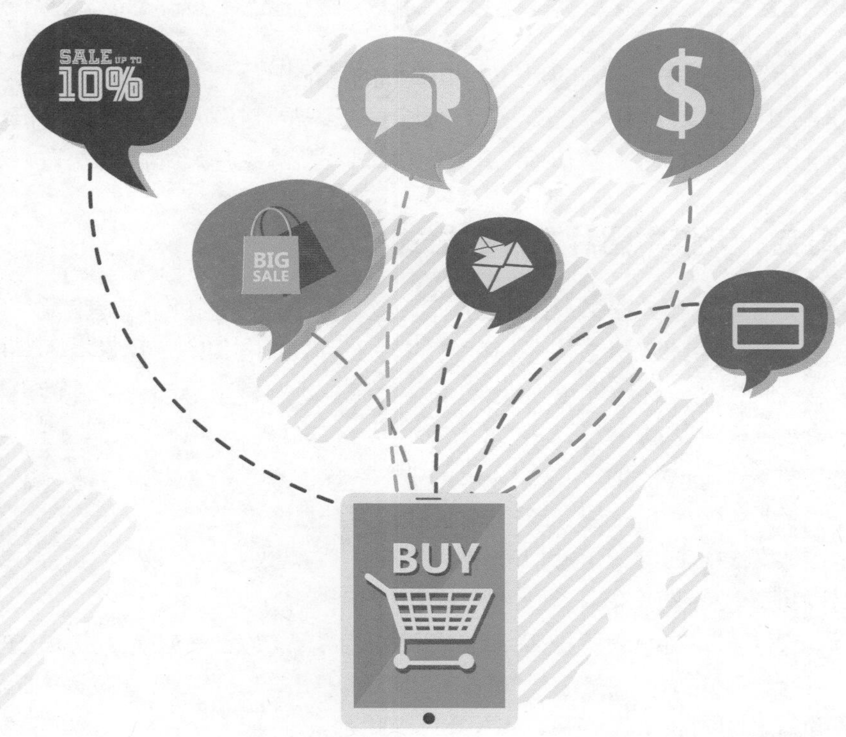


# 第3章

# 商品图片的处理

开网店的卖家都知道，图片是网店的灵魂。要想将网店做好，就一定要处理好网店的图片，好的图片可以提高交易的成功率。商品图片除了受到前期拍摄水平的影响，也和后期的规范与美化处理息息相关。若淘宝、天猫卖家掌握商品图片的处理技术，就可以降低因聘请专业人士处理商品图片所带来的资金成本。Photoshop是一款专业的图像处理软件，本章将讲解利用Photoshop对商品图片进行裁剪、修图与调色。

# 3.1 调整商品图片的尺寸

淘宝、天猫上不同模块有不同的尺寸，拍摄好的商品图片可能因为太大而无法添加到对应模块中，或添加后无法在模块中进行展示。此时，就需要对图片进行裁剪、修改大小、旋转、矫正等操作。本节将针对主图与商品细节图对调整商品图片尺寸的方法进行介绍。

## 3.1.1 淘宝、天猫中图片文件的格式

网店装修不仅需要文案的编辑，图片的处理同样重要，因此，网店美工往往需要收集大量的图片。淘宝、天猫店铺装修支持多种格式的图片，不同格式的图片具有不同的功能，在选择图片文件格式时，需要在透明度、色深、压缩率、动态显示等因素之间做出权衡。下面对淘宝中常用的图片文件格式进行介绍。

- **PSD**：PSD是Photoshop软件的专用文件格式，可储存图层、通道、蒙版和不同彩色模式的各种图像特征，方便后期的修改，是淘宝、天猫理想的原始文件保存格式。
- **GIF**：GIF格式支持背景透明、动画、图形渐进和无损压缩等格式，是一种图形浏览器普遍都支持的格式，但其颜色数少、显示效果相对受限，不适合用于显示高质量的图片。
- **JPG/JPEG**：JPG/JPEG格式是照片的默认格式，色彩丰富，图片显示效果优于GIF与PNG格式。由于该格式使用更有效的有损压缩算法，图片压缩质量受损小，比较方便网络传输和磁盘交换文件，是一种常用的图片压缩格式。但其缺点是不支持透明度、动画等。
- **PNG**：PNG格式支持的色彩多于GIF格式，支持透明背景，所占体积小，常用于制作标志或装饰性元素。

## 3.1.2 调整商品图片大小与角度的技巧

上传的商品图片的大小一般有限制，如何才能使图片的大小刚刚合适，就需要在制作商品图片时使用Photoshop进行调整。此外，还可通过变形操作调整图片的角度、高度与宽度等，下面对调整商品图片的3种常用方法进行介绍。

- **变换图像**：变换图像是指图像的缩放、翻转、旋转、斜切、扭曲、透视、变形等，其方法为：选择图像所在图层，按“Ctrl+T”组合键打开变换框，拖动图像变换框四角的控制点可调整图像的大小，拖动右上角的旋转符号可旋转图像。在图像中单击鼠标右键，在弹出的快捷菜单中可选择相应的变换命令，如图3-1所示。再拖动图像上出现的控制点完成变换操作，图3-2所示为水平翻转图像的效果。

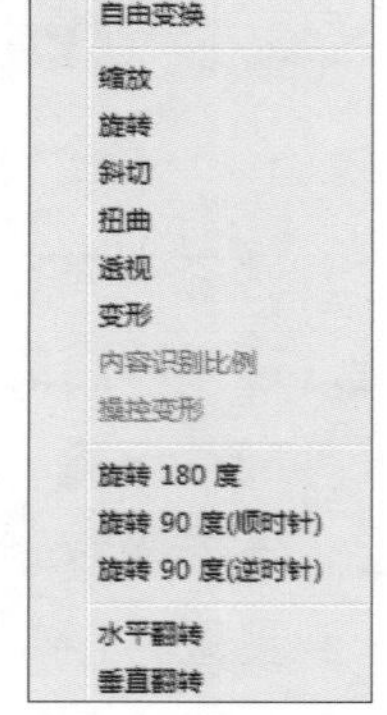


图3-1 变换菜单命令

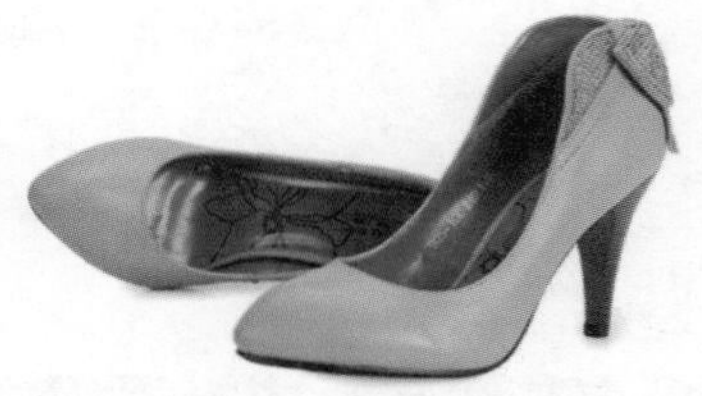

图3-2　水平翻转图像

- **压缩图像：**通过【图像】/【图像大小】菜单命令可以更改图像的长度、宽度和分辨率，达到压缩图像的效果。
- **裁剪图像：**裁剪图像一般有两种方式，一种是通过裁剪组中的裁剪工具进行裁剪，另一种是通过选区进行裁剪操作。选区裁剪的优点是可以将图像裁剪成任意形状。通过裁剪组中的“透视裁剪工具”可以矫正因拍摄角度导致商品变形的图像。

## 3.1.3　商品图片的要求

作为合格的商品图片，除了图片大小要符合规定外，还应满足以下要求。

- **图片清晰：**清晰的图片不仅能吸引买家的眼球，还能展示商品的细节，清晰的图片能更加坚定买家的购买信心。
- **背景干净：**背景是为商品服务的，不能使用太过花哨的背景，以免喧宾夺主。干净的背景会让商品更加突出，让画面显得和谐统一。此外，将背景的颜色与商品的颜色进行色彩的对比，不仅不会抢走主体商品的风采，而且会使画面看起来更加丰富饱满，如图3-3所示。
- **风格统一：**在同一页面上，商品图片的风格尽量统一，如使用相同的背景、相同的光源、相同的角度，使买家感觉到清爽整齐，如图3-4所示。

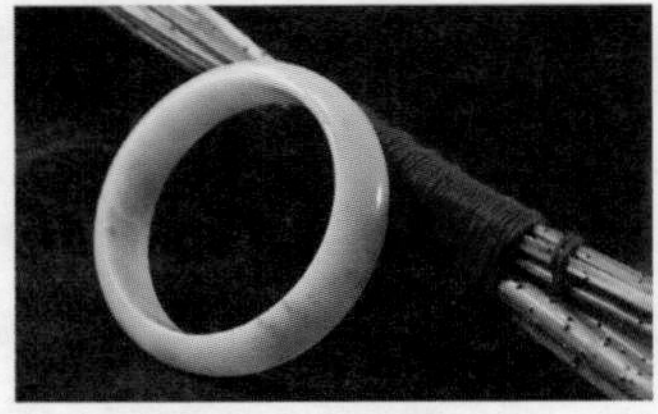
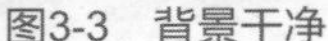

图3-3　背景干净

图3-4　角度统一

- **整体精美：**若需要将商品制作成店铺主图，那么就要将该商品图片整理得很精美，从而给买家留下好的印象。
- **有必要的细节展示：**考虑到买家想多了解商品细节的心理需求，卖家尽量多拍摄一些商品的细节图来满足买家了解商品的愿望，打消买家在质量方面的心理顾虑。例如，商品的材质、做工、功能、特点和特殊的设计等。
- **图片的光线自然：**商品图片光线自然才能更加符合实际的商品的情况，展示商品的质感。
- **减少色差：**虽然色差不可避免，但卖家应该想办法尽可能的降低色差，以免引起买家与卖家之间的纠纷。

## 3.1.4 矫正、裁剪并设置商品主图的尺寸实战

卖家可以根据自己产品的特点制作商品主图，设计好的商品主图固然重要，但正确裁剪商品主图尺寸也同样重要，因为正确的商品主图尺寸可以起到更好的展示效果。下面对一张变形的戒指图片进行矫正操作，使其正常显示，并将其裁剪为800像素×800像素的主图尺寸，最终效果如图3-5所示。

图3-5　对主图尺寸进行校正、裁剪

先使用透视裁剪工具矫正图片，然后将其裁剪为正方形，最后将其设置为商品主图的尺寸，使其符合网店主图的规格，其具体操作如下。

**步骤 01** 打开素材文件“戒指.jpg”（配套资源:\素材文件/第3章/戒指.jpg），如图3-6所示。从图中可以看到，拍摄的商品图片存在挤压和变形的现象。

图3-6　打开戒指素材

**步骤 02** 选择“透视裁剪工具”，分别单击图片的四角创建透视网格，根据透视学原理调整裁剪框的控制点，使裁剪框的虚线与物品的边缘呈平行显示，如图3-7所示。

经验之谈

透视的基本规律表现为：近大远小、近宽远窄、近高远低、近清晰远模糊、近鲜艳远浑浊等。

图3-7　矫正透视图

**步骤 03** 确定透视角度后按“Enter”键完成透视裁剪，效果如图3-8所示。

图3-8　透视裁剪效果

**经验之谈**

在裁剪图片时，在工具属性栏可直接输入裁剪后的大小，也可在“裁剪方式”下拉列表框中选择“大小和分辨率”选项，在打开的对话框中输入裁剪后图片的大小与分辨率。

**步骤 04** 选择“裁剪工具”，在工具属性栏的“裁剪方式”下拉列表框中选择“1×1方形”选项，此时画布中将出现正方形裁剪框，拖动四角的控制点调整裁剪框的大小，将鼠标光标移至裁剪框内，按住鼠标左键拖动，调整裁剪框在图片中的位置，效果如图3-9所示。

图3-9　正方形裁剪图片

**步骤 05** 确定裁剪区域后按“Enter”键完成正方形裁剪，效果如图3-10所示。

图3-10　正方形裁剪效果

**步骤 06** 选择【图像】/【图像大小】菜单命令，打开“图像大小”对话框，设置“高度”与“宽度”均为“800像素”，单击 确定 按钮，如图3-11所示。按“Ctrl+S”组合键保存文件，完成本例操作（配套资源:\效果文件\第3章\戒指.jpg）。

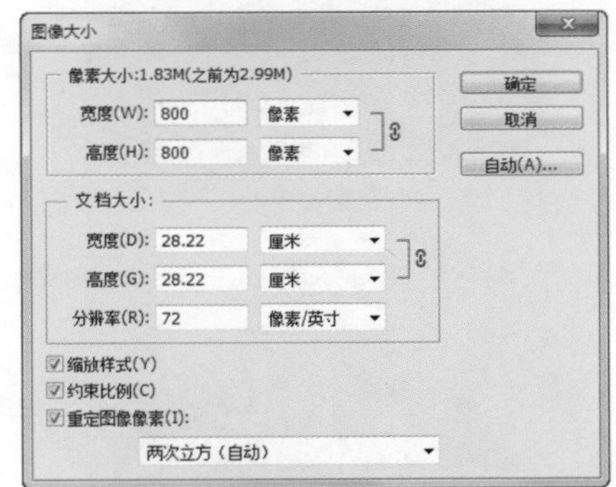


图3-11　更改图片大小

## 3.1.5　裁剪商品细节图实战

商品细节图是指以图片的方式，将产品的局部细节放大，达到清楚地介绍产品、美化产品详情页面的目的。下面将使用圆形来裁剪手提包的细节，并将产品图缩小显示，完成后添加描边和投影，以突出细节图的效果，最终效果如图3-12所示。

图3-12　细节图效果

裁剪细节图时先压缩大图，方便与细节图形成对比，然后利用椭圆选框工具裁剪商品的细节，并旋转裁剪后的图像，最后添加描边与投影效果来修饰细节图，其具体操作如下。

**步骤 01** 打开素材文件“细节图.psd、手提包1.psd、手提包2.psd”（配套资源:\素材文件\第3章\细节图.psd、手提包1.psd、手提包2.psd），如图3-13所示。

图3-13 打开素材

**步骤 02** 打开“手提包1.psd和手提包2.psd”文件后，选择【图像】/【图像大小】菜单命令，在打开的对话框中缩小图像，并将其拖动到“细节图.psd”窗口对应位置，如图3-14所示。

图3-14 更改图像大小

**经验之谈**

若需要批量更改商品图片的大小，可在修改第一张图片前打开“动作”面板记录动作，记录完成后选择【文件】/【自动】/【批处理】菜单命令进行处理。

**步骤 03** 切换到“手提包1.psd”窗口，在“历史记录”面板中恢复到原素材，在手提包图层下方新建白色背景图层，按“Ctrl+E”组合键合并背景图层与手提包图层，如图3-15所示。

图3-15 添加白色背景

**步骤 04** 选择“椭圆选框工具” ，按住“Shift”键在需要展示的细节图处绘制圆形选区，按“Ctrl+J”组合键以圆形选区创建图层，效果如图3-16所示。

图3-16 创建椭圆选区

**步骤 05** 拖动新建的图层到“细节图.psd”窗口中，调整其位置作为细节展示图，按“Ctrl+T”组合键，拖动右上角的旋转符号旋转图像，如图3-17所示。

图3-17　旋转图像

**步骤 06** 在“图层”面板中双击细节图所在图层右侧的空白处，打开“图层样式”对话框，单击选中“描边”复选框，设置的描边参数如图3-18所示。

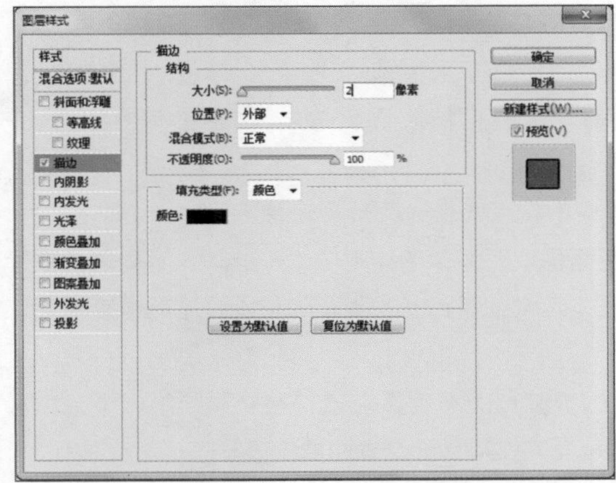


图3-18　设置描边效果

**步骤 07** 单击选中“投影”复选框，设置的投影参数如图3-19所示。单击 确定 按钮。

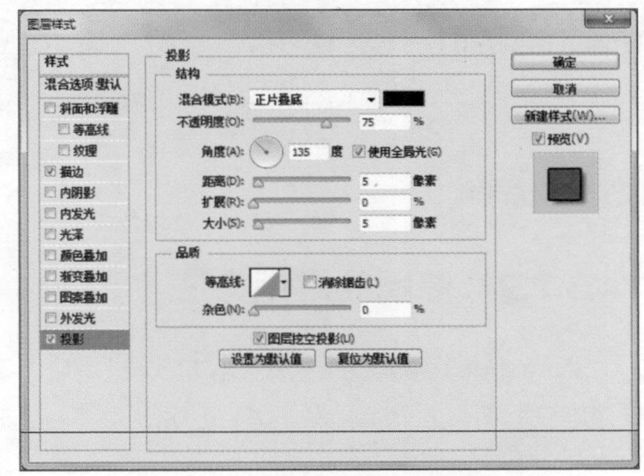


图3-19　设置投影效果

**步骤 08** 返回工作界面查看描边与阴影的应用效果，如图3-20所示。按“Ctrl+S”组合键保存文件，完成本例操作（配套资源:\效果文件\第3章\细节图.psd）。

图3-20　细节图效果

**新手试练**

为了让读者尽快熟悉图片的裁剪和图片尺寸的修改方法，要求读者自己动手矫正、裁剪这些图片，使其符合淘宝主图的要求。处理这些商品图片有两点要求。一是注意突出商品，避免商品残缺不全；二是处理好商品图片后，尽量储存为质量较高的JPG格式，以得到更好的显示效果。

# 3.2 修饰商品图片

为了使商品图片中的商品更加引人注目、画面更加美观，淘宝美工往往会利用Photoshop对其进行修饰。下面主要介绍使用Photoshop修饰图片的方法，包括模特修图、产品修图等。

## 3.2.1 图片修饰的必要性

精美的图片可以为买家带来美好的视觉感受，使其心情愉悦、怦然心动，产生购买商品的欲望。通常，未经处理的图片未必都是精美的，部分图片存在杂点、划痕、破损、瑕疵等现象，这样的图片不但削减买家的兴趣，还会令买家乏味。细节决定成败，因此要做好淘宝美工，就必须精心处理店铺的商品图片。影响商品图片美观的因素有很多，大致可分为两类：一类是拍摄环境与相机制约的问题，另一类是商品本身的缺陷。这些都需要淘宝美工对图片进行美化。

## 3.2.2 修图的常用方法

Potoshop提供了强大的图片修复功能，熟悉这些修复功能对快速提高修图技术有至关重要的作用。下面对模特修图、产品修图、图片修饰中常用的修图工具进行介绍。

1. 模特修图

因为在淘宝店铺中特别是服装类的店铺，少不了用模特来展现衣服。所以图片的处理，特别是淘宝模特曲线的修整更是经常用到。下面对网店中模特修图经常运用到的修图工具进行介绍。

- **“污点修复画笔工具”**：主要用于快速修复图像中的斑点或小块杂物等。
- **“修复画笔工具”**：使用修复画笔工具可以利用图像或图案中的样本像素来绘画，不同之处在于其可以从被修饰区域的周围取样，并将样本的纹理、光照、透明度、阴影等与所修复的像素匹配，从而去除照片中的污点和划痕。
- **“修补工具”**：修补工具是一种使用最频繁的修复工具。它可像套索工具一样绘制一个自由选区，然后通过将该区域内的图像拖动到目标位置，从而完成对目标位置图像的修复。
- **液化功能**：通过【滤镜】/【液化】菜单命令可以把图像按特定要求变形，适用于淘宝人物模特的局部美化，如瘦脸、隆胸、细腰、放大眼睛等。
- **“红眼工具”**：利用“红眼工具”可以快速去掉照片中人物眼睛由于闪光灯引发的红色、白色、绿色反光斑点。

2. 产品修图

不同产品修图的具体工具也有所不同，一般都会用到以下12种工具。

- **“钢笔工具”**：主要用于抠取产品，或为产品的细节创建精确的选区。
- **“涂抹工具”**：用于选取单击鼠标起点处的颜色，并沿拖移的方向扩张颜色，从而模拟出用手指在未干的画布上进行涂抹的效果，常用于淘宝、天猫珠宝类商品的修饰处理。
- **“内容感知移动工具”**：将图像移至其他区域后，可以重组图像，并且自动使图像与背景融合。
- **“仿制图章工具”**：利用仿制图章工具可以将图像窗口中的局部图像或全部图像复制到其他的图像中。
- **“图案图章工具”**：使用图案图章工具可以将Photoshop CS6自带的图案或自定义的图案填充到图像中，效果同使用画笔工具绘制图案一样。
- **“模糊工具”**：可以降低图像中相邻像素之间的对比度，从而使图像产生模糊的效果。

- **"锐化工具"**：作用与模糊工具刚好相反，它能使模糊的图像变得清晰，常用于增加图像的细节表现。
- **"减淡工具"**：通过提高图像的曝光度来提高涂抹区域的亮度。
- **"加深工具"**：通过降低图像的曝光度来降低涂抹区域的亮度。
- **"海绵工具"**：海绵工具可增加或降低图像的饱和度，即像海绵吸水一样，为图像增加或减少光泽感。
- **"画笔工具"**：用于图形的绘制，常用于描边，或结合蒙版设置图像的不透明度。
- **"橡皮擦工具"**：橡皮擦工具主要用来擦除当前图像中的颜色。
- **"背景橡皮擦工具"**：可以将图像擦除到透明色，在擦除时会不断吸取涂抹经过地方的颜色作为背景色。
- **"魔术橡皮擦工具"**：是一种根据像素颜色擦除图像的工具。用魔术橡皮擦工具在图层中单击，所有相似的颜色区域将被擦除且变成透明的区域。
- **内容识别功能**：当图像元素简单，并且擦除图像周围颜色相近时，可以通过【编辑】/【填充】菜单命令中的内容识别功能快速擦除图像。

3. 图片修图

在进行图片处理时，除了要进行调色，还需要添加文本、形状等其他元素，将图片制作成具有针对性的模块，如海报、店招、分类导航等。下面对常用到的模糊与锐化功能、文本工具组、形状工具组进行介绍。

- **模糊与锐化功能**：通过【滤镜】/【模糊/锐化】菜单命令可以把图像变模糊或清晰。模糊功能常用于场景模糊。
- **"文本工具组"**：包括"横排文字工具"、"直排文字工具"、"横排文字蒙版工具"和"直排文字蒙版工具"4种。使用这几种工具输入说明类或装饰类文本，可自由设置文本的字体、字号、颜色、变形，使其适合商品图片的画面。
- **"形状工具组"**：包括"矩形工具"、"圆角矩形工具"、"椭圆工具"、"多边形工具"、"直线工具"和"自定形状工具"6种。使用这几种工具可绘制直线、圆形、星形、多边形等图形，还可设置图形的描边、填充，是装饰商品图片最常用的工具之一。

## 3.2.3 淘宝、天猫模特美化实战

美化淘宝模特图片

在淘宝、天猫商品摄影中，部分类目的商品，如服饰都需要人物的衬托才能勾起买家的购买欲。而淘宝模特的身材或多或少的存在一定的瑕疵，掌握一些淘宝人像身型的处理方法能弥补这类商品缺陷，很好地体现图像的优越性。下面将在"女装模特"素材的基础上祛除模特脸上的黑痣、拉长模特的腿部线条、精修模特的脸蛋，并为模特制作一双迷人的大眼睛，处理前后的效果如图3-21所示。

图3-21　服装模特处理前后的效果

下面对模特图片进行修饰，其具体操作如下。

**步骤 01** 打开“女装模特.jpg”文件（配套资源:\素材文件\第3章\女装模特.jpg）。放大图像，可发现模特左眼下方有一颗痣，选择“污点修复工具”，在工具属性栏中将画笔大小设置为痣的大小，约“10px”，单击需要祛除的痣，完成污点的修复操作，如图3-22所示。

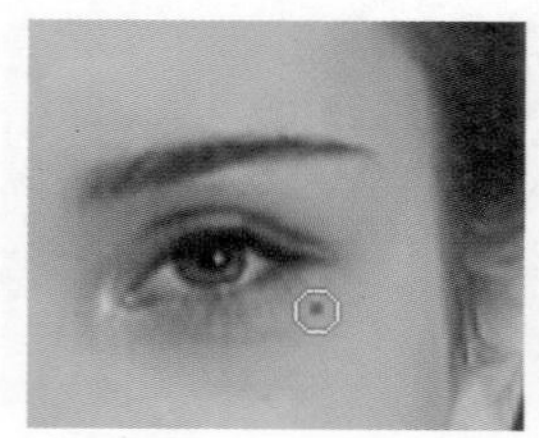

图3-22　祛痣

**步骤 02** 选择【滤镜】/【液化】菜单命令打开“液化”对话框，按“Ctrl”键单击脸部，放大脸部，选择“向前变形工具”，在右侧调整画笔大小，并将其移动至脸部边缘，按住鼠标左键不放拖动脸部线条，精修小V脸，如图3-23所示。

图3-23　精修小V脸

**步骤 03** 选择“膨胀工具”，调整画笔大小为眼睛的大小，将鼠标光标移至眼珠中心，单击鼠标放大眼睛，选择“向前变形工具”，适当拉长眼角，调整眼眶，效果如图3-24所示。

图3-24　制作闪亮大眼睛

**步骤 04** 选择【图像】/【画布大小】菜单命令，扩展画布的高度，利用选区将图像移至画布的上方；或直接使用裁剪工具拖动下边缘，向下扩展画布，如图3-25所示。

图3-25　扩展画布

**步骤 05** 选择素材所在图层，在腿部绘制矩形选区，按“Ctrl+T”组合键即可转换为自由变换模式，拖动下边框线至合适位置，拉长模特腿部线条，效果如图3-26所示（配套资源:\效果文件\第3章\女装模特.psd）。

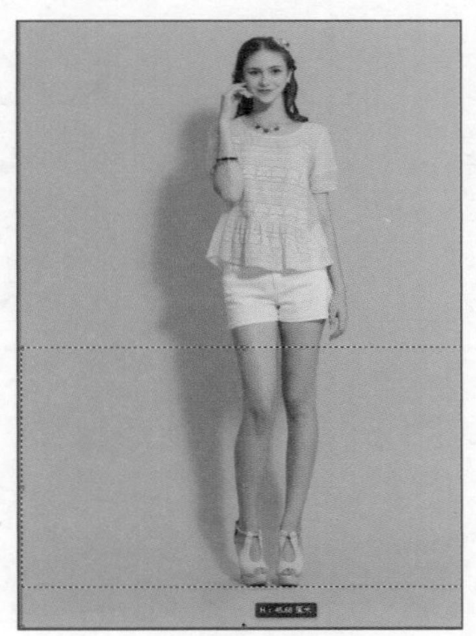

图3-26　拉长腿部

**微课堂——仿制图章工具**

为人物祛斑、祛痣，或处理污点、杂质时，除了使用污点修复工具，还可以使用修补工具、仿制图章工具等进行处理。

**经验之谈**

若模特的皮肤不够白，可选择“减淡工具”，将画笔笔尖调整到人物面部大小，然后在其上单击，提亮皮肤颜色。

## 3.2.4　金属质感首饰处理实战

拍摄商品图片时，由于拍摄的原因很容易导致画面偏灰，不能体现产品的光泽感。下面将以处理金属质感的手镯为例，讲解产品处理常用的工具与使用方法。处理前后的对比效果如图3-27所示。由此可发现处理后的镯子表面光滑、干净，花纹清晰，且金属质感更强烈，更容易勾起购买欲。

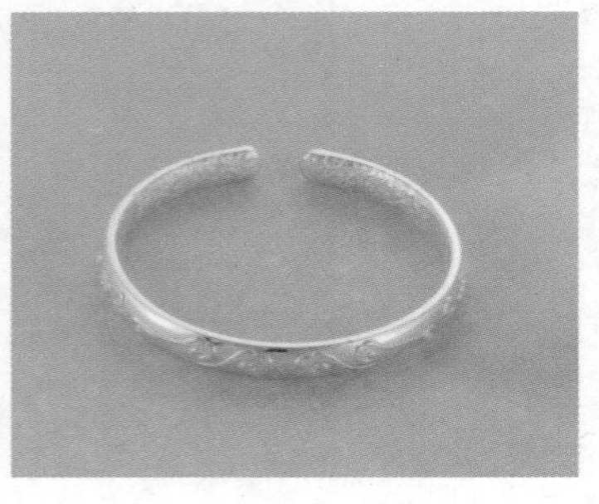

图3-27　手镯处理前后的效果

处理金属手镯时，可使用锐化功能、画笔工具、涂抹工具、加深与减淡工具处理，清除镯子表面的杂质，将花纹刻画的更清晰，体现镯子的金属的质感，其具体操作如下。

**步骤 01** 打开“手镯.jpg”文件（配套资源:\素材文件\第3章\手镯.jpg），如图3-28所示，复制图层备份。

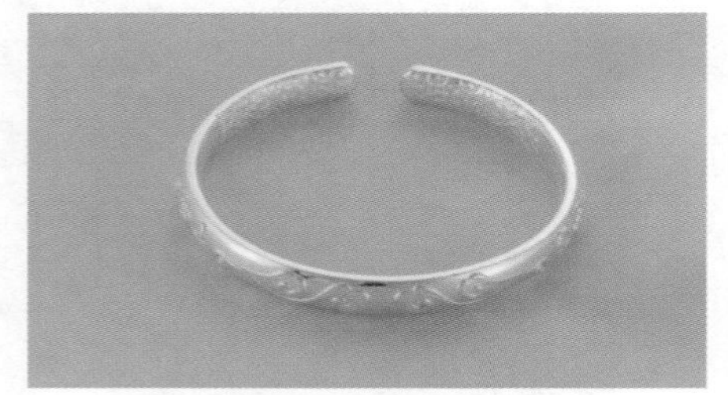

图3-28　打开手镯图像并对其备份

**步骤 02** 使用“钢笔工具”绘制镯子形状，按“Ctrl+Shift+Enter”组合键转换为选区，按“Ctrl+J”组合键抠出镯子，复制一层备份，按“Ctrl+Shift+U”组合键进行去色处理，效果如图3-29所示。

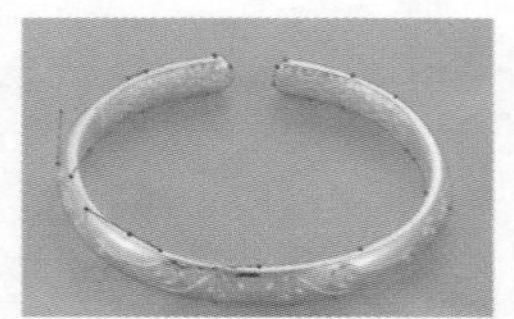

图3-29　抠取镯子图形并去色

**步骤 03** 选择【滤镜】/【锐化】/【USM锐化】菜单命令，打开“USM锐化”对话框，设置锐化数量与锐化数量半径分别为“120”和“2”，单击确定按钮，继续USM锐化操作，设置数量小半径大，效果如图3-30所示。

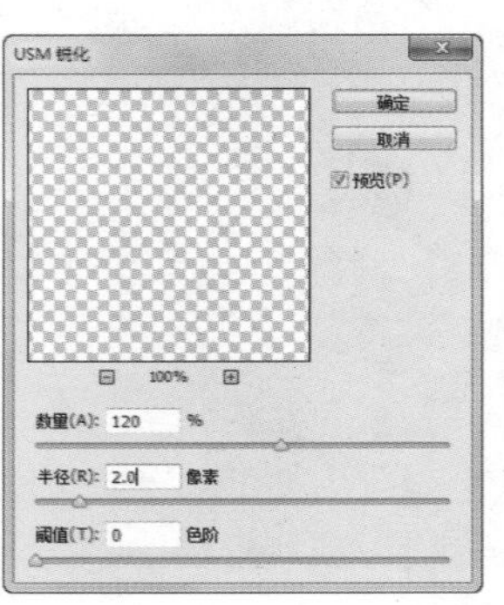

图3-30　提高镯子的清晰度

**步骤 04** 放大镯子图片，使用钢笔工具分别创建需要涂抹的选区，按“Shift+F6”组合键，设置较小的羽化值，选择“涂抹工具”，设置笔刷大小，涂抹选区，使选区的颜色更加平滑；使用“减淡工具”涂抹需要提亮的部分，如图3-31所示。

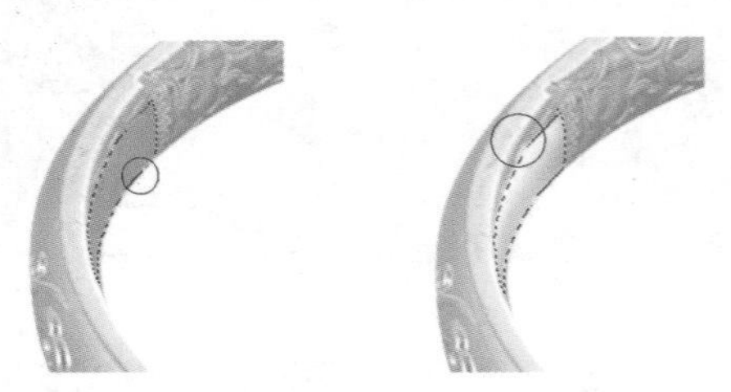

图3-31　涂抹、减淡选区

**步骤 05** 使用“加深工具”涂抹需要变暗的部分；选择“画笔工具”，设置前景色为黑色，在工具属性栏中设置画笔大小、画笔硬度与不透明度，涂抹需要描边的边缘，效果如图3-32所示。

图3-32　加深与描边选区

**步骤 06** 使用相同的方法，结合选区的创建、加深工具、减淡工具、涂抹工具、画笔工具涂抹镯子上的花纹，使花纹明暗对比明显，再为花纹创建选区，并抠取花纹图像到新建的图层，如图3-33所示。

图3-33　处理镯子花纹

**步骤 07** 选择镯子图层，创建选区，结合加深工具、减淡工具、涂抹工具涂抹镯子，使其更具有质感，如图3-34所示。

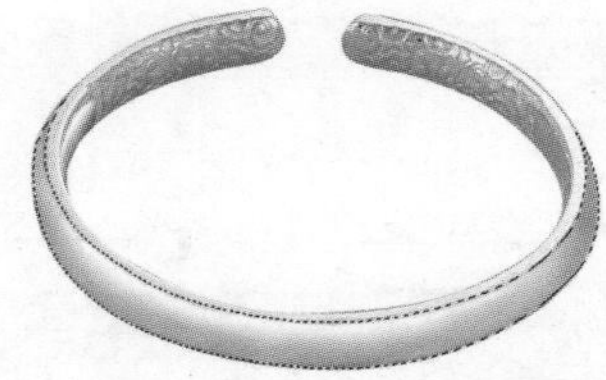

图3-34　涂抹镯子

**步骤 08** 新建图层，使用“钢笔工具”绘制阴影图形，填充为黑色，选择【滤镜】/【模糊】/【高斯模糊】菜单命令，设置模糊半径为“15”，得到的阴影效果如图3-35所示。

图3-35　添加阴影效果

**步骤 09** 将花纹图层移到最顶端，通过“Ctrl+Shift+E”组合键合并花纹图层与镯子图层；使用相同的方法继续处理镯子的其他部分，处理后效果如图3-36所示。

图3-36　处理镯子后的效果

**步骤 10** 复制并向下移动镯子图层，按“Ctrl+L”组合键打开“色阶”对话框，向左拖动最右侧的滑块，降低图像的亮部显示，得到的效果如图3-37所示。

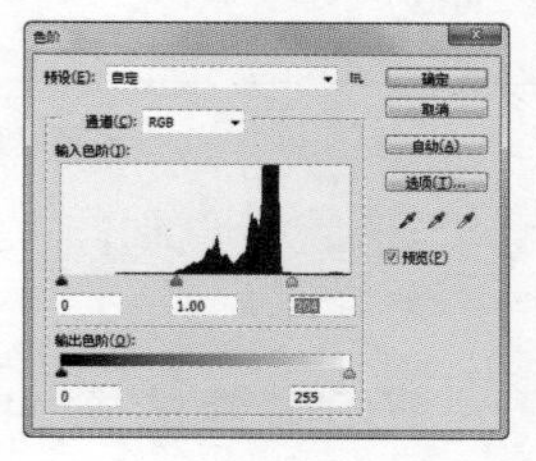

图3-37　调整色阶

**步骤 11** 选择【滤镜】/【模糊】/【高斯模糊】菜单命令模糊复制的镯子图形，调整图层的不透明度，制作投影效果，再次复制镯子图层，将其放于投影上方，并设置不透明度为“5%”，加强投影效果，如图3-38所示。保存文件，完成操作（配套资源:\效果文件\第3章\手镯.psd）。

图3-38　完成手镯的处理

**经验之谈**

使用“投影”图层样式可完成投影的快速制作。而使用“高斯模糊”命令，不仅可以制作阴影、投影，还可以用于制作高光、人像磨皮。

### 3.2.5 商品描述图制作实战

清晰、丰富、全方位的详细描述图片，不仅能帮助卖家吸引买家的注意，还能突出产品特征，提高卖家的专业度。商品属性描述、商品细节展示等模块都会涉及商品描述图，下面制作一款简洁大气的“产品规格与参数”模块的商品描述图，制作后的效果图3-39所示。

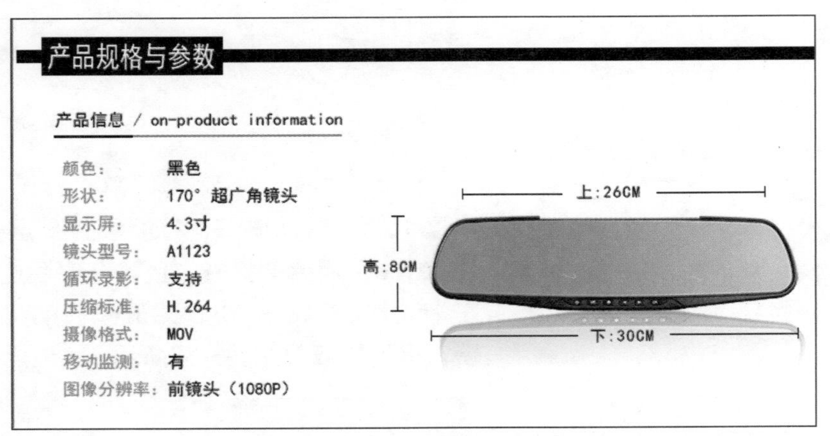

图3-39 “产品规格与参数”模块的商品描述图

下面将结合文本工具与形状工具制作“产品规格与参数”模块的商品描述图，其具体操作如下。

**步骤 01** 新建750像素×400像素的名为“商品描述图”的文件，打开“行车记录仪.jpg”文件（配套资源:\素材文件\第3章\行车记录仪.jpg），将其拖动到图像中，拖动标尺到图像对应位置，创建辅助线，如图3-40所示。

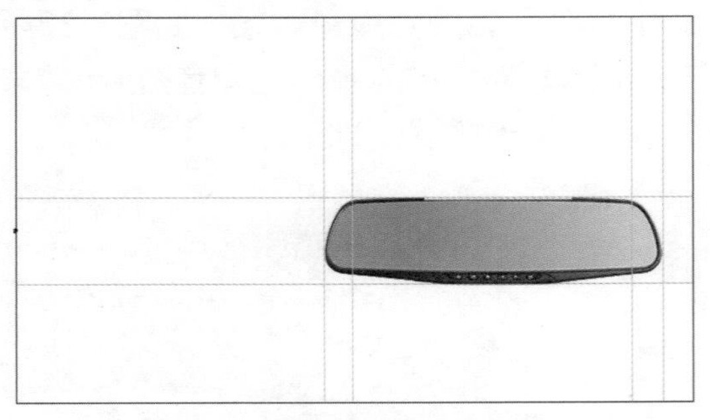

图3-40 新建文件并导入素材

**步骤 02** 选择“直线工具”，在工具属性栏中设置填充颜色为“黑色”，粗细为“1像素”，取消描边，按住“Shift”键拖动鼠标绘制标注线；选择“横排文字工具”T，在工具属性栏中设置字体格式为“黑体、15、黑色”，输入标注文本，如图3-41所示。

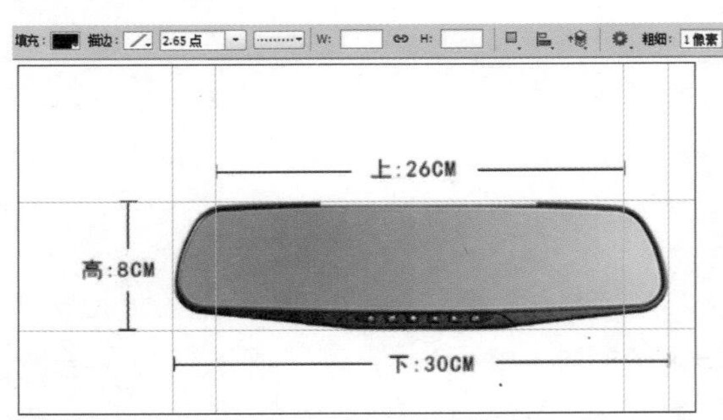


图3-41 输入标注文本

**步骤 03** 选择“矩形工具”，在工具属性栏中设置填充颜色为“黑色”，无描边，拖动鼠标绘制黑色矩形块，输入文本“产品规格与参数”，设置字体格式为“黑体、25.5、白色”，使用相同的方法绘制矩形和直线，完成后输入文本并设置格式，如图3-42所示。

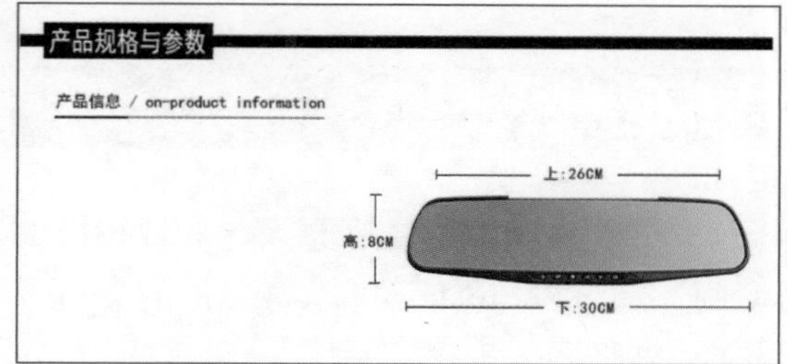


图3-42 绘制图形并输入文本

**步骤 04** 选择"横排文字工具"T，拖动鼠标绘制文本框，输入段落文本，拖动鼠标选择文本，在工具属性栏中设置文本的字体、字号与字体颜色，这里将字号设置为"16pt"，将冒号前的文本颜色更改为灰色，如图3-43所示。

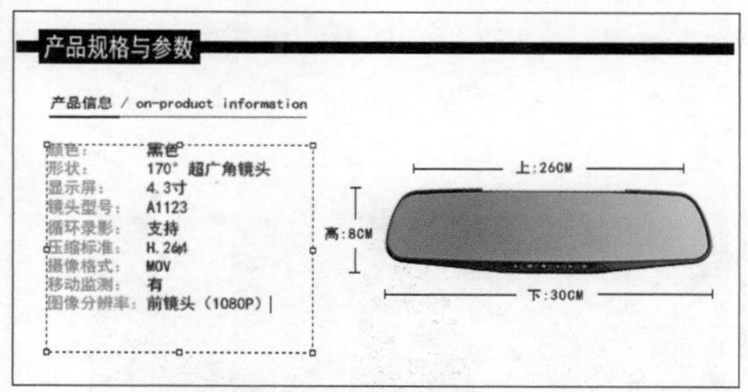


图3-43 输入段落文本

**步骤 05** 将鼠标光标定位到文本框中按"Ctrl+A"组合键全选文本，单击"字符与段落面板"按钮，在打开的面板中将上下行的间距设置为"26pt"，效果如图3-44所示。

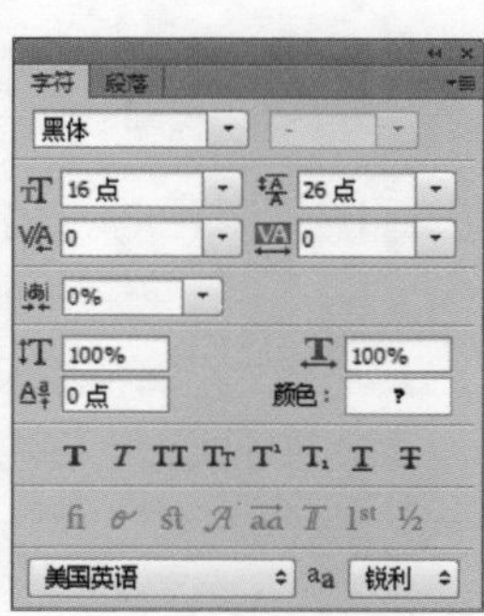


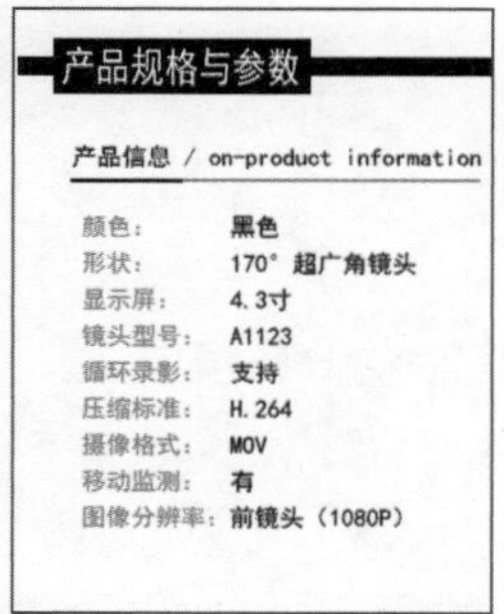


图3-44 设置段落文本的行间距

**步骤 06** 按"Ctrl+J"组合键复制记录仪图层，按"Ctrl+T"组合键进入自由变换状态，向下拖动图形上边缘上的控制点，完成垂直翻转图像的效果，如图3-45所示。

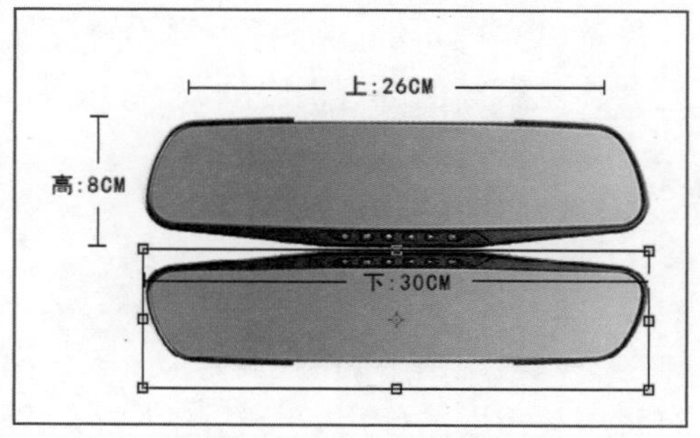


图3-45 向下翻转图像

**步骤 07** 选择复制的图层，在"图层"面板下方单击"添加图层蒙版"按钮为图层添加蒙板，选择"渐变工具"，在工具属性栏中设置渐变样式为"黑色—透明"，从图像下方向上方拖动鼠标创建渐变透明效果，如图3-46所示（配套资源:\效果文件\第3章\商品描述图.psd）。

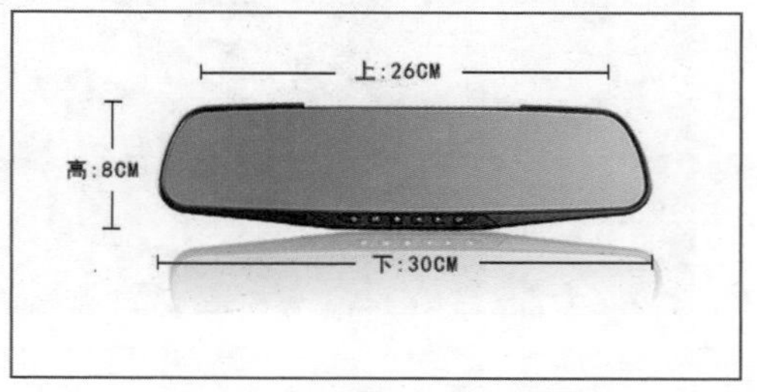


图3-46 添加蒙版制作倒影效果

## 新手试练

为了更好地掌握本节所学内容，读者可根据实际需要来进行图片的修饰整理，如服装、鞋包、饰品或家具等都可以作为练习的对象，练习要求图片中不能有污点、瑕疵，保证商品的质感，并做到完整展现商品的信息。

# 3.3 调整商品图片的色彩与质感

在商品图片的拍摄过程中，经常由于天气、灯光、拍摄角度、背景等原因，导致拍摄的照片昏暗、亮度不够，或者色彩不够亮丽、画面模糊，通过Photoshop可以将图片的亮度、对比度、色彩颜色进行相应的调整，使商品图片更加清晰亮丽、鲜艳夺目。

## 3.3.1 调色的必要性

色彩是光在不同介质上的反射效果，非发光体只有在光源照射下才能显现出色彩。不同物体之所以呈现出不同的色彩，是因为不同材质对光的色谱吸收不同。色彩在一张网店图片中有着至关重要的作用，合适的色彩无论对画面质量的提升还是情绪的渲染，都有着绝佳的效果，但在拍摄商品图片过程中，由于摄影器材、环境等限制，以及摄影师对光影的判断不够炉火纯青，导致拍摄的商品照片的色彩并不理想，会出现如图片太暗、商品偏色、整体偏灰、明暗对比不明显等问题，此时就需要进行调色。如图3-47所示，原片的画面色彩饱和度过低，整体画面因为色彩的缘故显得灰蒙蒙，缺乏生机，而通过调色提高了对比与饱和度，画面便焕然一新。

图3-47　调色前后的效果

## 3.3.2 商品调色的原则

为了使调色后的商品图片更加满足视觉的需要以及店铺的需要，在进行图片调色时，需要把握一定的调色原则，以免做无用功。

- **从店铺整体出发，确立店铺图片的主色调：**根据店铺的风格搭配商品图片的颜色风格，不能将某张商品图片调整成很有冲击力，但却与店铺中的其他商品图片的风格格格不入，最终因小失大，影响店铺整体的美观性。
- **整体色调自然：**合理调整整体色调的色相、明度、纯度关系和面积关系等，使整体色调自然平衡。
- **图像偏色的调整：**对于明显偏色的图片，可以通过添加其他颜色，或通过增加该颜色的补色来减少该颜色的偏色度。

- **抓住调色的重点色**：重点色一般是图片中色调更强烈、与整体色调反差大、面积小的颜色，其作用是使画面整体的配色平衡。
- **色彩的分割**：使用白、灰、黑、金、银等中性色分割反差强烈的两种颜色，可以达到色彩的自然过渡效果。

## 3.3.3 图片色彩校正的方法

图片校色与调色是两个概念，校色是指还原图片本来的颜色。大部分拍摄的商品图片都会出现偏色问题，如阴天拍摄的图片会偏淡蓝色、荧光灯下拍摄的图片会偏绿色，而底片本身也可能造成偏色。为避免销售后期的纠纷，此时就需要对偏色的图片进行校正。使用Photoshop矫正偏色的方法很多，常见的方法包括调整色彩平衡、可选颜色，以及调整中性灰。后面具体讲解调整色彩平衡和可选颜色的方法。调整中性灰是指对图片中应该是灰色的区域进行矫正，如电脑桌、墙壁阴影、金属管、银灰色物品等。在RGB色彩模式下，中性灰是指R：G：B=1：1：1，即红绿蓝三色数值相等，即为中性灰，当RGB值均为128时被称作“绝对中性灰”。在Photoshop中调整中性灰的方法是：选择【图像】/【调整】/【曲线】菜单命令，使用白色、灰色和黑色吸管吸取图像中高光、中间调和阴影的部分，在吸取中间调时很不容易找到最佳的中性灰，此时可选择【窗口】/【信息】菜单命令，在打开的“信息”面板中进行参考，图3-48所示为使用“曲线”对话框调整偏色前后的效果。

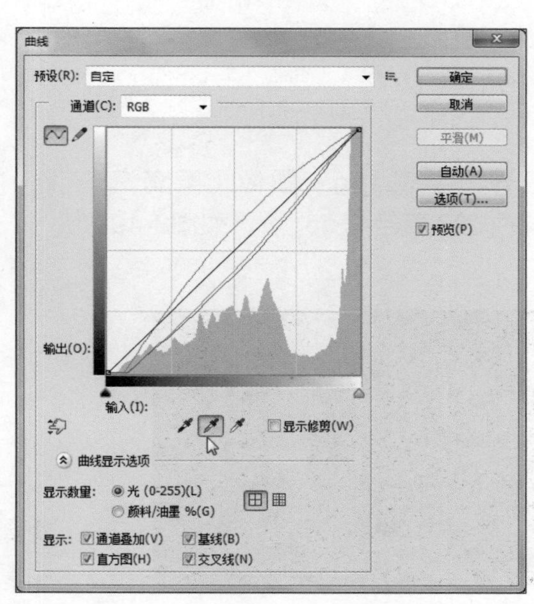


图3-48　调整偏色前后的效果

## 3.3.4 调色的常用命令

Photoshop中提供了许多调整色彩的命令，下面对网店美工常用的调色命令进行介绍。

- **“亮度/对比度”命令**：可以调整图像的亮度和对比度。

- **"色相/饱和度"命令：**可以对图像的色相、饱和度、亮度进行调整，从而达到改变图像色彩的目的。
- **"阴影/高光"命令：**用于处理局部曝光过度的图片，或是主体偏暗、细节看不清的照片。
- **"色彩平衡"命令：**可以在图像原色的基础上根据需要来添加其他颜色，或通过增加某种颜色的补色以减少该颜色的数量，从而改变图像的原色彩，多用于调整明显偏色的图像。
- **"曲线"命令：**也可以调整图像的亮度、对比度、纠正偏色等，但与"色阶"命令相比，该命令的调整更为精确，是参数最丰富、功能最强大的颜色调整工具。
- **"色阶"命令：**用于调整图像的高光、中间调、暗调的强度级别，调整色调与色彩。

**经验之谈**

不是所有图像都需要进行调色，只有存在偏暗、偏色、曝光过度时才会用到调色操作。网店美工在调色过程中要注意在保障商品图片美观性的同时，保障商品图片的真实性，这就要求在调色时尽量对比实物与图片，避免调整后的商品图片出现色差，导致后期的颜色不正等纠纷。此外，商品的色调应与主图色调相融合，若两者存在差异将显得格格不入。

## 3.3.5 图片亮度与鲜艳度调整实战

提高图片的亮度可以使商品暗部的细节得到更好的表现，提高图片的鲜艳度，从而增加画面美观感。下面将对拍摄的手表图像进行调整，通过调整图片的亮度、阴影高光突出图片的明亮对比，再通过色相调整加强色彩的浓郁度，其具体操作如下。

**步骤 01** 打开"手表.jpg"图像（配套资源:\素材文件\第3章\手表.jpg），如图3-49所示。

图3-49　打开素材

**步骤 02** 按"Ctrl+L"组合键打开"色阶"对话框，向左拖动白色滑块，设置色阶值为"127"，如图3-50所示。

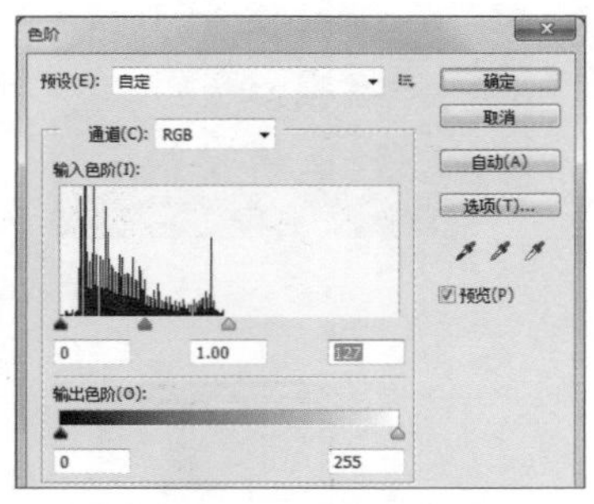


图3-50　调整色阶

**步骤 03** 单击 确定 按钮返回工作界面，调整色阶后的效果如图3-51所示。

图3-51　调整色阶后的效果

**经验之谈**

打开商品拍摄图，按“Ctrl+Shift+Alt+L”组合键可自动调整图片的对比度。按“Ctrl+Shift+L”组合键可自动调整图片的色调。

**步骤 04** 按“Ctrl+M”组合键打开“曲线”对话框，在曲线中段的上下端单击分别拖动，调整图像亮部与暗部的对比度，如图3-52所示。

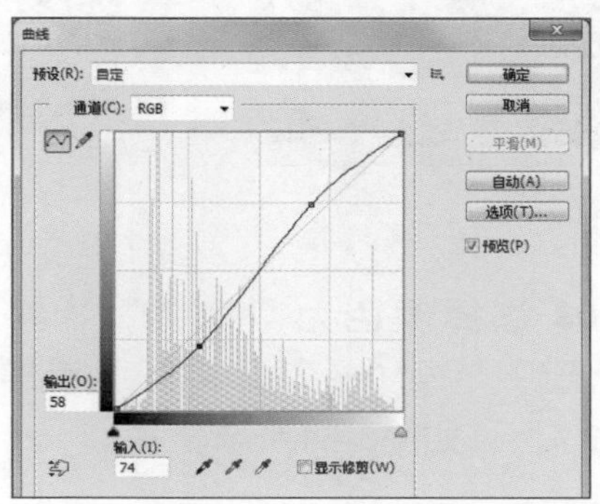


图3-52　调整曲线

**步骤 05** 单击 确定 按钮返回工作界面，查看调整曲线后的效果，如图3-53所示。

图3-53　调整曲线后的效果

**步骤 06** 选择【图像】/【调整】/【色相/饱和度】菜单命令，打开“色相/饱和度”对话框，将“饱和度”更改为“30”，如图3-54所示。

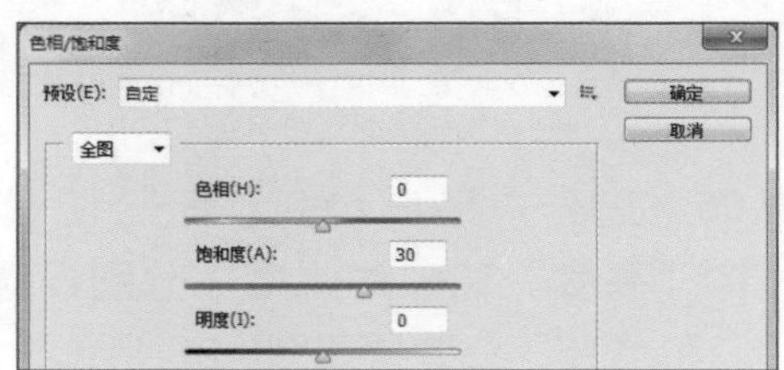


图3-54　调整饱和度

**经验之谈**

在“全图”下拉列表框中可以选择其他颜色进行调整，如黄色、青色等。

**步骤 07** 单击 确定 按钮返回工作界面，查看调整饱和度后的效果，如图3-55所示。

图3-55　调饱和度后的效果

**步骤 08** 观察图像的处理效果，选择【图像】/【调整】/【阴影/高光】菜单命令，打开“阴影/高光”对话框，将“高光”更改为“25”，单击 确定 按钮，如图3-56所示。

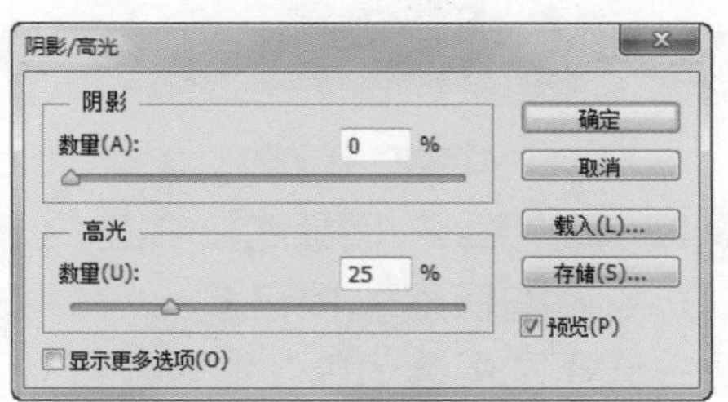


图3-56　调整高光

**步骤 09** 调整高光后的效果如图3-57所示。保存文件，完成本例操作（配套资源:\效果文件\第3章\手表.psd）。

图3-57　调整高光后的效果

## 3.3.6 图片偏色调整实战

拍摄商品照片时，商品会因灯光的颜色、背景的颜色出现偏黄、偏红等偏色现象。下面将原本偏黄的草莓图片处理成正常的颜色，处理前后的效果如图3-58所示，其具体操作如下。

图3-58 调整图片偏色前后的效果

**步骤 01** 打开“草莓.jpg”图像（配套资源:\素材文件\第3章\草莓.jpg），如图3-59所示。

图3-59 打开素材

**步骤 02** 在“图层”面板底部单击“创建新的填充或调整图层”按钮，在打开的列表中选择“可选颜色”命令，打开“可选颜色”调整面板，观察到图像偏黄，因此选择“黄色”选项，将黄色降低到“－80%”，如图3-60所示。然后将红色降低到“－22%”。

图3-60 调整可选颜色“黄色”

**步骤 03** 选择颜色为“红色”，将青色值降低到“－10%”，将红色值增加到“+40%”，如图3-61所示。

图3-61 调整可选颜色“红色”

**步骤 04** 使用步骤02的方法打开“色彩平衡”调节面板，在“色调”中选择“高光”选项，并设置“高光”中“青色－红色、黄色－蓝色”分别为“5、20”，如图3-62所示。

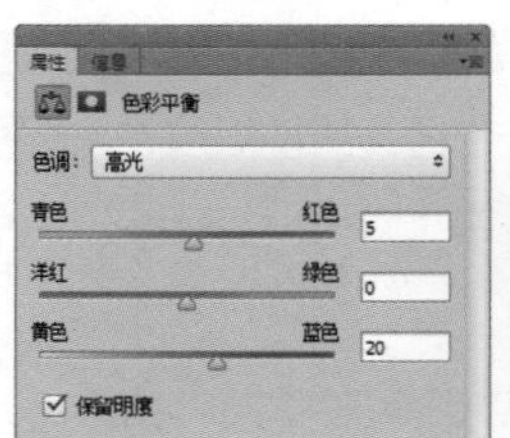

图3-62 调整色彩平衡

**步骤 05** 打开“亮度/对比度”调整面板，将“高度”和“对比度”分别设置为“10”和“15”，效果如图3-63所示。

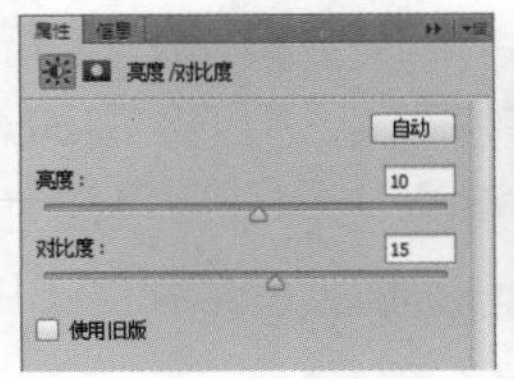

图3-63　调整亮度/对比度

**经验之谈**

在处理图片时，可提高对比度、调整饱和度来增加画面的通透性。需要注意的是对比度不能调太高，否则会是导致暗部细节丢失或高光溢出。而饱和度太高，画面过于艳丽，也会显得太假。

**步骤 06** 打开“色相/饱和度”调整面板，将饱和度设置为“15”，完成后的效果如图3-64所示（配套资源:\效果文件\第3章\草莓.psd）。

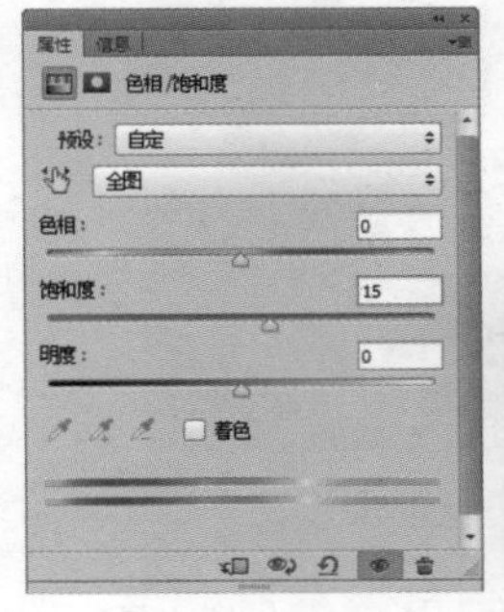

图3-64　调整饱和度

## 3.3.7　图片质感调整实战

当商品照片较为昏暗模糊很难展示商品的质感时，可通过调色、增加图片清晰度等后期的弥补处理来提高图片的质感。下面将对新款休闲鞋进行处理，由于该鞋采用了头层反绒牛皮材料，缩小图片后发现皮料的质感不是很明显，且图片整体偏暗，所以本例将先对材料进行清晰化处理，再调整图片的明暗对比，增加商品的整体质感，处理前后的效果如图3-65所示。

图3-65　增加图片质感后的效果

下面打开休闲鞋图片，通过锐化工具增强材质细节的体现，提高图片亮度，使用加深与减淡工具加强鞋子的明暗对比，其具体操作如下。

**步骤 01** 打开“休闲鞋.jpg”图像（配套资源:\素材文件\第3章\休闲鞋.jpg），发现图片稍微偏暗，如图3-66所示。

图3-66 打开素材

**步骤 02** 按"Ctrl+J"组合键复制图层，在"图层"面板底部单击"创建新的填充或调整图层"按钮，在打开的下拉列表中选择"亮度/对比度"选项，在打开的面板中将亮度设置为"20"，效果如图3-67所示。

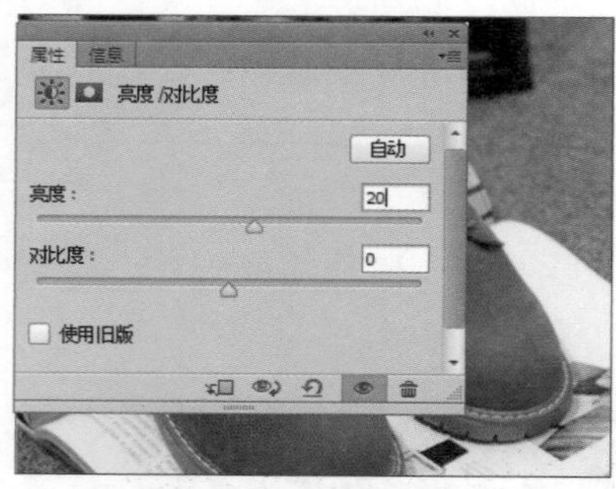


图3-67 提高亮度

**步骤 03** 观察图片，发现皮料的质感不明显，此时，需要使用钢笔工具绘制皮质区域，按"Ctrl+Shift+Enter"组合键创建选区，按"Ctrl+J"组合键将创建的选区复制到新的图层上，如图3-68所示。

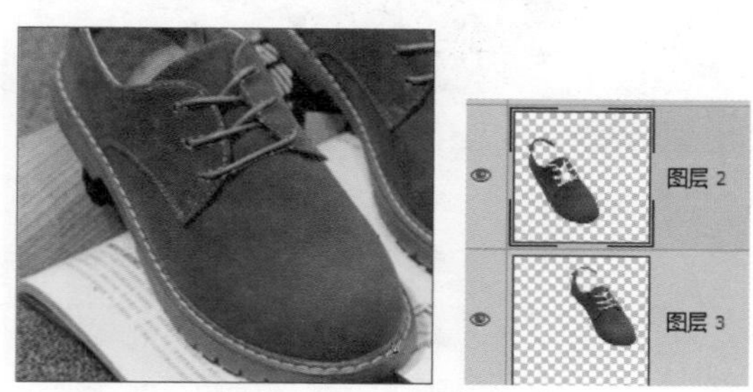


图3-68 抠取面料

**步骤 04** 选择材质图层，选择【滤镜】/【锐化】/【USM锐化】菜单命令，打开"USM锐化"对话框，设置数量为"20"，半径为"150"，单击确定按钮，如图3-69所示。

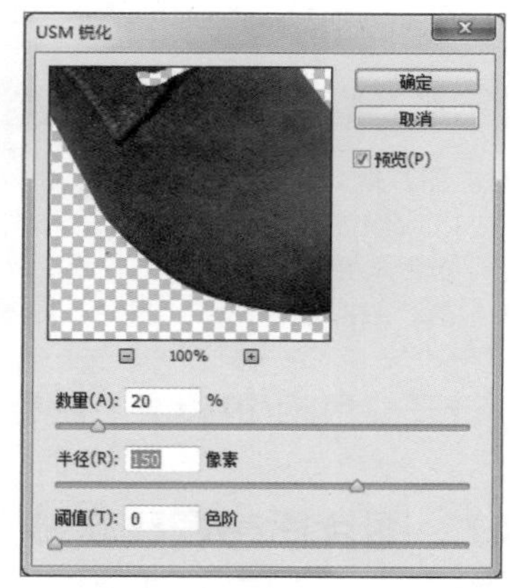


图3-69 设置USM锐化

**微课堂——应用"高反差保留"滤镜**

"高反差保留"滤镜也是提升商品质感的常用方法。不过使用该方法会在一定程度上更改图片的色调，容易出现色差。

**步骤 05** 继续选择材质图层，选择锐化工具，在工具属性栏中将画笔硬度设置为"0"，强度设置为"50%"，调整画笔大小，并涂抹需要继续清晰化的部分，如图3-70所示。

图3-70 锐化部分图像

**步骤 06** 选择“减淡工具”，在工具属性栏中设置画笔参数，并设置画笔硬度为“0”，范围为“中间调”，曝光度为“15%”，完成图片整体的亮度调整，效果如图3-71所示（配套资源:\效果文件\第3章\休闲鞋.psd）。

图3-71　最终效果

**微课堂——历史画笔工具**

调整图像的色彩后，若需要还原部分色彩，可使用“历史画笔记录工具”进行还原。

**新手试练**

对一些偏色、模糊、曝光过度或曝光不足的图片进行处理，要求处理后的图片不能失真，并且要清晰亮丽、鲜艳夺目。处理的过程中要注意图像色彩与饱和度要自然，避免失真或边缘线条生硬化。

## 3.4 扩展阅读——修图内容分析

图片一般由光影、材质、色彩、色温、透视5要素组成，这5要素是成功修图的关键。其中光影包括了高光（白）、中间调（灰）、暗部（黑）；色彩包括了色相、饱和度、明亮度；材质有金、木、水、火、土等；色温呈现冷暖之分；透视有空间、水平、纵深、近大远小、近清晰远模糊等。合理去分析图片组成要素，才能采用合理的工具对图片进行处理，如是否需要校色，是否需要液化人物、质感是否要加强等。不同图片其调整的内容也不尽相同，一般调整内容包括以下7个方面。

- **色温、光影、色彩调整：**除了特定的风格要求外，一般以图片表现自然为准则。同图、组图、仿色需要进行统一色彩的调节。
- **材质调整：**针对不同材质进行不同的调节，如修补穿帮，修补皮肤、服装、场景等瑕疵。
- **光影修复：**使用高光/阴影、曲线等方法对图片的光影进行调节。
- **插件磨皮：**对一些金属零件进行磨皮，体现质感。
- **透视调整：**通过透视、液化调节，进行形体调整、拉长腿、水平调整等。
- **添加文本、素材或创意元素：**添加文本、素材或创意元素等可以美化图片，营造良好的氛围，也可对多张图片进行合成，制作酷炫的场景。
- **对比原图，检查整体效果：**调整完成后需要对比原图进行整体的调整，尽量不露出修图的痕迹，使整体效果自然、舒适。

# 3.5 高手进阶

（1）打开“沐浴露.jpg”文件（配套资源:\素材文件\第3章\练习1），先抠取图像到新的图层，然后调整图片亮度、对比度、颜色的饱和度，制作后的效果如图3-72所示（配套资源:\效果文件\第3章\练习1）。

图3-72　处理前后的效果

（2）打开“男模特.jpg”文件（配套资源:\素材文件\第3章\练习2），先使用污点修复工具、仿制图章等修饰工具去掉模特脸部的痘印，然后通过曲线、可选颜色等命令将图片处理成清新自然的格调，效果如图3-73所示（配套资源:\效果文件\第3章\练习2）。

图3-73　处理前后的效果

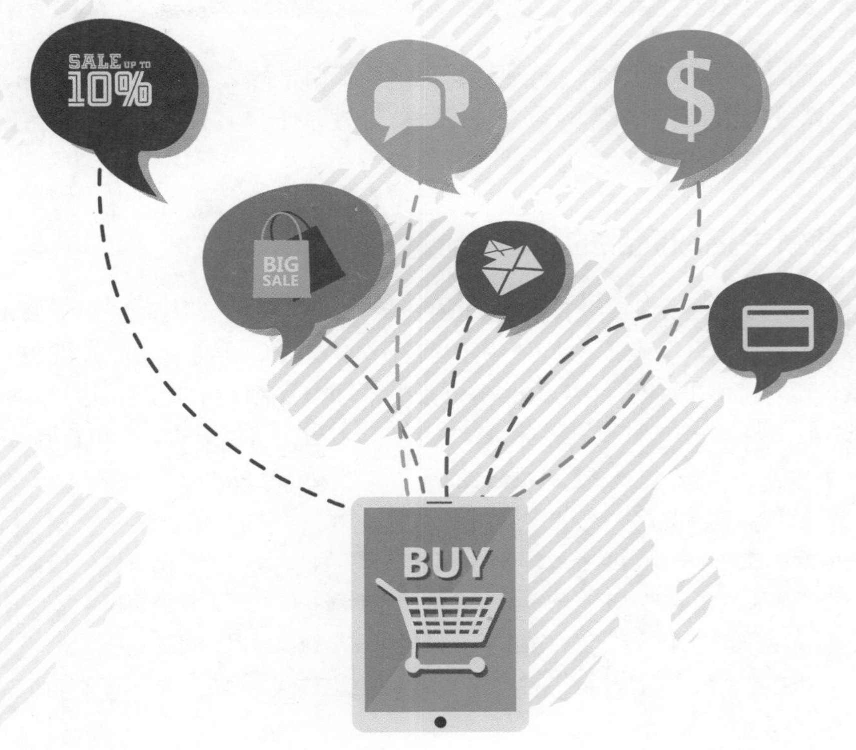


# 第4章 商品图片的特殊处理

作为优秀的网店美工，仅仅能够对商品图片进行裁剪、修图与调色是远远不够的，还需要能够针对商品图片进行特殊处理，如虚化商品的背景、将商品背景处理成白色、替换商品的背景以及商品的合成处理等，掌握这些技术无疑能很大程度地提升商品图片的质量。此外，店铺陈列的好坏，也会给买家不同的视觉感受。清晰的陈列，能让买家最快找到卖家想推荐给他的商品，提高下单率。

# 4.1 处理商品图片的背景

好的背景不仅可以提高商品图片的可观性，更能为商品的展示营造良好的氛围，突出商品的质感和美观度，因此对商品图片的背景进行优化处理是十分有必要的。商品图片背景的处理主要包括背景的虚化、白底背景的处理和背景的替换。

## 4.1.1 从背景中抠取商品的技巧

在编辑图片的背景时，经常要选择需处理的背景，或选择需要从背景中脱离出来的商品，Photoshop CS6中的工具提供了从背景中抠取图片的方法。不同商品图片的抠取方法有所区别，下面从商品图片的形状、颜色和材质来分析不同商品图片的抠图技巧。

- **商品形状规则**：包括矩形选框工具、椭圆选框工具，对于一些规则的矩形和圆形商品，如粉饼、包装盒等，可通过对应的选择工具快速创建选区，按“Ctrl+Shift+I”组合键可反选背景，按“Delete”键删除背景即可完成抠图。
- **商品或背景的颜色较为单一**：当商品或背景的颜色较为简单，商品与背景的边界分明时，可使用魔棒工具、快速选择工具单击需要选择的部分区域快速选择需要的选区。在使用魔棒工具时，可在工具属性栏中设置容差值控制选择的颜色范围；在使用快速选择工具时，可通过在工具属性栏中设置笔触的大小、硬度等参数，按住“Alt”键可转化为减去选区模式，单击多选的部分可将该部分从选区中减去，如图4-1所示。
- **商品形状不规则，颜色丰富，边界分明**：对于这类商品图片，可以通过套索工具组来选择，套索工具包括“套索工具”、“多边形套索工具”和“磁性套索工具”。选择“磁性套索工具”，沿商品边缘拖动鼠标，或单击并移动鼠标可得到对应的选区，图4-2所示为使用磁性套索工具抠图的效果。

图4-1 快速选择工具抠图

图4-2 磁性套索工具抠图

- **商品颜色以及形状较复杂的图片抠图**：当遇到商品的轮廓比较复杂，背景也比较复杂，或背景与商品的分界不明显时，上述的抠图方法都很难得到精确的抠图效果，此时可使用路径抠图的方法。路径抠图是网店美工经常用到的抠图方式，使用路径抠图需要先使用钢笔工具描边商品的外形，然后按“Ctrl+Shift+Enter”组合键将绘制的路径转化为选区，如图4-3所示。

图4-3　路径抠图

- **半透明商品的抠图**：一些特殊的商品，如水杯、酒杯、婚纱、冰块、矿泉水等，如图4-4所示。使用一般的抠图工具得不到想要的透明效果，此时可结合钢笔工具、图层蒙版和通道等进行抠图。

图4-4　半透明商品的抠图

- **毛发抠图**：在抠取人物模特或动物的头发时，通过一般的抠图方法，既浪费时间，又达不到理想的效果。其抠图方法与半透明商品的抠图方法相似。进入通道后，选择对比强烈的通道创建副本，然后调整色阶，使用黑白画笔涂抹需要隐藏或显示的部分，最后载入通道的选区并复制选区到新的图层上即可完成抠图，图4-5所示为抠取模特的大致过程。

图4-5　毛发抠图

## 微课堂——羽化、收缩与扩展选区

创建选区后，为了避免选区边缘的生硬与不自然，使创建的选区更加符合标准，可对选区进行调整。常见的调整方法有羽化选区、收缩选区与扩充选区。

## 4.1.2 钢笔工具的使用

“钢笔工具”可以沿物体的轮廓绘制路径，因此在Photoshop CS6中使用路径抠图时经常会用到钢笔工具，掌握钢笔工具的操作可以提高路径抠图的效率。选择工具箱中的“钢笔工具”，其对应的工具属性栏如图4-6所示。

图4-6 “钢笔工具”工具属性栏

在“钢笔工具”工具属性栏中单击路径按钮，在下拉列表中可选择绘图模式，包括路径、形状和像素3种。选择的绘图模式不同，钢笔工具属性栏中的命令也会发生改变。使用“钢笔工具”时，鼠标指针在路径和锚点上的不同位置会呈现不同的显示状态，具体介绍如下。

- **创建角点**：当鼠标指针显示为该形状时，单击鼠标可创建一个角点，单击并拖动鼠标可创建一个平滑点。
- **添加锚点**：在工具属性栏中单击选中“自动添加/删除”复选框后，当鼠标指针在路径上显示为形状时，单击鼠标可在该处添加锚点。
- **删除锚点**：单击鼠标选中“自动添加/删除”复选框后，当鼠标指针在锚点上显示为该形状时，单击鼠标可删除该锚点。
- **闭合路径**：在绘制路径的过程中，将鼠标指针移至路径起始的锚点处，当指针变为该形状，单击鼠标可闭合路径。
- **链接路径**：选择一个开放式路径，将鼠标指针移动至该路径的一个端点上，当鼠标指针显示为该形状时单击，即可继续绘制该路径，如图4-7所示；若在绘制路径的过程中将钢笔工具移至另一条开放路径的端点上，单击鼠标左键可将这两段开放式路径连接成为一条路径，如图4-8所示。

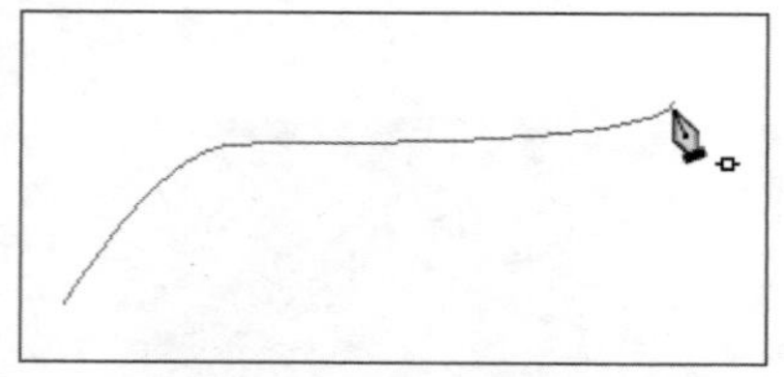

图4-7 单击继续绘制路径

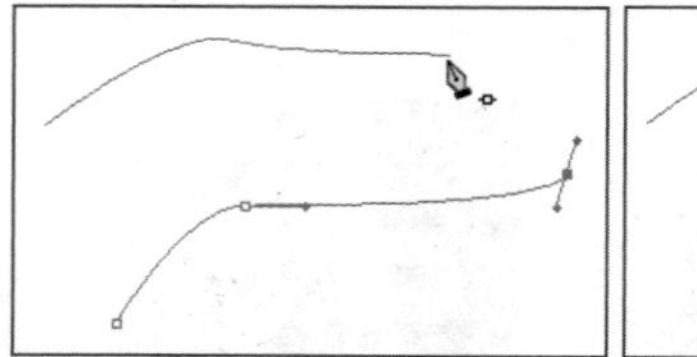
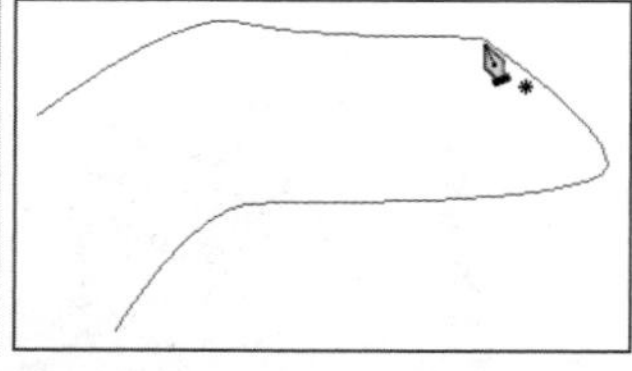

图4-8 连接两段路径

## 4.1.3 虚化效果的设置

在Photoshop CS6中，可以通过“模糊”来削弱相邻像素的对比度，使相邻像素间过渡平滑，从而产生边缘柔和、模糊，达到虚化的效果。选择【滤镜】/【模糊】菜单命令，在“模糊”子菜单中提供了14种模糊效果，其中镜头模糊、径向模糊常用来进行商品背景图片的处理。

- **镜头模糊**：使用“镜头模糊”滤镜可以使图像模拟摄像时镜头抖动产生的模糊效果。
- **径向模糊**：使用“径向模糊”滤镜可以使图像产生旋转或放射状模糊效果。

## 4.1.4 使用蒙版控制图像的显示

Photoshop CS6 提供了图层蒙版、剪贴蒙版和矢量蒙版 3 种蒙版。不同的蒙版，具有不同的作用，分别介绍如下。

- **图层蒙版**：图层蒙版通过蒙版中的灰度信息控制图像的显示区域，可用于商品图片的合成，也可控制填充图层、调整图层、智能滤镜的有效范围。选择图层，单击“图层面板”底部的按钮即可创建图层蒙版。
- **剪贴蒙版**：剪贴蒙版通过一个对象的形状来控制其他图层的显示区域。使用矢量工具绘制路径，选择绘制的路径，这里选择【图层】/【矢量蒙版】/【当前路径】菜单命令即可创建剪切蒙版。
- **矢量蒙版**：矢量蒙版通过路径和矢量形状来控制图像的显示区域。选择内容图层，选择【图层】/【创建剪贴蒙版】菜单命令，或按“Alt+Ctrl+G”组合键，将该图层与下面的图层创建为一个剪贴蒙版组。

## 4.1.5 虚化商品背景实战

背景虚化是指将商品图片背景由深变浅，使焦点聚集在主体上，营造主体与背景间前清后虚的效果。对背景进行虚化处理，是为了避免背景喧兵夺主，影响主体的表现。这种效果能消除画面中的杂物，突出主体的立体感，使画面变得更加和谐。下面将对拖鞋的背景进行虚化处理，突出拖鞋在画面中的主体地位与立体感，图4-9所示为虚化前、后的效果。

图4-9 虚化背景前、后的对比

下面进行背景虚化的处理，其具体操作如下。

**步骤 01** 打开素材文件“拖鞋.jpg”（配套资源:\素材文件\第4章\拖鞋.jpg）。选择“多边形套索工具”，在图像中拖动鼠标进行绘制，创建选区，如图4-10所示。

图4-10 使用多边形套索工具绘制选区

**步骤 02** 选择【选择】/【反向】菜单命令，或按“Shift+Ctrl+I”组合键反选选区，效果如图4-11所示。

图4-11 反选选区

**经验之谈**

在为图像创建选区时，最好使选区与图像的边缘之间有一定的距离，避免在绘制选区的过程中出错。

**步骤 03** 选择【选择】/【修改】/【羽化】菜单命令，打开“羽化选区”对话框，在“羽化半径”文本框中输入“30”，如图4-12所示。

图4-12　羽化选区

**经验之谈**

羽化选区是为了让选区的边缘更加柔和，使虚化的效果更加逼真。

**步骤 04** 单击确定按钮，返回Photoshop CS6工作界面，选择【滤镜】/【模糊】/【镜头模糊】菜单命令。打开“镜头模糊”对话框，设置“半径”和“叶片弯度”的值为“28”和“5”，如图4-13所示。

图4-13　镜头模糊

**步骤 05** 单击确定按钮，返回Photoshop CS6工作界面可查看 模糊后的效果。然后按“Ctrl+D”组合键取消选区，效果如图4-14所示（配套资源:\效果文件\第4章\拖鞋.psd）。

图4-14　羽化选区

## 4.1.6　白底商品背景处理实战

在参加淘宝官方活动的天天特价、限时折扣等活动时，会要求提供白底的图片。但我们在拍照片时，即使用白色的背景，由于灯光、拍摄技术等原因，拍出来的效果还是呈灰色显示。因此需要对图片背景进行处理，让其符合实际需求。下面将对拍摄的灰色背景的商品图片进行处理，让偏灰、偏暗的图片背景变成白色，使其符合淘宝活动的要求，如图4-15所示。

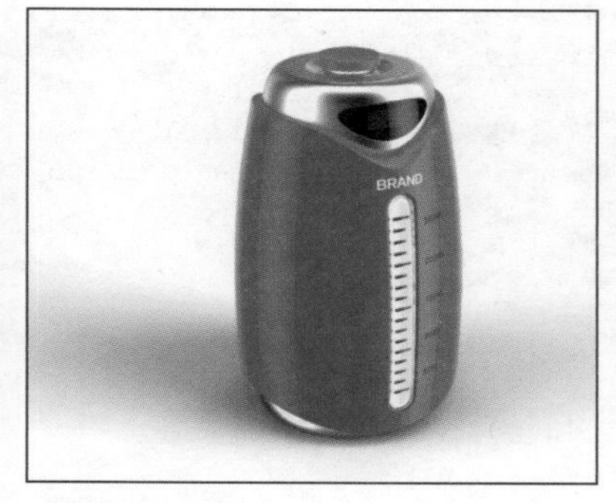

图4-15　白底商品背景图片

若商品本身的颜色比较鲜艳，与背景色对比较明显时，可通过替换颜色来快速制作白底，其具体操作如下。

**步骤 01** 打开“水杯.jpg”素材文件（配套资源:\素材文件\第4章\水杯.jpg），为了避免将产品的颜色丢失，先使用磁性套索工具为产品相近的颜色创建选区，按“Ctrl+J”组合键将其放置到新图层上，如图4-16所示。

图4-16　通过颜色创建选区

**步骤 02** 选择素材图层，选择【图像】/【调整】/【替换颜色】菜单命令，打开“替换颜色”对话框，使用吸管工具在图像中的灰色背景部分单击，获取要替换的颜色，然后调整“颜色容差”和“明度”的值，最后保留商品投影并删除背景，这里设置“颜色容差”和“明度”为“68”和“+100”，如图4-17所示。

图4-17　获取灰色更改为白色

**步骤 03** 单击 确定 按钮，返回Photoshop CS6工作界面可看到调整后的灰色背景变为了白色，按“Ctrl+Shift+E”组合键合并所有图层，效果如图4-18所示（配套资源:\效果文件\第4章\水杯.jpg）。

图4-18　查看处理效果

**微课堂——制作白底商品照片**

将拍摄的灰色背景的商品图片处理成白底商品图片的方法很多，除了替换颜色外，最常见的方法是为商品创建选区，将选区拖放到白色背景中，或为背景创建选区，填充为白色。

## 4.1.7 替换玻璃杯背景实战

玻璃的特点是透明度较高，反射度较强，而自身的色彩则相对较弱，因此抠取玻璃商品时需要保留玻璃的反光和玻璃自身的阴影效果，操作较为复杂。本例为添加酒杯梦幻迷离的背景色调，营造浪漫迷人的氛围，图4-19所示为玻璃杯添加了梦幻迷离背景后的效果。

图4-19 玻璃杯替换背景前、后的效果

下面为玻璃杯替换背景，其具体操作如下。

**步骤 01** 打开素材文件“酒杯.jpg”（配套资源:\素材文件\第4章\酒杯.jpg），按“Ctrl+J”组合键复制图层，如图4-20所示。

图4-20 复制图层

**步骤 02** 选择复制的图层，按“Ctrl+A”组合键全选，按“Ctrl+C”组合键复制图层，然后添加图层蒙版，按住“Alt”键单击白色的图层蒙版，进入蒙版编辑状态，然后按“Ctrl+V”组合键将刚刚复制的图层粘贴到图层蒙版中，如图4-21所示。

图4-21 进入蒙版编辑

**经验之谈**

该步骤容易出错，需要注意首先创建在图层蒙版中粘贴的选区，然后执行复制操作，最后进入蒙版编辑再粘贴。

**步骤 03** 选择“钢笔工具”，沿酒杯的轮廓绘制路径，绘制过程中可通过调整锚点的位置来改变路径的形状，绘制完成后，按“Shift+Enter”组合键将路径转换为选区，按“Ctrl+Shift+I”组合键反选，按“Ctrl+Delete”组合键填充为黑色，切换到“图层”面板隐藏其他图层，效果如图4-22所示。

图4-22 编辑图层蒙版

**步骤 04** 进入“通道”面板，查看每个通道下图片的明暗对比，然后选择对比度大的通道。此处选择“红色”通道，复制红色通道为红副本通道，如图4-23所示。

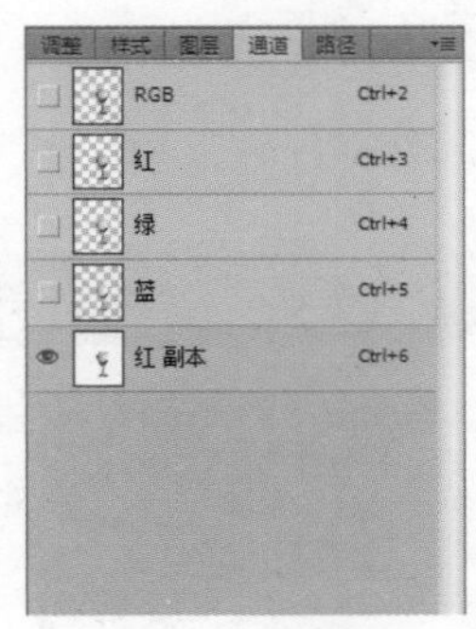

图4-23 新建红副本通道

**经验之谈**

上步操作可得到酒杯的高光部分，但没有阴影部分，因此进入“通道”面板，观察红、绿、蓝3个通道，此时红通道的对比度较强，暗部也较明显，因此制作玻璃瓶的暗部选择红色通道进行操作。

**步骤 05** 隐藏其他通道，按“Ctrl+I”组合键将红副本通道进行反相处理，如图4-24所示。

图4-24 反相处理

**步骤 06** 按“Ctrl+L”组合键打开“色阶”对话框，用黑色吸管吸取瓶子上的灰色部分，使暗部变得更加清晰，如图4-25所示。

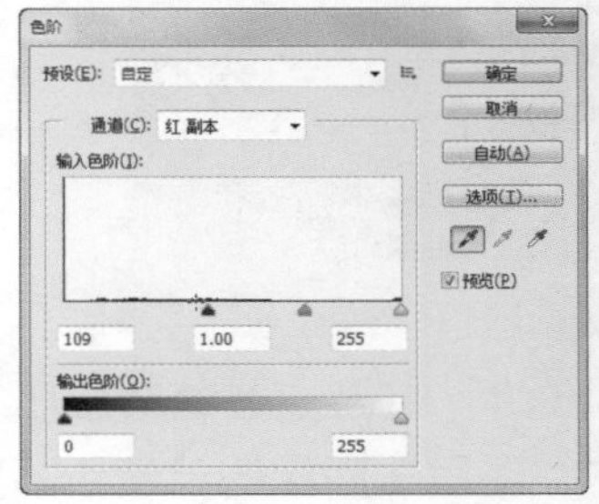

图4-25 设置色阶

**步骤 07** 按住“Ctrl”键单击红副本通道将通道载入选区，切换到“图层”面板，选择背景图层，然后按“Ctrl+J”组合键把酒杯的暗部复制并粘贴到新建的图层中，隐藏其他图层，效果如图4-26所示。

图4-26 阴影效果

**经验之谈**

选择通道，在面板底部单击“将通道作为选区载入”按钮也可将通道载入选区。

**步骤 08** 打开素材文件“背景.jpg”（配套资源:\素材文件\第4章\背景.jpg），选择“移动工具”，将“酒杯.jpg”图像文件中的选区拖动到“背景.jpg”图像文件中，按“Ctrl+T”组合键，调整酒杯的大小，使其大小适合背景图像，并将其移动到合适的位置，按“Enter”键确认，如图4-27所示。

图4-27　移动文件

**步骤 09** 按“Ctrl+J”组合键复制蒙版所在的图层，然后在“图层”面板的“设置图层的混合模式”下拉列表框中选择“明度”选项，设置透明度为“35%”，使酒杯的效果与背景更加融合，如图4-28所示。

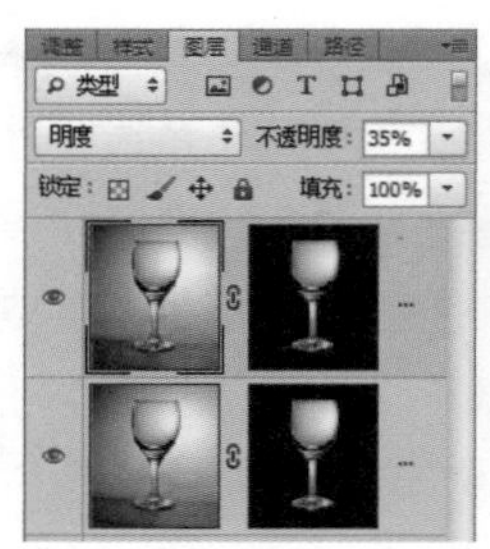

图4-28　设置图层

**步骤 10** 在酒杯下方新建图层，单击前景色色块，将前景色的颜色设置为“#274152”，选择“画笔工具”，设置硬度为“0”，设置不透明度为“35%”，调整画笔大小，在酒杯底部周围涂抹，制作投影，如图4-29所示。按“Ctrl+Shift+Alt+E”组合键盖印背景外的所有图层，保存文件完成操作（配套资源:\效果文件\第4章\酒杯.psd）。

图4-29　添加投影

## 新手试练

“慧包”是一家主营各种品牌的背包、手提包、挎包等各种风格包的网店，现拍摄了一款商务包的图片，需要进行主图、海报设计，因此要对该照片进行美化，图 4-30 所示将抠取的包应用到海报设计中的效果，读者可参考该效果进行制作。

图4-30　海报设计

进行商品背景的处理时，需要注意：抠取的商品要自然，不要丢失商品的色彩与细节，线条要圆润流畅，不能以点代线，不能以直线代替曲线，尽量贴近要抠商品边缘，边缘柔和圆滑，无锯齿。

# 4.2 商品图片的组合

商品图片组合是指将多张商品图片按要求组合在一起的方法，常用于促销海报、淘宝、天猫商品的系列展示、商品搭配套餐和商品细节图等多个场合。商品图片的组合并非是单纯地依靠几张商品图片，还需要文字进行说明或装饰。好的商品组合能够有效地突出商品的特点或卖点，给买家留下专业、美观的印象，进而提升店铺流量的转化率。

## 4.2.1 图片组合的类型

在淘宝、天猫店铺中，商品图片的组合类型一般分为两种，图文组合与多图组合。其中，图文组合是视觉营销的基础，给商品配上适合的文字能够增强商品的阐述力，如产品的销量、功能、优惠信息和产品分类等，增强买家的购买欲。在店铺商品陈列时会用到多图展示，此时就涉及多图的组合，其组合方式是多变的，归根结底，要把最好的产品用最适合的方式展现给最优质的客户。

## 4.2.2 图文搭配技巧

商品图片的文字，重在衬托商品，主要起到点缀作用，因此应合理控制文字的位置与大小，避免喧宾夺主。下面对淘宝店铺中常用的图文搭配技巧进行介绍。

- **为图片选择合适的字体：** 观察图片风格，选择合适的字体，如手写体、粗犷体、纤细体等，不同的字体将带来不同的视觉效果。此外，还可通过中英文搭配、文字与数字搭配等得到不一样的效果。
- **文本在图片中的排列方式：** 包括水平型、竖直型和斜型。水平型比较普遍，具有朴实的特点；竖直型适合氛围比较文艺的商品图片；斜型比较动感，常用于促销。
- **底纹搭配：** 底纹可以将文字与画面分割开来，因此可以最大限度地降低画面对文字的影响，使文字的排版与设计拥有更大的空间，并且能从图片中更加有效地突出文字。在设置底纹时，可通过设置底纹的形状、底纹形状的特殊效果，以及底纹的不透明度，将底纹更好地融合进图片而不显突兀。此外，将部分文字置于底纹之外，也可加强底纹与图片的联系。图4-31所示为底纹搭配后的效果。

图4-31 底纹搭配

- **线条的搭配**：线条可以分割和装饰图片中的文字，线条通常有3种表现形式：水平、垂直和斜线，而线本身又分为实线和虚线两种形式。通过线条，可以平衡图片的画面、凸显层次。
- **图文结合**：在搭配图片与文字时，可以在图片中搭配文字，同样也可以在文字中搭配图片，即将图片或图形融入文本中，来活跃画面。
- **将文本镂空或制作成印章**：在搭配中国风的商品图片时，可将文本制作成印章，如图4-32所示。将文本制作成印章效果，可以很好地将文本融入图片，并增强图片的艺术性。

图4-32　印章应用

## 4.2.3　商品的陈列方式

商品陈列是指通过不同的视觉传达方式，将商品更加美观地呈现给消费者。通过商品的陈列，可暗示消费者其他潜在的需求，若搭配一定的促销组合，则可刺激消费者的购买欲，加强对消费者这一细节的把握，达到提升销售额的目的。商品的陈列方式主要有3种，即并列式、递进式和自由式。

- **并列式**：并列式是指将同类商品聚集在一起，买家可在这一区域选择有潜在消费需求的产品。并列式的商品陈列方式，不仅起到丰富商品的作用，更能提高买家对该类商品的购买概率。
- **递进式**：若商品与商品之间存在很强的关联，需要配套使用，如化妆品、户外用品，则可以采用递进式的商品陈列方式。使用递进式的商品陈列方式可以拓展商品的宽度。例如，在陈列户外用品时，若直接通过视觉中心将某一类产品以多种风格陈列在一起，并不一定会提高成交率，若将帐篷与其他配套设施搭配在一起陈列，不仅会给买家设备丰富齐全、店铺专业的感觉，还能提高连带率，如图4-33所示。

图4-33　递进式

- **自由式**：商品与商品之间的陈列取决于搭配者的情感倾诉，没有固定的规律，如将产品按一定形状杂乱堆放在一起，可以渲染促销氛围，如图4-34所示。

图4-34　自由式

## 4.2.4　商品的陈列原则

商品陈列方式的设计是网店美工不可忽视的重要工作。不同的商品陈列方式会营造出不同的营销氛围，不同的营销氛围会影响顾客不同的消费心理状态。通常情况下，在进行商品陈列方式的设计与选择时需要遵循以下原则。

- **商品陈列数目：**根据商品的多少来进行陈列，若商品少，则一般1排2~3个商品图片，若商品小且数量多则可以放4~5个商品图片。在商品的陈列过程中，若放置的商品太少会显得店铺货品不足，若放置的商品过多会显得杂乱，扰乱顾客的视觉体验，顾客短时间内很难找到自己满意的商品，因此反而会错失更多的商机，因此，合适最为重要。
- **重点突出：**在同一区域，对于商品来说需要做好一定的主次之分，要将最有优势、最热卖的商品陈列在最显眼的位置，将其他产品用同样的面积陈列在一起，可以让顾客自行选择自己感兴趣的产品，如图4-35所示。

图4-35　重点突出

- **整齐统一：**商品展示的品类和风格需要统一规范。以服装为例，那么就可以把风格和款式类似的上衣并排陈列在一起，通过集中的展示来刺激不同顾客的潜在需求，从而进一步提升销量。如图4-36所示，左图在风格与颜色搭配上更加统一，放大了“磁石效应”，让更多有需求的顾客来关注这个区域的其他商品，而右图的图片风格完全迥异，并列地排在一起显得有些突兀，会一定程度的降低商品档次。

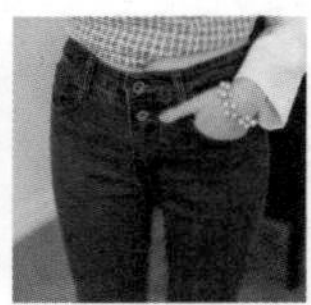

图4-36　整齐统一

- **色彩对比：**在陈列商品时，通过商品本身和背景色的对比，很容易吸引人的眼球，活跃整个页面。如图4-37所示，同色系的商品放在一起，容易让顾客忽略中间的商品，此时运用不同的颜色使中间的商品和两边的商品形成对比，可以满足不同顾客的需要。

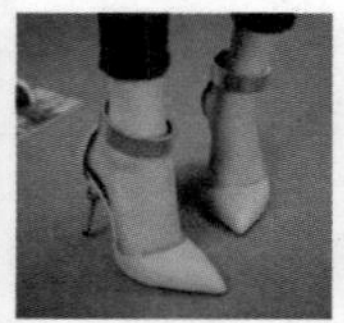

图4-37　色彩对比

## 4.2.5　商品图片的排列、分布与对齐

在商品的组合与图片的陈列过程中，手动进行调整过于麻烦，且不易精确，为了合理安排图片叠放顺序，保证图片之间的间距一致，可使用Photoshop中的排列、对齐与分布图层功能快速进行调整。

- **改变图片的排列顺序：**改变图片的排列顺序即为改变图片的堆叠顺序。其方法为：选择要移动的图片所在的图层，选择【图层】/【排列】菜单命令，从打开的子菜单中选择需要的命令即可移动图层，如图4-38所示。

图4-38　改变图片的排列顺序

- **对齐多张图片：**若要将多个图层中的图像内容对齐，可以按“Shift”键，在“图层”面板中选择多个图层，然后选择【图层】/【对齐】菜单命令，在其子菜单中选择对齐命令进行对齐，包括顶对齐、垂直居中对齐、底对齐、左对齐、水平居中对齐、右对齐，图4-39所示为垂直居中对齐前后的效果（如果所选图层与其他图层链接，则可以对齐与之链接的所有图层）。

图4-39　垂直居中对齐前后效果

- **分布多张图片：**若要让3个或更多的图像采用一定的规律均匀分布，可选择这些图像所在的图层，包括顶边分布、垂直居中分布、底边分布、左分布、水平居中分布、右分布，然后选择【图层】/【分布】菜单命令，在其子菜单中选择相应的分布命令，图4-40所示为水平居中分布图片的效果。

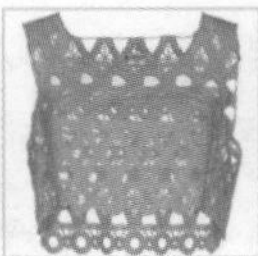

图4-40 水平居中分布图片的效果

## 4.2.6 图文组合实战

下面以“鞋店”的小白鞋系列商品为例，对商品的陈列进行设计，为了突出重点主款商品，首先将主款商品以较大的画面进行显示，使其对比强烈，快速吸引买家的视线；其次考虑使用文本与图形说明产品的信息，通过水蓝色文字活跃版面，将其他商品图片以相同大小排列成列，使整个画面平衡统一；最后对齐图片并统一图片之间的间距，制作完成后的参考效果如图4-41所示。

图4-41 商品图片组合

制作商品陈列图前，应先新建辅助线搭建结构框架，规范商品图片的尺寸，然后将商品图片添加到文件中，调整图片的对齐与分布方式，添加文本完成制作，其具体操作如下。

**步骤 01** 新建大小为750像素×400像素，分辨率为72像素，名为“商品陈列”的文件。选择【视图】/【新建参考线】菜单命令，新建水平与垂直的位置分别为“20像素、730像素”的4条参考线，留出页边距，如图4-42所示。

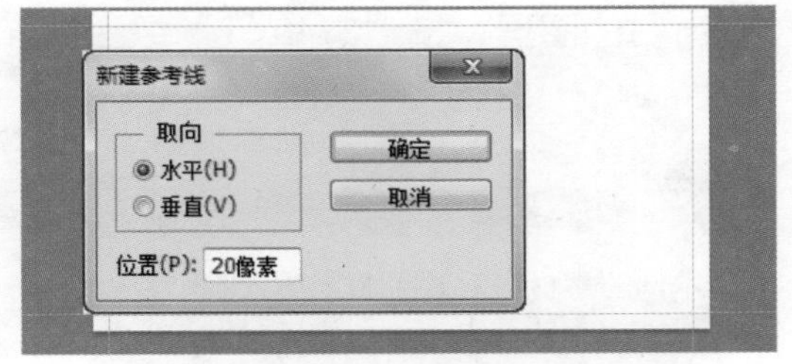


图4-42 新建参考线

**步骤02** 继续创建其他参考线，打开“鞋子1.jpg”素材文件（配套资源:\素材文件\第4章\鞋子1.jpg），双击解锁图层，将其拖动到“商品陈列”窗口，按“Shift+T”组合键变换状态，移动图片，使左上角与参考线对齐，按住“Shift”键在不改变图片比例的情况下拖动右下角，对齐上下参考线，如图4-43所示。

图4-43　更改图像大小

**步骤 03** 打开“鞋子2～鞋子5.jpg”素材文件（配套资源:\素材文件\第4章\鞋子2～5.jpg），双击解锁图层，将素材拖动到“商品陈列”窗口，按“Shift”键同时选择鞋子素材所在的图层，按“Shift+T”组合键统一变换大小，如图4-44所示。

**经验之谈**

本例的素材已设置了相同的大小，若需要将素材设置成相同的大小，可通过图像裁剪与设置图像大小的方法规范素材的宽度与高度。

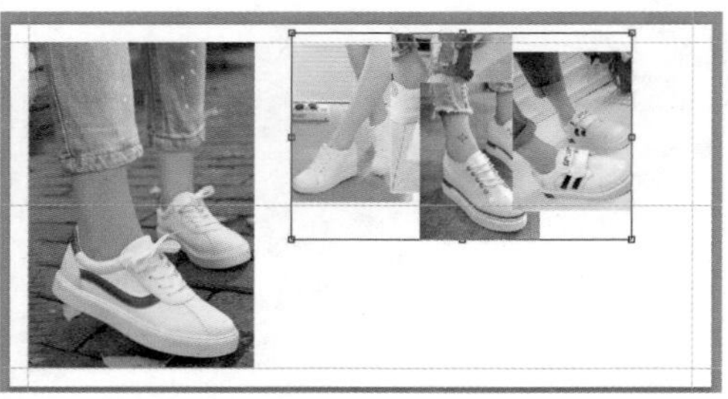

图4-44　统一更改图像大小

**步骤 04** 移动“鞋子2”到右上角与辅助线对齐，移动“鞋子4”靠齐右侧辅助线；选择“鞋子1”“鞋子3”“鞋子4”“鞋子5”所在图层，选择【图层】/【对齐】/【底边对齐】菜单命令，将以“鞋子1”的底边对齐鞋子，如图4-45所示。

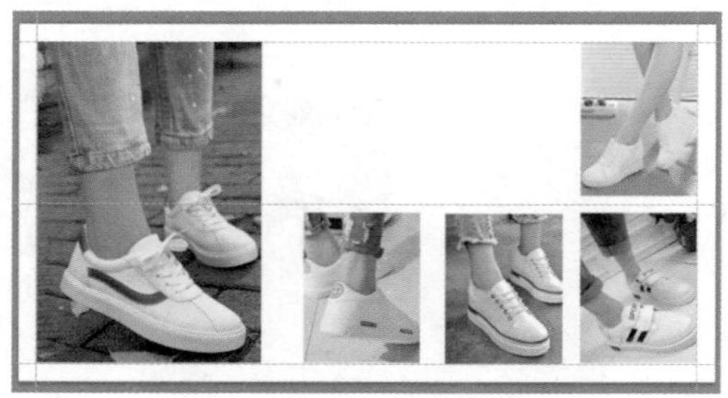

图4-45　底端对齐

**步骤 05** 继续选择【图层】/【分布】/【右边分布】菜单命令，将以右边的鞋子以第5张图为基础，均匀分布鞋子，如图4-46所示。

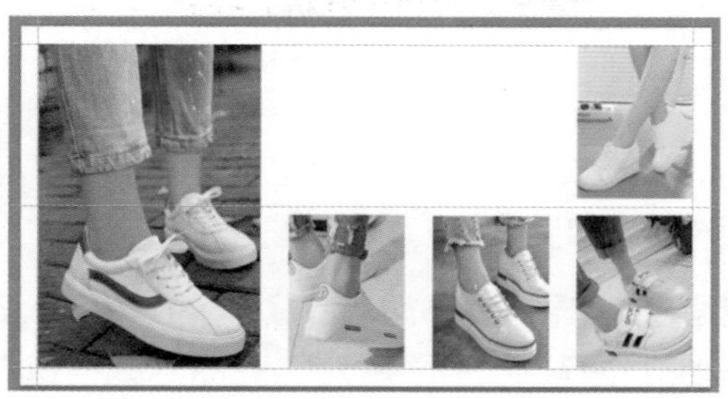

图4-46　右边分布

**步骤 06** 选择“横排文字工具” T，设置字体格式为“造字工房朗倩、13.5点、犀利、加粗”，字体颜色为“#63cacb”，在图像空白处分别输入文字“白色”；设置字体格式为“造字工房俊雅、12点、平滑”，字体颜色为黑色，在图像空白处分别单击鼠标输入文字“自由搭配”，使用相同的方法输入字体为“Myriad Pro、6点”，字体颜色为灰色的英文文本，移动文本，设置文本组合效果，如图4-47所示。

图4-47　输入并组合文本

**经验之谈**

完成参考线定位后，为避免影响图像显示效果，可按“Ctrl+;”组合键隐藏或显示参考线，也可直接使用移动工具拖动需要删除的参考线到标尺上。

**步骤 07** 选择“多边形工具”，在工具属性栏中设置边数为“3”，填充颜色为“黑色”，按住鼠标左键进行拖动，至合适大小与角度时释放鼠标左键绘制三角形；使用“矩形工具”绘制黑色矩形，如图4-48所示。

图4-48　绘制三角形与矩形

**步骤 08** 选择“横排文字工具”T，设置字体格式为“Youth memory、6点”，字体颜色为白色，在矩形上方输入“Youth memory”文本完成本例的制作，效果如图4-49所示（配套资源:\效果文件\第4章\商品陈列.psd）。

图4-49　商品陈列效果

## 新手试练

图4-50所示为在天猫上收集的韩都衣舍搭配套餐与戚米的秋季上新系列，现要求读者赏析这两款陈列并借鉴其陈列方式。完成后再对某服装店店铺的商品图片进行陈列，制作淘宝商品的系列展示、商品搭配套餐或商品细节图等。在陈列商品图片时，需要注意：既要保持整体风格的统一，又要使颜色有鲜明对比，使画面不过于沉闷；使用文本或图形搭配商品图片时，需要将其融入图片的氛围中，不能过于突兀；商品图片的分布合理规范，页边有适当的留白。

图4-50　商品陈列

## 4.3 扩展阅读——淘宝开店的图片处理技巧

好的商品图片能让顾客看一眼就有想买的冲动，如何让店铺的商品图片更吸引人，在处理图片时，就需要注意一些图片处理技巧。

- **选择恰当的背景与装饰元素：** 真实自然的背景能把商品显示得更清晰自然，而适当的运用一些模特、鲜花、树叶、水果等来陪衬商品，可以增加画面美感，拉进顾客与图片的距离，图4-51所示为使用花朵来装饰香水的效果图。

图4-51　香水图片

- **精彩的文案：** 精彩的文案容易引起顾客的共鸣，增加商品的说服力。合理设计文案，也能增强图片的美感，为商品加分。如图4-52所示，文案不仅阐述了表达的主题，还丰富了画面的效果。

图4-52　精彩的文案

- **为图片添加水印：** 每张精美的图片都花费了设计师不少的心血，为图片添加品牌名称、店铺名称等水印可以在宣传店铺的同时保护图片不被其他商家盗用。需要注意的是，水印的设计必须精美，合理控制大小，不能影响图片的美感与图片的可读性。
- **图片细节处理：** 根据商品材质、色彩等特征，进行细节的处理，如提高颜色对比度、提高图片亮度、材质锐化、投影与光影的处理等。

## 4.4 高手进阶

（1）打开“鞋子.jpg”图像文件（配套资源:\素材文件\第4章\练习1），使用钢笔工具抠取图片中的鞋子，将其放置到提供的素材背景中，调整鞋子大小与位置，添加阴影效果，完成背景的替换，如图4-53所示（配套资源:\效果文件\第4章\练习1）。

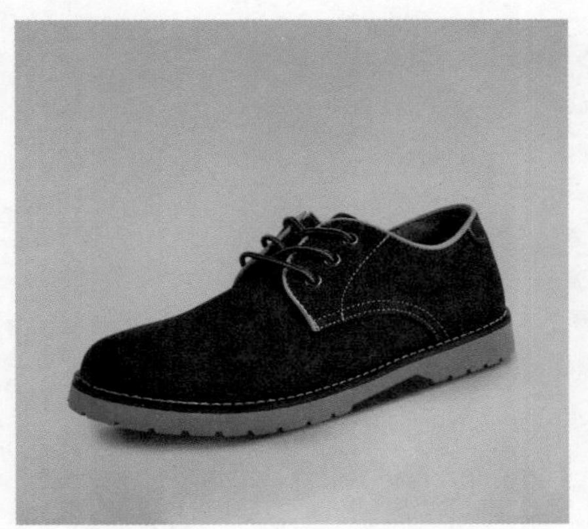

图4-53 更换鞋子背景的前后背景

（2）新建950像素×300像素的名为“女装搭配.psd”的文件，导入多个商品图片（配套资源:\素材文件\第4章\练习2），将其合成一张女装的搭配图，效果如图4-54所示（配套资源:\效果文件\第4章\练习2）。

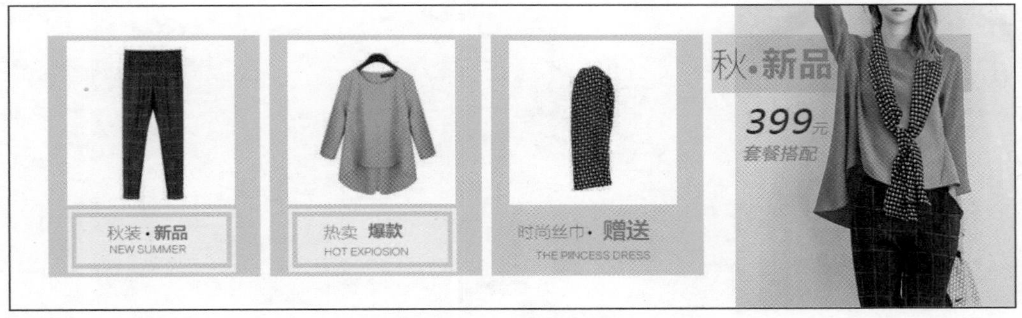


图4-54 女装搭配效果

# 第5章 商品图片的切片与管理

每一个网站都有大量的图片，拍摄或制作的商品图片可能因为格式、大小、颜色等因素不能在网页上进行正常显示，因此往往需要对商品图片进行切片、优化和储存等操作。在淘宝平台上，买家所看到的商品详情页面的图片和店铺装修的图片都需要存储在淘宝的图片空间中。图片空间具有速度快、管理方便、批量操作等优点。本章将具体对图片的切片与管理方法进行介绍。

# 5.1 商品图片的切片

切片是装修店铺过程中必不可少的环节，所谓切片是指将大的图片切开，分割成多个部分，常用于网页设计与制作。网店美工在设计并制作店铺页面时，需要先制作一个完整的静态页面，然后使用切片工具将制作好的页面按照内容、版块切割成一块块的小图片，最后保存即可获取每个图片的宽和高，并了解页面的框架布局。

## 5.1.1 切片的作用

网页切片在店铺装修中起到非常重要的作用，具体表现如下。

- 浏览淘宝店铺时，图片的大小对页面的打开速度影响很大。将一张大图切割成多张小图，可以加快页面图片的打开速度，提高买家体验的满意度。
- 进行淘宝店铺装修时，方便替换单一商品。
- 切片后，方便对首页与详情页中的商品进行链接。

## 5.1.2 切片技巧

进行网页切片时，为了保证切片合理、位置精确，需要掌握一定的技巧。

- **依靠参考线**：从标尺上拖动鼠标，为图像创建切片的辅助线，在切片时可沿着该辅助线拖动鼠标创建切片。
- **切片位置**：切片时不能将一个完整的图片区域断开，应尽量按完整图片切割，避免在网速很慢时图片被断开，不能完整地呈现出来。
- **切片储存的颜色**：在储存切片时，需要保存为Web所用格式。由于Web格式是用来放到网页上用的网页安全色，而网页安全色是各种浏览器各种机器都可以无损失无偏差输出的色彩集合。因此，在店铺的配色上尽量使用网页安全色，避免买家看到的效果与设计的效果不符。
- **切片储存的格式**：在储存切片时，可单独为各个切片设置储存格式，切片储存的格式不同，其大小与效果也会有所不同。一般情况下，色彩丰富、图像较大的切片，选择JPG格式；尺寸较小、色彩单一和背景透明的切片，选择GIF或PNG-8格式；半透明、不规则以及圆角的切片，选择PNG-24格式。

## 5.1.3 认识标尺、辅助线

在Photoshop CS6中创建切片时，通过标尺、辅助线可以精确测量或定位图像，使切片更精确，从而提高切片的工作效率。

- **标尺**：选择【视图】/【标尺】菜单命令，或按“Ctrl+R”组合键，即可在打开的图像文件左侧边缘和顶部显示或隐藏标尺。通过标尺可查看图像的宽度和高度。
- **参考线**：参考线是浮动在图像上的直线，分为水平参考线和垂直参考线。主要用于给设计者提供参考位置，参考线不会被打印出来，是切片常用的辅助工具。选择【视图】/【新建参考线】菜单命令，可创建精确位置的参考线；将光标置于窗口顶部或左侧的标尺处，按住鼠标左键不放并向图像区域拖动，可根据图像快速创建参考线。创建参考线后，按“Ctrl+;”组合键可隐藏或显示参考线。如图5-1所示，上端与左端为标尺，中间的绿色线条为创建的辅助线，通过辅助线可以很明确的看出店招的显示区域、主页面的显示区域、背景的显示区域。

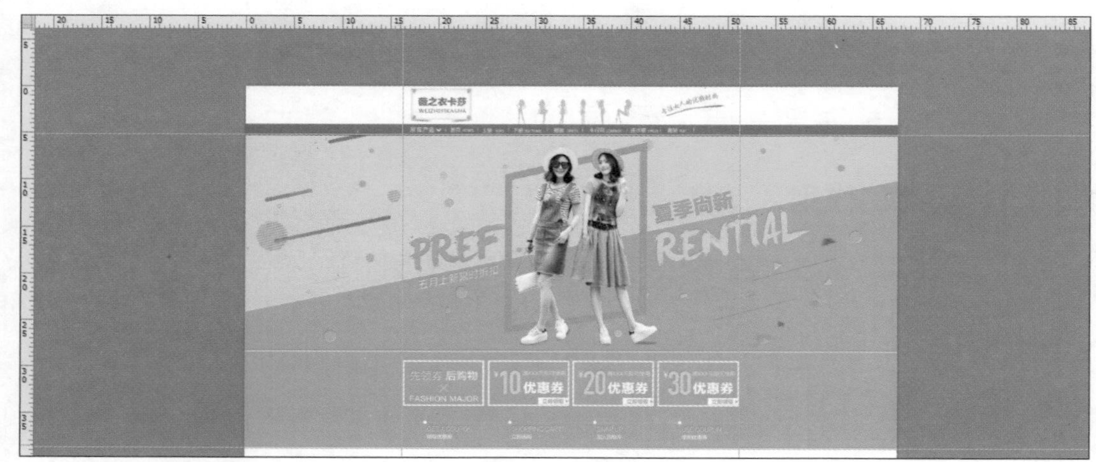


图5-1　参考线效果

### 5.1.4　新品上市促销模块切片实战

下面为“新品上市”创建切片，并将创建的切片以JPEG格式保存到计算机中，方便后期装修店铺时使用，切片后的效果如图5-2所示。

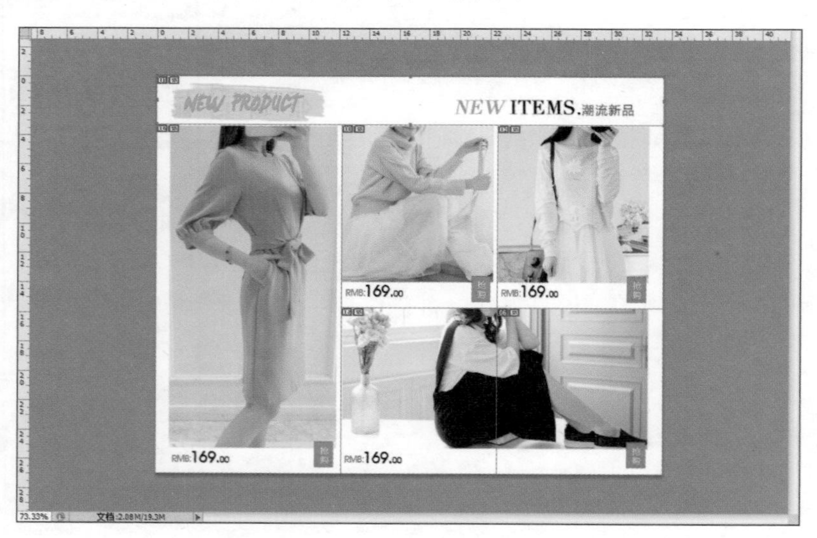

图5-2　切片效果

在进行切片时，为了保证切片的精确、快速将使用辅助线。切片时为了保持图片的完整性，尽量不断开切割图片。利用切片工具可以快速创建切片，下面将先创建辅助线，再创建切片和合并切片，最后将切片储存为Web所用格式，其具体操作如下。

**步骤 01** 打开素材文件“新品发布.psd”（配套资源:\素材文件\第5章\新品发布.psd），如图5-3所示。

图5-3　打开素材

**步骤 02** 选择【视图】/【标尺】菜单命令，或按“Ctrl+R”组合键打开标尺，从左侧和顶端拖动参考线，设置切片区域，如图5-4所示。

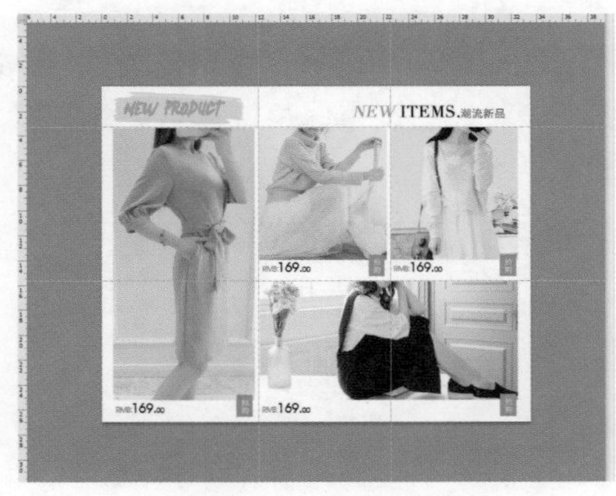


图5-4　添加参考线

**步骤 03** 在工具箱中的“裁剪工具”上按住鼠标左键不放，在打开的工具组中选择“切片工具”，在选项栏中单击 基于参考线的切片 按钮，如图5-5所示。

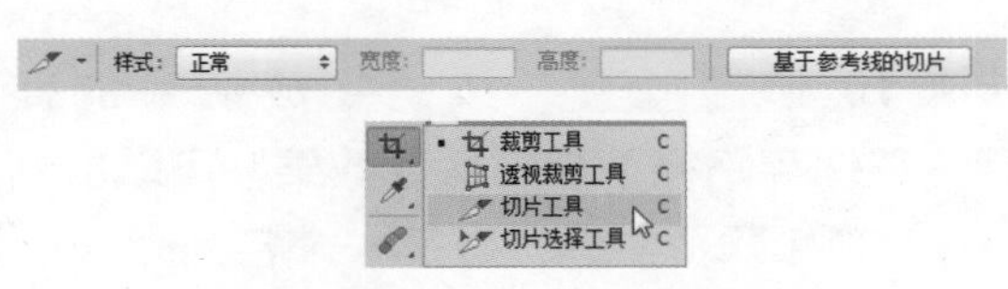


图5-5　创建基于参考线的切片

**步骤 04** 图像基于参考线等分成多个小块，此时发现顶部和左侧的区域被分割，没有组成完整的图像，此时选择“切片选择工具”，按住“Shift”键选择需要合并为一个切片的多个切片，单击鼠标右键，在弹出的快捷菜单中选择“组合切片”命令，如图5-6所示。

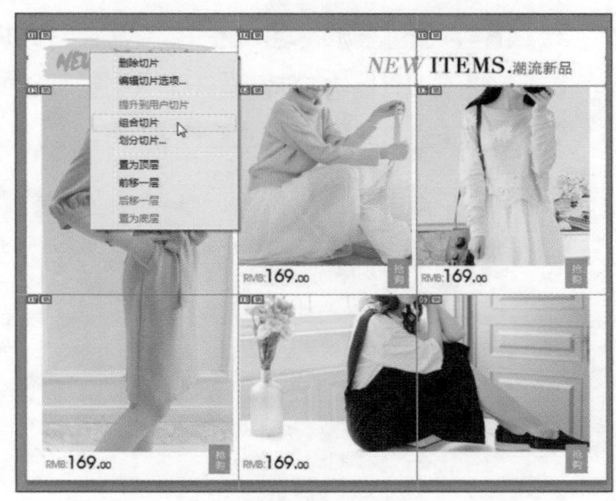


图5-6　组合切片

### 经验之谈

若需要将一个切片水平或垂直划分为多个相同的等份，可以用“切片选择工具”选择需要划分的切片，单击鼠标右键，在弹出的快捷菜单中选择“划分切片”命令，在打开的对话框中进行设置。

**步骤 05** 使用同样的方法，将其他需要组合的切片进行组合，按“Ctrl+;”组合键可隐藏参考线，效果如图5-7所示。

图5-7　切片效果

**经验之谈**

对图像进行切片后，其切片成功的图片将以蓝色的框进行显示，每个框左上角都标注了切片的数字号。若切片为灰色，表示该切片不能储存起来，需要重新切割。

**步骤 06** 选择“切片选择工具”，双击需要设置链接网址的切片，打开“切片选项”对话框，在浏览器地址栏中复制链接地址，粘贴到“URL”文本框中，如图5-8所示。单击确定按钮返回工作界面。

切片选项
切片类型(S)：图像
名称(N)：新品发布_01
URL(U)：
目标(R)：
信息文本(M)：
Alt 标记(A)：
尺寸
X(X)：0　W(W)：950
Y(Y)：0　H(H)：94
切片背景类型(L)：无　背景色：
确定　取消

图5-8　为切片创建链接

**步骤 07** 选择【文件】/【储存为Web所用格式】菜单命令，打开“存储为Web所用格式”对话框，为了显示图像的所有切片，在“缩放级别”下拉列表中选择“符合视图大小”选项，如图5-9所示。

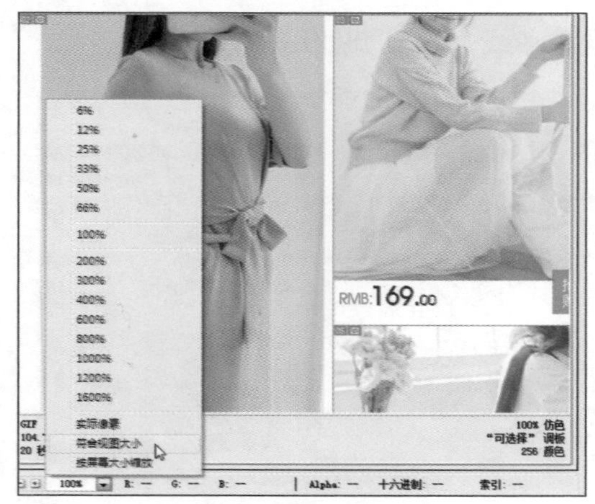

图5-9　调整视图显示

**步骤 08** 按住“Shift”键选择需要设置同一格式的多个切片，此处全选，在右侧选择优化的文件格式为“JPEG”，设置文件的品质、图像大小等，如图5-10所示。

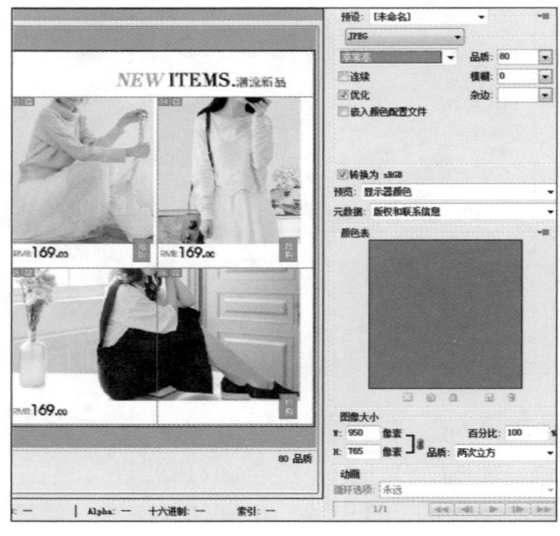

图5-10　优化切片

**步骤 09** 设置完成后单击存储...按钮，在打开的对话框中选择保存格式为“HTML和图像”，然后设置保存位置与保存名称，如图5-11所示。

图5-11　储存切片

**步骤 10** 单击保存(S)按钮完成切片的储存，在保存路径下查看保存效果，可以看到一个HTML网页文件，以及一个名为images的文件夹。其中images文件夹中包含了所有创建的切片，如图5-12所示（配套资源:\效果文件\第5章\新品发布.psd）。

**经验之谈**

切片时，直接使用切片工具切割出来的部分叫作用户切片，该部分以深蓝色的边框和标签显示，便于用户查看；剩余部分系统会自动进行切片，叫作自动切片，这部分内容若符合用户的需求，可不用再切割，若不符合需要，则再使用切片工具进行切片。

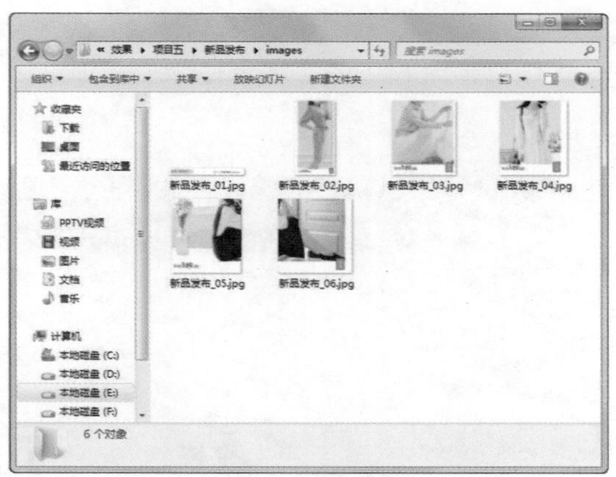


图5-12　查看保存效果

## 新手试练

图 5-13 所示为截取的宏州家具网店的部分图片。为了提高读者切片的速度与准确性，现要求对其进行切片，以练习切片的方法。进行切片时，为了保证切片的准确性，在创建参考线时需要先把原图放大，精确到像素。

图5-13　宏州家具网店

# 5.2 商品图片的管理

装修店铺和发布商品时会使用大量的图片素材，这些图片基本都放置在卖家的图片空间中，图片素材越多，占用的空间越多，充足的图片空间可以提升图片管理的效率，提高商品图片的展示速度和消费者的购物体验。在淘宝网中，当店铺升级为旺铺专业版后，淘宝会为卖家免费提供20GB的图片空间，如图5-14所示，右上角可查看空间的总容量与已使用的容量。

图5-14 淘宝图片空间

## 5.2.1 图片空间的优势

图片空间对于淘宝卖家而言是不可或缺的一部分，因此选择稳定、安全的图片空间尤为重要，使用淘宝官方提供的图片空间具有以下4点优势。

- 淘宝图片空间属于淘宝官方产品，在图片安全、稳定等方面比较有保障。
- 淘宝图片空间相对于其他外网空间，在功能方面更加全面，包括替换、引用、搜索、搬家和批量处理等，更加方便图片的管理。
- 页面打开速度快，可以提高买家浏览页面的舒适度，提高浏览量。
- 服务器过期，图片仍然可以显示，并且可以免费使用图片放大镜功能查看细节。

通过这些优势，卖家可以不为图片打开速度慢、不稳定、图片丢失等问题烦恼，从而专心做好网店推广。而淘宝图片空间不断完善的功能，又让网店装修、经营更加得心应手。

## 5.2.2 管理空间图片

在上传图片时，如果没有对图片的类别进行设置，上传的图片会默认存放在“默认分类”下，为了便于区分不同的图片，可以通过“图片管理”页面对图片进行管理。管理图片的方法很多，下面对常用的管理方法，如重命名图片、移动图片和编辑图片分别进行介绍。

- **重命名图片：**将图片命名为对应商品的名称，可以使图片更加直观，便于管理。其方法为：在图片上传之后，选择需要重命名的图片，再在打开的工具栏中单击重命名按钮，输入重命名的名称，按

"Enter"键即可重命名图片。

- **移动图片：** 如果需要将默认上传到图片空间中的图片移动到其他文件夹中，可以选择该图片，在打开的工具栏中单击 移动 按钮，打开"移动到"对话框，在其中选择需要移动到的位置，然后单击 确定 按钮。返回图片空间，打开相应的文件夹即可查看被移动的图片，如图5-15所示。

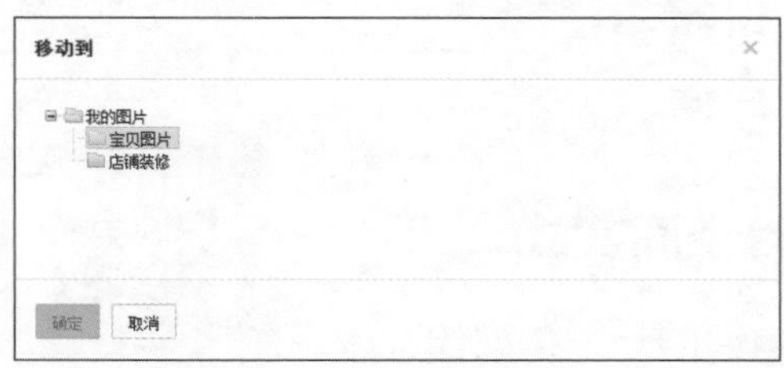

图5-15　移动图片

- **编辑图片：** 图片空间提供了简单的图片编辑功能，供用户对图片进行图片调整，如图片美化、添加水印、添加边框、拼图、添加文字等操作。选择需调整的图片，在打开的工具栏中单击 编辑 按钮，打开图片编辑页面进行编辑。

## 5.2.3　查看图片引用与排列方式

在浏览或编辑图片过程中有时需要查看图片的尺寸，或查看图片是否引用，以及正被使用的图片的引用位置等内容，下面分别对这些引用与排列方式进行介绍。

- **查看排列方式：** 在图片空间的图片管理页面的"排序"列表中可选择按时间、大小和名称等进行图片的排序。此外，淘宝还提供了两种排列方式，即图标排列方式和列表排列方式，不同排列方式具有不同的特点。其中，图标排列方式显示图更加直观，只需将鼠标光标移至图片上，在打开的工具栏中单击对应的按钮或双击图片即可复制图片，以及图片的尺寸、链接与源代码，因此常在店铺装修模块时使用，如图5-16所示；列表排列方式更容易查看图片的类型、尺寸、大小和上传日期，适合在更换或批量删除图片时使用，如图5-17所示。在图片空间的图片管理页面中单击"切换到大图"按钮 或"切换到列表"按钮 即可设置对应的排列方式。

图5-16　图标排列方式

图5-17　列表排列方式

- **查看引用：** 在图片空间中，卖家可以查看正被使用的图片的引用位置，还可对其进行替换，其方法为：选择图片，在打开的工具栏中单击 查看引用 按钮，打开"查看引用"对话框，在其中可查看引用该图片的位置，单击 替换 按钮，可替换当前引用的商品图片，如图5-18所示。

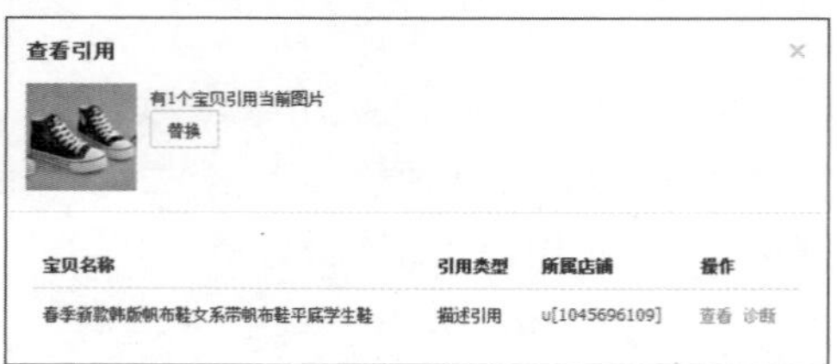

图5-18　查看引用

## 5.2.4　上传优化后的商品图片到图片空间实战

上传优化后的商品图片

进行装修或发布商品前，卖家可将需要使用的图片上传到图片空间，当需要使用对应的图片时即可直接从中选择，其具体操作如下。

**步骤 01** 登录淘宝卖家中心，在左侧的列表框的“店铺管理”栏中单击“图片空间”超链接，如图5-19所示。

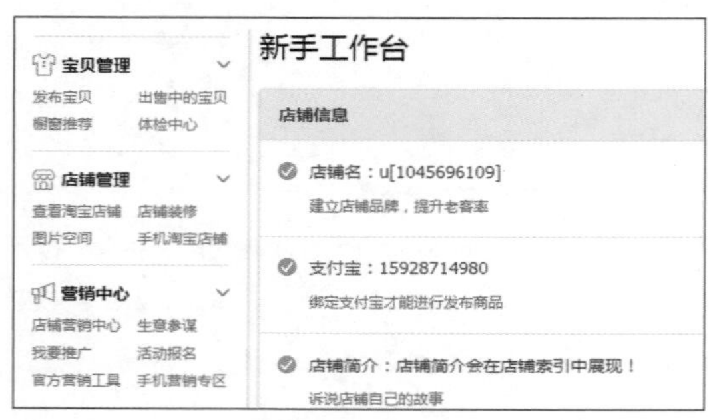


图5-19　进入图片空间

**步骤 02** 在页面上单击“新建文件夹”按钮，打开“新建文件夹”对话框，输入用于上传图片的系列名称，此处输入“宝贝图片”，单击“确定”按钮，如图5-20所示。

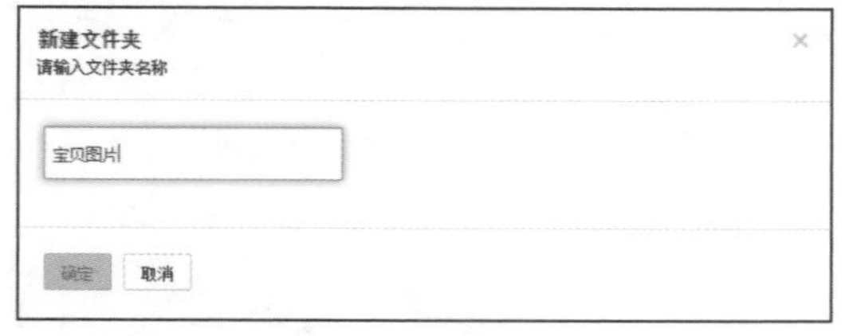


图5-20　新建文件夹

**步骤 03** 在图片空间中，双击打开新建的“宝贝图片”文件夹，在页面上方单击“上传图片”按钮，如图5-21所示。

图5-21　上传图片

**经验之谈**

淘宝网中上传的图片类型很多，为了快速进行区分，可以新建装修图片、宝贝图片等不同类型的图片文件夹，也可通过新建文件夹对相同尺寸的图片进行单独放置，如新建“800×800”文件夹，用于单独存放像素为“800×800”的图片。

**步骤 04** 打开“上传图片”对话框，在其中的“通用上传”栏中单击“点击上传”按钮，如图5-22所示。

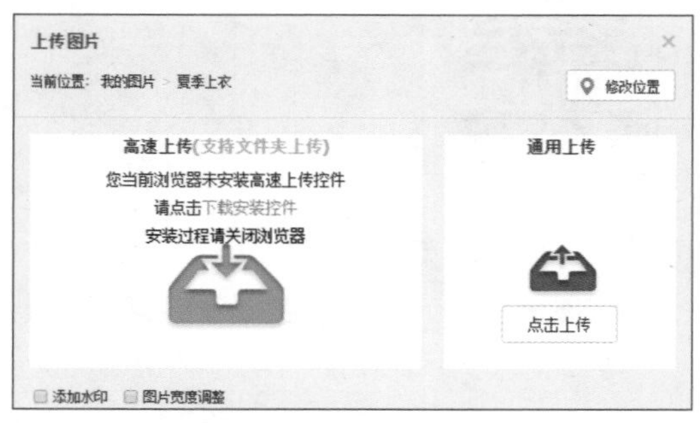


图5-22　选择上传方式

**经验之谈**

下载安装高速控件后，可选择高速上传方式，该方式一次最多上传200张照片；超过3MB的图片可设置自动压缩，支持GPG、PNG、GIF格式，但只支持IE浏览器。

**步骤 05** 打开"打开"对话框，选择宝贝所在路径，并在其中选择需要上传的宝贝图片（配套资源:\素材文件\第5章\宝贝图片.jpg），按"Ctrl"键单击上衣图片，单击 打开(O) 按钮，如图5-23所示。

图5-23　选择上传的图片

**步骤 06** 此时，将打开图片上传提示对话框，并显示图片的上传进图，上传完成后，自动返回图片空间并提示完成图片上传，关闭提示窗口，即可查看上传的图片，如图5-24所示。

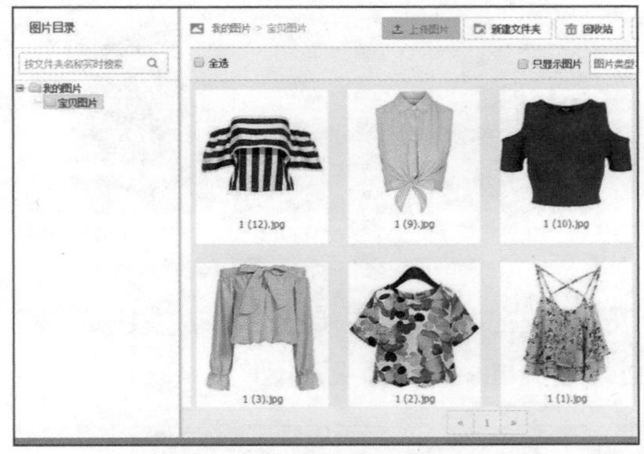


图5-24　查看上传的图片

**经验之谈**

淘宝网免费的图片空间有限，如果图片空间不足，可以通过其他途径获取。如租用淘宝图片空间，有很多服务商提供淘宝空间的租赁服务。还可以租用虚拟主机，支持多种类型的文件，如图片、Flash动画、网页等，该方式的成本较之其他方式更高，一般使用不多。

## 5.2.5　删除与还原空间图片实战

删除图片空间中未引用的图片，可以节约空间容量，方便以后上传其他商品图片到空间中。删除的图片会在回收站中储存7天。若在此日期内需要再次使用该图片，可以将该图片从回收站中恢复到图片空间，其具体操作如下。

**步骤 01** 进入"图片空间"页面，单击"图片管理"超链接，在页面中引用的图片右上角将出现"引"字符号，如图5-25所示。

图5-25　识别被引用的图片

**步骤 02** 按“Ctrl”键单击选择未引用的图片，在打开的工具栏中单击 × 删除 按钮即可删除未引用的图片，如图5-26所示。

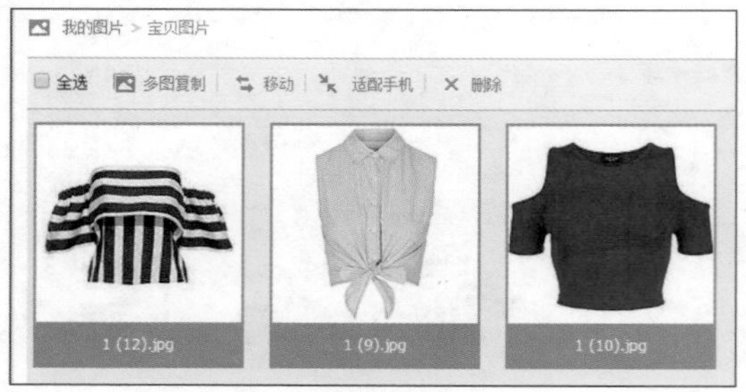


图5-26　删除未引用的图片

**步骤 03** 在页面上方单击 回收站 按钮，进入回收站页面，如图5-27所示。

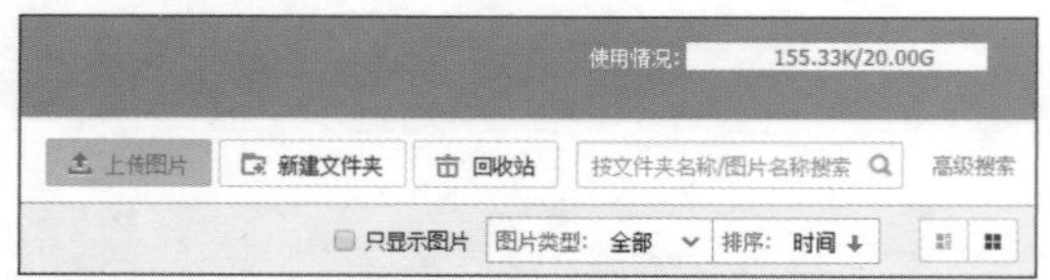


图5-27　进入回收站

**步骤 04** 选择需要还原的图片，单击 还原 按钮，如图5-28所示。即可将该图片还原到图片空间。

图5-28　在回收站中还原图片

**经验之谈**

在回收站中只能查看图片的名称、大小和删除日期等参数，但并不了解图片的内容。

## 5.2.6　替换空间图片实战

在淘宝图片空间中，可以将已上传图片替换为其他图片，但是替换图片后店铺引用的图片也会随着发生变化，其具体操作如下。

**步骤 01** 在图片空间中选择需要替换的图片，在打开的工具栏中单击 替换 按钮，如图5-29所示。

图5-29　打开基础设置界面

**步骤 02** 打开“替换图片”对话框，在其中单击 选择文件 按钮，如图5-30所示。

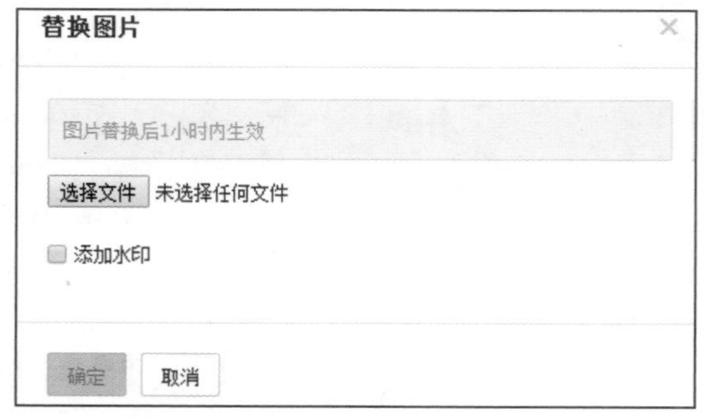


图5-30　选择上传的图片文件

**步骤 03** 打开“打开”对话框，在其中选择需要替换的图片，单击 打开(O) 按钮，如图5-31所示。

图5-31　选择替换的图片

**步骤 04** 返回“替换图片”对话框，单击确定按钮即可完成替换，替换后的效果如图5-32所示。

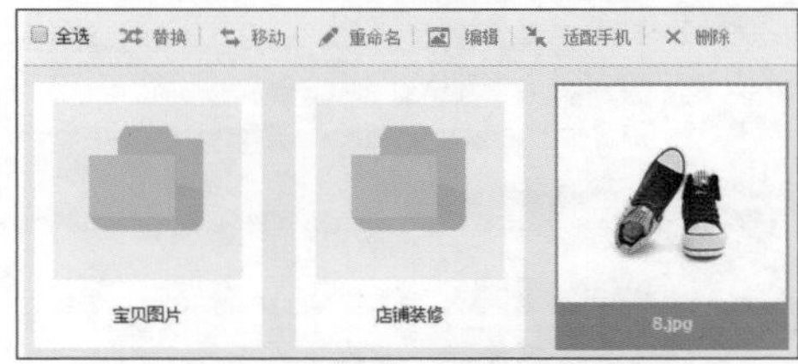


图5-32　查看替换效果

### 微课堂——共享图片

将图片上传到淘宝图片空间后，图片只允许卖家自己使用，若卖家需要与其他卖家共享图片，或需要将图片应用到自己的其他店铺中，就需要重新传图，此时可进入“图片空间”后台进行图片的共享。

### 新手试练

图片空间是非常重要的网络相册，为了使读者能熟练地使用图片空间管理店铺中的图片，需要动手将前期制作好的店招、店标、海报、主图、商品图片等图片上传到对应的文件夹内，店铺装修完成后，将未引用的装修图片删除，将不满意的商品图片替换成其他商品图片。

## 5.3 扩展阅读——将切片后的图片应用到店铺中

切片后的图片可以先上传到图片空间，然后通过代码即可轻松的装修到店铺中，其具体操作如下。

**步骤 01** 使用记事本打开切片文件夹中的html文件，复制“<body> </body>”之间的代码，如图5-33所示。

**步骤 02** 进入淘宝装修页面，添加自定义模块，在“自定义内容区”对话框中单击“源码”按钮，进入代码编辑页面，粘贴复制的代码即可，如图5-34所示。

**步骤 03** 切换到显示界面后，双击模块中的图片，在打开的对话框中替换图片的链接地址，如图5-35所示。

**经验之谈**

在空间图片选择对应的图片，单击缩略图上的“复制链接”按钮即可复制图片链接地址。

**步骤 04** 完成后图片将自动更新，此时可看到应用图片后的效果，如图5-36所示。

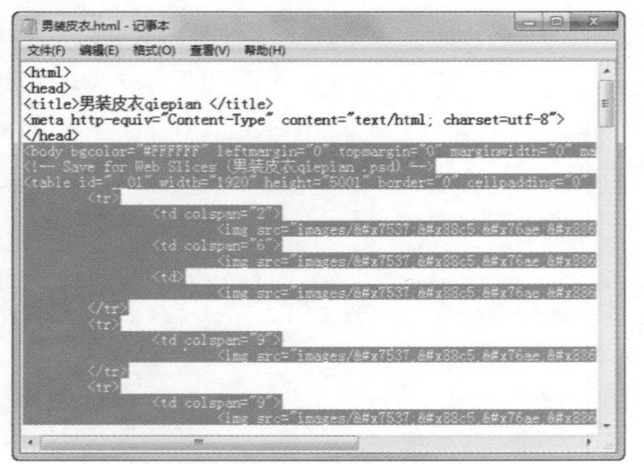
图5-33　复制HTML代码

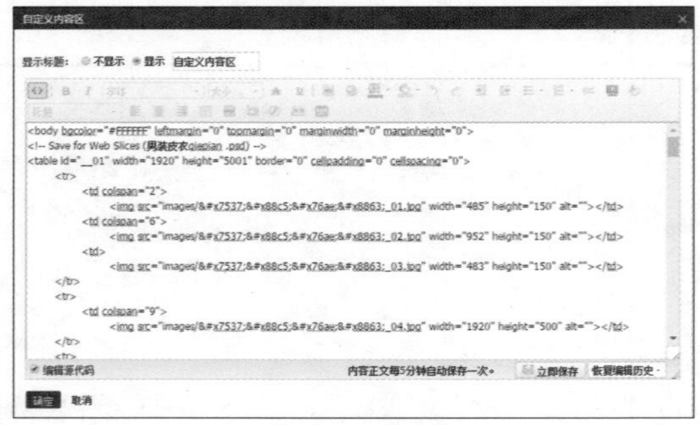
图5-34　粘贴复制的代码

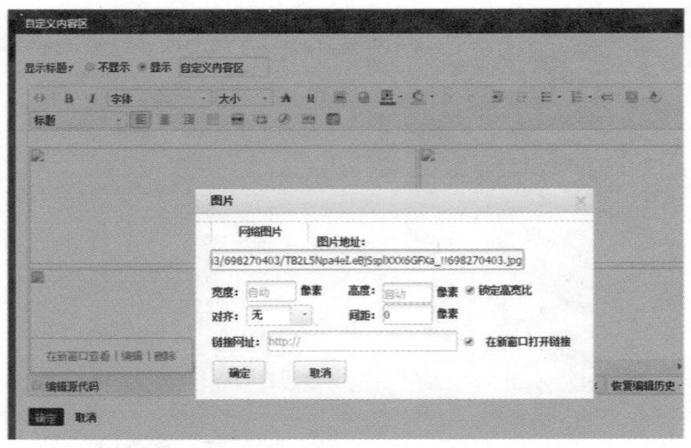
图5-35　替换图片链接地址

图5-36　查看应用后的效果

## 5.4 高手进阶

（1）打开“男装皮衣.psd”文件（配套资源:\素材文件\第5章\练习1），创建辅助线，使用切片工具进行精准切片，编辑切片，为切片设置正确的格式进行保存，切片后可删除无用的空白切片。切片效果如图5-37所示（配套资源:\效果文件\第5章\练习1）。

图5-37　创建并储存切片

（2）将练习1中创建的切片上传到图片空间（配套资源:\素材文件\第5章\练习2），管理上传的图片，将图片移动到“首页装修”文件夹中。管理图片后的效果如图5-38所示。

图5-38　上传并管理空间图片的图片

# 第3篇　常规店铺装修设计

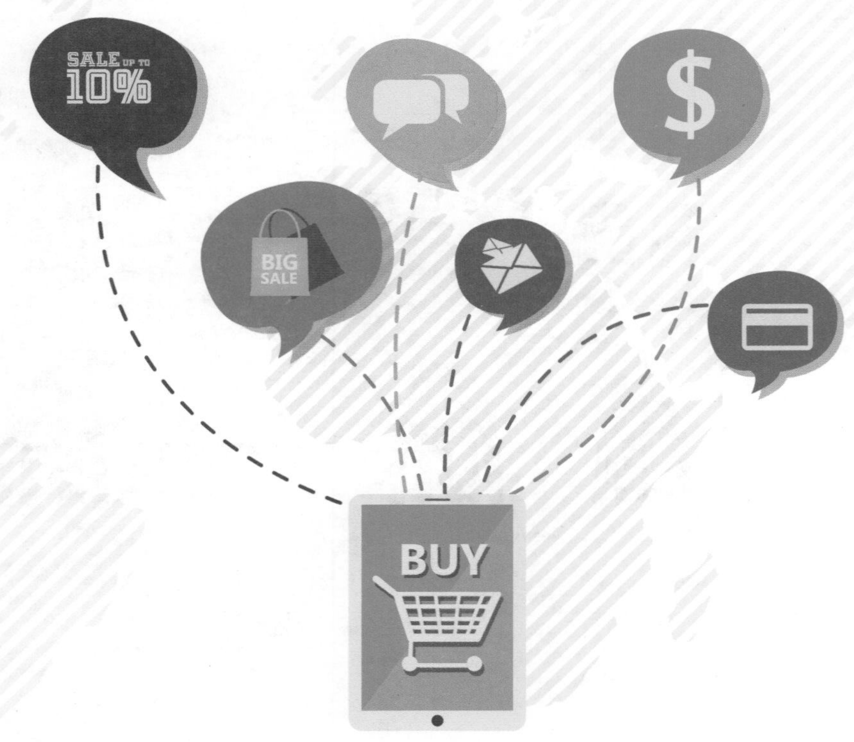


# 第6章 店铺装修元素设计

店面装修设计的好坏直接影响着买家对店铺的第一印象，甚至决定了店铺生意的好坏。Logo作为最具标识性的元素，可以反复融入买家的大脑，形成品牌烙印；精美的店标可以在第一时间吸引买家进入店铺；专业、规范的导航还可以为商品加分，增加买家对商品的信任度，延长买家在店铺停留的时间，提高买家购买商品的概率。

# 6.1 店铺Logo设计

Logo也称标志，是店铺的形象代言，承载着企业的无形资产，是网店综合信息传递的媒介。在使用Logo宣传店铺时，为了不影响商品的显示以及图片的美观，Logo通常出现在主图的左上角，如图6-1所示。

图6-1　Logo在主图上的应用

## 6.1.1　Logo的类型

Logo的外形丰富，在设计时可发挥的想象有很多。Logo从视觉上总体可以分为文字Logo、图形Logo和图文结合型Logo 3种。

- **文字Logo**：基于品牌文字的Logo，其设计方式通常是将品牌的名称、缩写或是抽取个别有趣的文字，通过排列、扭曲、颜色、变化等设计成标志，图6-2所示为ToysEd益智玩具Logo。
- **图形Logo**：通常以具体的图形来表现品牌的名称或商品的属性，如鞋店使用鞋子作为Logo，Apple公司使用苹果的图形作为Logo，如图6-3所示。相较于文字Logo，图形Logo表达的含义更为直观，也更具有感染力。
- **图文结合型Logo**：以具象或抽象的图形，结合品牌名称制作而成的Logo，图6-4所示Colibri蜂鸟Logo中部分品牌名称以图形展示。其中，抽象的图形是指与公司名称、商品属性等并无明显联系，其设计可能更多地是基于一种感觉或情绪，图6-5所示为Quadcam录影应用程序的Logo。

图6-2　ToysEd益智玩具Logo

图6-3　苹果 Logo

图6-4　Colibri蜂鸟Logo

图6-5　Quadcam Logo

## 6.1.2 店铺Logo设计要领

设计店铺Logo的目的在于创建网络品牌。店铺Logo要应用在网站中，就必须符合网站对店铺Logo的规范。此外，如何设计出具有创意，高识别度的店铺Logo，使其在买家心中留下烙印也是Logo设计的重点。总之，在设计店铺Logo时，要注意以下3方面事宜。

- **店铺Logo的尺寸：**不同网站对店铺Logo的尺寸要求有所不同。根据淘宝官方规定，淘宝店铺Logo尺寸是230像素×70像素以内，即宽度≤230像素，高度≤70像素，要求淘宝Logo图片的格式为JPG、JPEG、PNG，一般不支持GIF动画和BMP位图格式。对Logo图片的文件大小应控制在30K以内，若Logo提示体积大于30K，则建议使用Fireworks软件对图片进行压缩。
- **Logo的外观：**Logo的外观要求简洁鲜明、富有感染力，既要形体简洁、引人注目，还要易于识别、理解和记忆。
- **Logo的应用：**店铺Logo要在一定时间段内保持稳定性和一贯性。切忌经常更换店铺Logo，或随意更换店铺Logo的颜色、字体等，给买家造成不严谨、诚信度低等印象。

## 6.1.3 女鞋Logo制作实战

下面设计一款女鞋店铺的Logo，在设计时主要通过女鞋形状结合店铺名称“筑梦人”制作图文结合型Logo。为了吸引女性消费群众，要求该店铺的Logo清新怡人，且简洁易识别。因此，制作时考虑在字体颜色上选择白色、水绿、粉红、靛蓝、浅紫等梦幻的色调，字形上尽量纤细、圆滑、识别度高，并结合线条、女鞋等图形元素进行设计，在设计造型中“人”字与一双背向放在一起的高跟鞋造型比较近似，可以考虑由此入手。设计后的店铺Logo参考效果如图6-6所示。

图6-6 女鞋店铺Logo效果

制作该Logo时可先输入文本，设置文本格式，然后绘制女鞋的形状，并将其组合成“人”字形状，形成女鞋店铺Logo，最后保存文档即可，其具体操作如下。

**步骤 01** 新建大小为170像素×60像素，分辨率为72像素/英寸，名为“女鞋Logo”的文件，如图6-7所示。

设置背景为透明，并将其保存为 PNG 格式，可以将其添加到商品图片上当作水印。

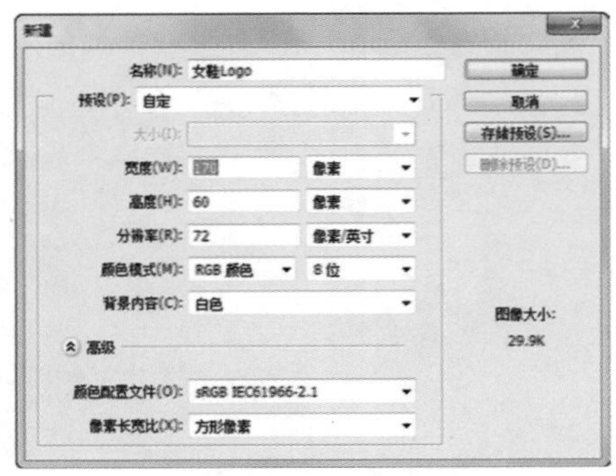


图6-7 新建文档

**步骤 02** 单击工具箱中的前景色色块，打开“拾色器（前景色）”对话框，将颜色设置为“#e6c552”，如图6-8所示。单击确定按钮，返回Photoshop CS6工作界面。按“Alt+Delete”组合键为背景填充前景色。

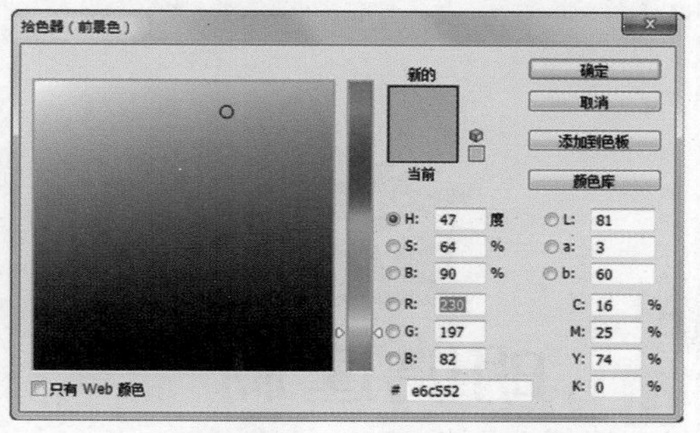


图6-8　设置前景色

**步骤 03** 选择“横排文字工具”T，单击“切换字符和段落面板”按钮，打开“字符和段落”面板，设置字体格式为“方正隶变简体、30点、锐利、白色”，将字符间距设置为“－200”，输入文字“筑·梦”，如图6-9所示。

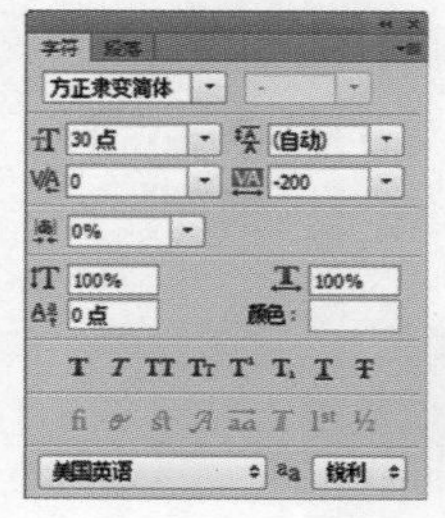


筑·梦

图6-9　输入文本

**步骤 04** 在文本图层上方新建图层，将其命名为“鞋子”，选择“钢笔工具”，绘制女鞋形状，按“Shift+Enter”组合键将其转化为选区，按“Ctrl+Delete”组合键为选区填充白色，如图6-10所示。

图6-10　绘制鞋子图像

**步骤 05** 复制图层，选择要复制的图层，按“Ctrl+T”组合键进入变换状态，向右拖动变换框左侧中间的控制点，水平翻转图像，如图6-11所示。

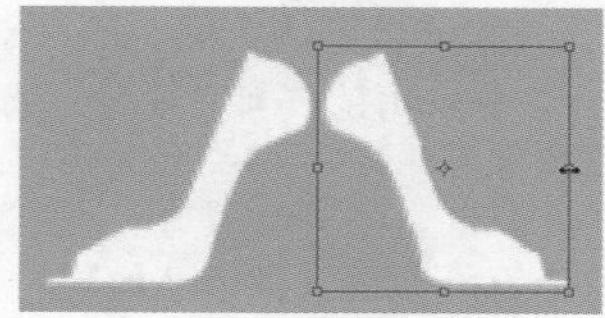

图6-11　翻转图像

**步骤 06** 新建图层，绘制的形状如图6-14所示，将其填充为白色。按住“Shift”键同时选择两个鞋子图层与绘制的形状图层，按“Ctrl+E”组合键合并图层，效果如图6-12所示。

图6-12　绘制图形

**步骤 07** 选择“直线工具”，在工具属性栏中设置描边与填充皆为白色，粗细为“3点”，绘制线条，效果如图6-13所示。

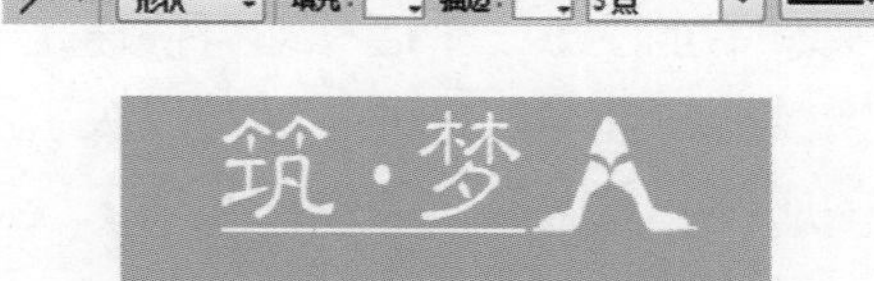


图6-13　添加直线

**步骤 08** 选择“横排文字工具”T，在属性栏设置字体格式为“Hero、12点、平滑、白色”，在线条下方输入“ZHU MENG REN”，按“Ctrl+S”组合键保存文件，完成Logo的制作，效果如图6-14所示（配套资源:\效果文件\第6章\女鞋Logo.psd）。

图6-14　输入文本

**新手试练**

“佳美”是一家主营橱柜、地板、卫浴、门窗、吊顶、涂料等各种建材商品的网店，随着网店规模的不断扩大，店铺收益与名气也逐渐上升，为了巩固店铺现有的成绩，并提升店铺的形象，“佳美”需要设计并推广自己的店铺 Logo，让更多的客户认识并了解“佳美”。为了让读者更熟悉 Logo 的设计与制作，现要求读者对“佳美”的 Logo 进行设计，其具体要求如下。

- 图案大方、简洁，要求准确地体现公司的名称与内涵。
- 在具有创意的同时兼顾美观，能够快速抓住消费者的眼球。
- 设计前可搜索并参考其他建材公司的Logo，如图6-15所示。

图6-15 Logo参考

# 6.2 店标设计

店标是指店铺的标志，不同于店铺Logo，店标一般有标准的尺寸，通常显示在店铺的左上角或首页搜索店铺列表页等地方。如图6-16所示，左侧正方形的小图标即为店铺的店标。买家单击任意一个店标即可快速跳转到对应的店铺中。店标代表着网店的风格、品味，以及产品的特性等。好的店标可以吸引买家点击进入店铺，因此，对于卖家而言制作一个有个性的店标，是网店必须做的一项工作。

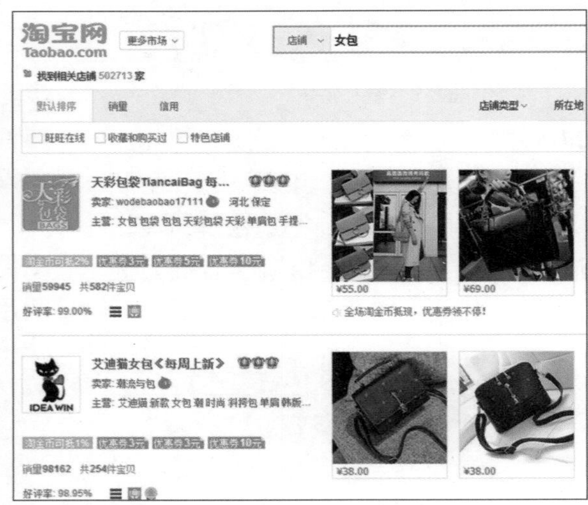


图6-16 店标显示的地方

在店铺搜索结果页中，买家通过点击精美的店标，从而进入店铺，尤其是对知名度较高的品牌店铺而言，这种方式也是店铺的常见流量来源之一。

## 6.2.1 店标制作方法

店标一般分为动态店标和静态店标两类。静态店标的类型与设计方法与Logo基本一致。动态店标则是在静态店标的基础上进行设计的。为了规范店铺，强调品牌形象，一些品牌都会直接将Logo制作成店标，用于店铺中。一个规范的店标一般需要遵循以下制作流程，如图6-17所示。

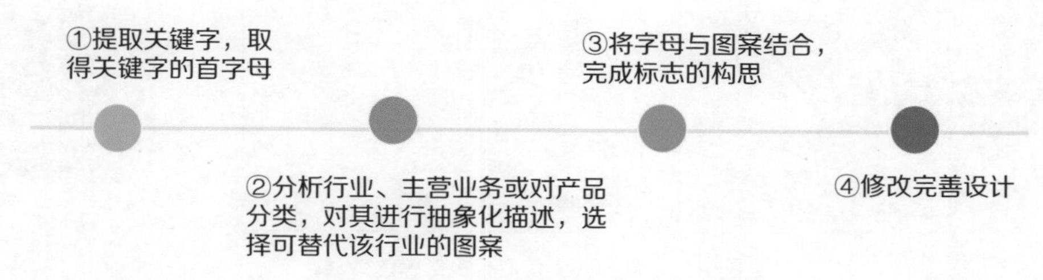


图6-17　店标制作流程

## 6.2.2 店标的设计要点

店标的设计会因店铺的产品（主题）定位、战略定位、风格定位的不同而有所不同，所以店铺的店标千变万化，有的比较时尚新颖，有的比较大气稳重，有的比较逗趣，有的比较甜美。但在设计店标时，通常需注意以下3方面内容。

- **店标的尺寸要求：**店标的设计应符合网站的尺寸规范，否则很容易导致图片变形，这样不仅影响视觉效果，也会大大流失一些客户群。淘宝店标的文件格式为GIF、JPG、JPEG、PNG，尺寸建议为80像素×80像素，文件大小80KB以内。
- **店标的外观：**由于店标受尺寸的限制，不宜太过复杂，要利于查看，因此店招的外观要尽量简洁，可以是简单的图形，图形组合，甚至直接将店名制作成店标。动态店标的动画不宜复杂，动画跳转速度不宜过快，否则容易造成买家的视觉疲劳。图6-18所示为搜集的一些精美店标。

图6-18　店标

- **店标的应用：**为了树立店铺的形象，店标也不宜时常更换，应在较长时间内保持稳定。

## 6.2.3 静态店标制作实战

下面以“狗粮”店铺为例，制作一款名为“汪汪小店”的店标。为了使制作的店标简洁美观、生动有趣，将萌宠小汪图形植入店标，并为其设置头像移动的动画效果，以可爱、多彩文本突出店名，最后将其上传到店铺，参考效果如图6-19所示。

图6-19 制作并上传店标到店铺的效果

下面将进行静态店标的制作，在制作时首先需要设置背景色，然后绘制图形，最后输入文本储存为JPG格式，其具体操作如下。

**步骤 01** 新建大小为80像素×80像素，分辨率为72像素，名为“汪汪小店店标”的文件。将前景色设置为“#fbf5e2”。按“Alt+Delete”组合键为背景填充前景色，如图6-20所示。

图6-20 填充背景色

**步骤 02** 新建一个图层，选择“钢笔工具”，在图像中绘制三角形状，在绘制过程中可按“Ctrl”键不放，拖动锚点或控制柄调整曲线，绘制后的效果如图6-21所示。

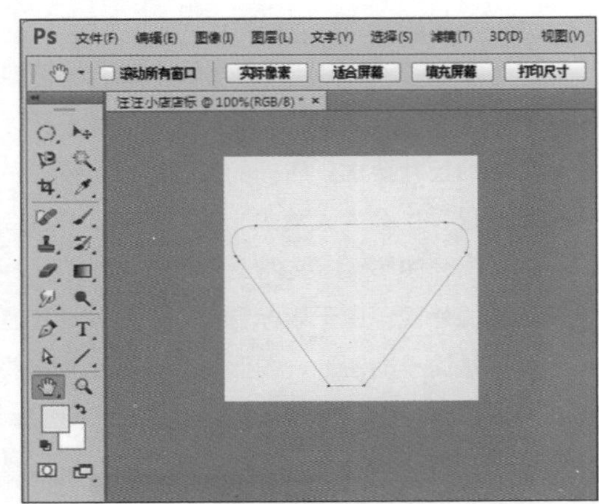

图6-21 绘制路径

**步骤 03** 选择【窗口】/【路径】菜单命令打开“路径”面板，选择绘制的路径，选择“画笔工具”，在属性栏设置画笔大小为“1像素”，设置前景色为“#7b4f20”，在“路径”面板下方单击“用画笔描边路径”按钮，或按“Shift+Enter”组合键描边路径，如图6-22所示。

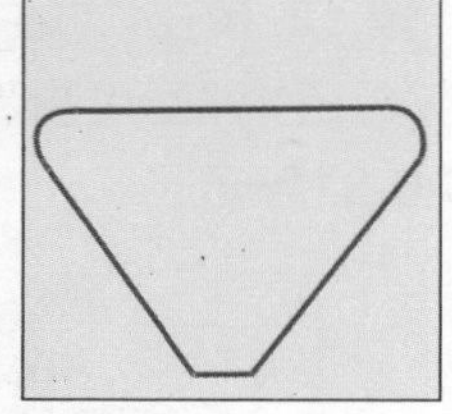

图6-22　描边路径

**步骤 04** 选择“钢笔工具”，绘制路径，在“路径”面板中选择绘制的路径，设置前景色为“#ceab52”，新建并选择新建的图层，在“路径”面板下方单击“用画笔描边路径”按钮填充路径，使用相同的方法绘制并填充小狗的鼻子、耳朵，填充色为“#855b12”，如图6-23所示。

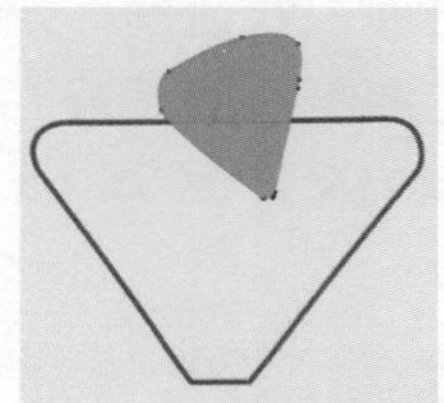

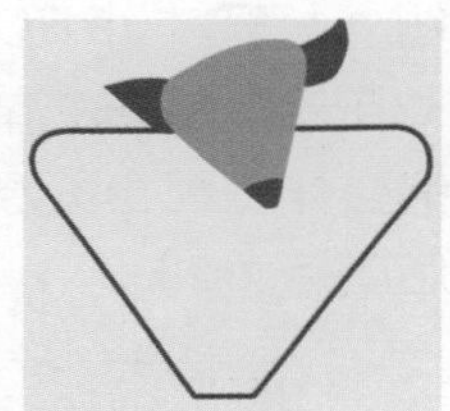

图6-23　填充路径

**步骤 05** 选择“椭圆工具”，在属性栏设置无描边颜色，并设置填充颜色为“#855b12”，拖动鼠标绘制眼睛，并按“Ctrl+T”组合键，拖动边框调整其大小和位置，使用相同的方法绘制眼珠和狗爪，如图6-24所示。

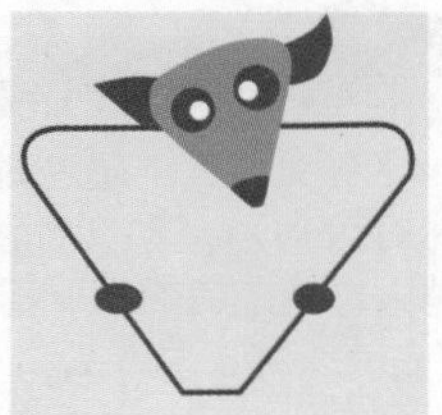

图6-24　绘制椭圆

**步骤 06** 选择两个白色眼珠图层，按“Ctrl+J”组合键复制图层，更改为黑色，选择“橡皮擦工具”在该图层上单击，打开提示栅格化图层的对话框，单击 确定 按钮，涂抹多余的部分，效果如图6-25所示。

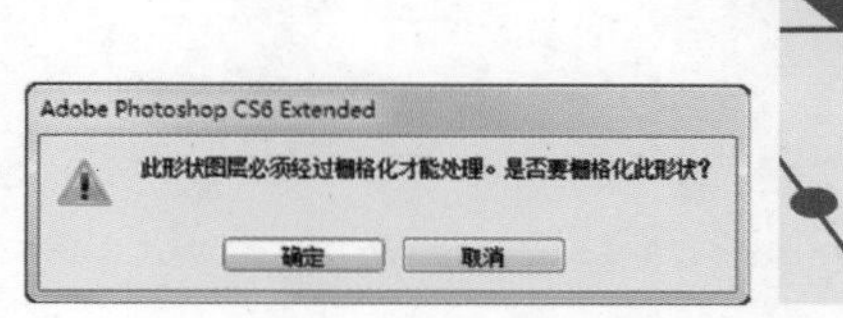


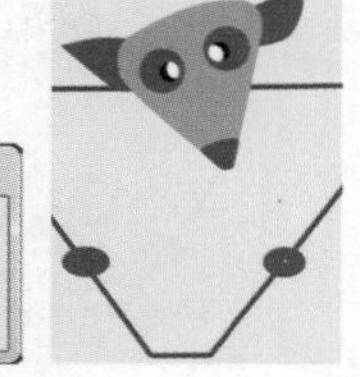

图6-25　编辑眼珠

**步骤 07** 选择“横排文字工具”，设置字体为“方正胖娃简体、11点、平滑”，在图像中单击鼠标输入文字“汪汪小店”，拖动鼠标选择单个字，在工具属性栏依次设置字体颜色为“#2086d3”“#be3bce”“#3ec12b”“#e1c125”，如图6-26所示。

图6-26　输入文字

**步骤 08** 单击“横排文字工具”的工具属性栏中的“创建文字变形”按钮，打开“变形文字”对话框，在“样式”下拉列表框中选择“凸起”选项，设置“弯曲”为“+15”，如图6-27所示。

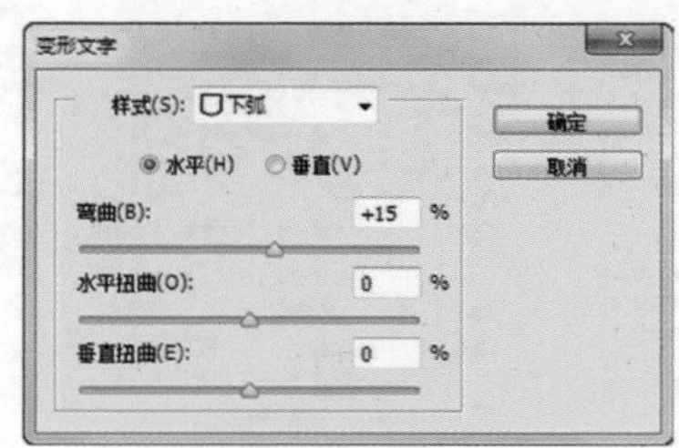


图6-27　变形文字

**步骤 09** 单击 确定 按钮，选择“横排文字工具”，设置字体为“Fingerpop、7点、平滑、#e1c125”，在图像中单击鼠标输入文字“welcome”，在文字图层下方新建图层，并绘制矩形，填充为“#fbf5e2”，效果如图6-28所示。

图6-28　输入文本并绘制矩形

**步骤 10** 按住“Ctrl”键选择狗头元素的所有图层，按“Ctrl+E”组合键合并图层。选择合并后的图层，在“图层”面板底部单击“添加图层样式”按钮 fx.，在打开的列表中选择“投影”选项，如图6-29所示。

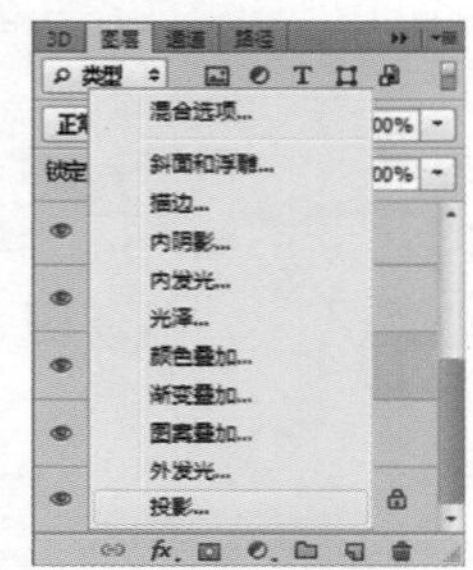


图6-29　合并图层

**步骤 11** 在打开的“图层样式”对话框的“投影”设置面板，设置投影参数，如图6-30所示。

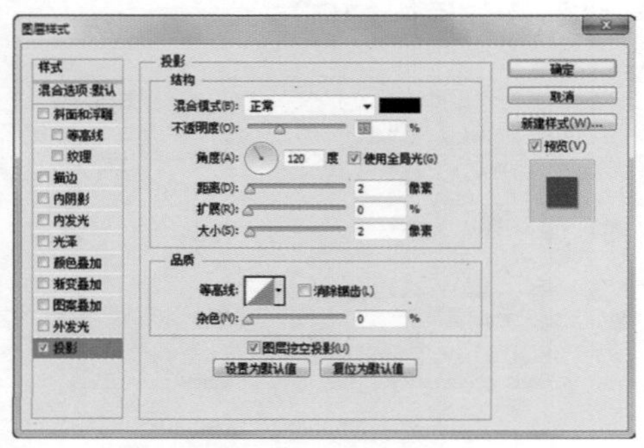


图6-30　添加投影

**步骤 12** 单击 确定 按钮返回Photoshop CS6工作界面可查看设置投影后的效果，如图6-31所示。

图6-31　查看投影效果

**步骤 13** 选择【文件】/【储存为】菜单命令，打开“储存为”对话框，设置储存路径，选择文件的格式为JPEG，单击 保存(S) 按钮。打开“JPEG 选项”对话框，如图6-32所示。单击 确定 按钮，完成静态店标的操作（配套资源:\效果文件\第6章\汪汪小店店标.jpg）。

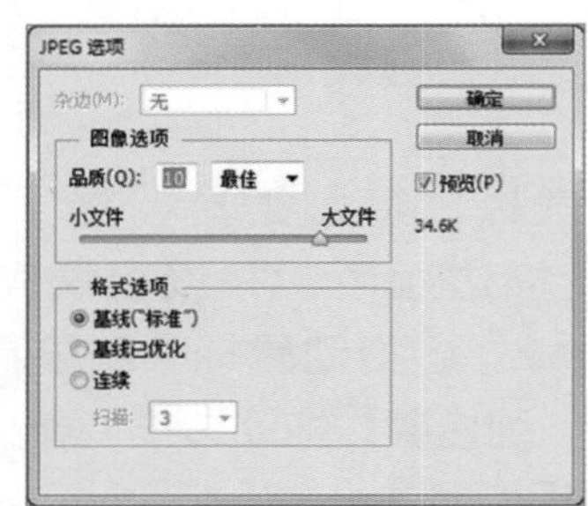


图6-32　储存文件

若文件大小超过 80KB，则不能上传到店铺，此时可向左拖动文件滑块，缩小文件。调整幅度越大，其图像的品质越差。

## 6.2.4　动态店标制作实战

下面在静态店标的基础上，通过“时间轴”面板设置店名随着狗头移动而逐步出现的动画，最后将文件储存为GIF格式，其具体操作如下。

**步骤 01** 打开“汪汪小店店标.psd”文件。通过复制图层的方法将“汪汪小店”分别放置到4个单独的图层上，如图6-33所示。分别调整文字的位置。

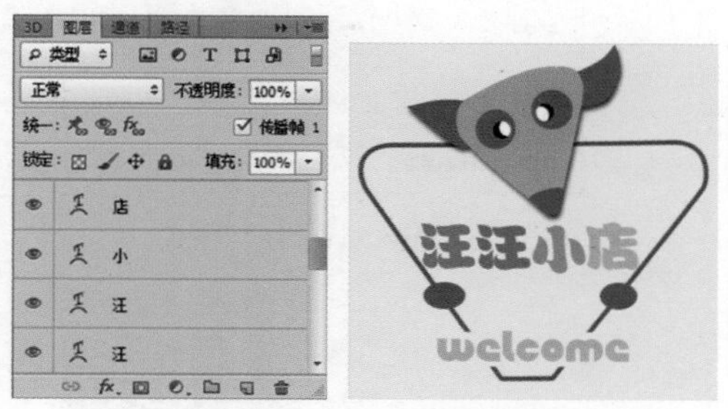

图6-33　将文本单独放置图层

**经验之谈**

设置文本的单独图层，是为了通过隐藏图层设置文本逐步显示效果。

**步骤 02** 选择【窗口】/【时间轴】菜单命令，在工作界面底部打开“时间轴”面板，单击“时间轴”面板底部的 创建帧动画 按钮，创建1帧动画，如图6-34所示。

图6-34　创建帧动画

**步骤 03** 选择创建的帧动画，单击“时间轴”面板底部的“复制帧动画”按钮，复制1帧动画，如图6-35所示。使用相同的方法再复制3帧动画。

图6-35　复制帧动画

**步骤 04** 选择第1帧动画，在“图层”面板中移动“狗头”到图像左侧，撤销选中“汪汪小店”前的眼睛取消图层的显示，效果如图6-36所示。

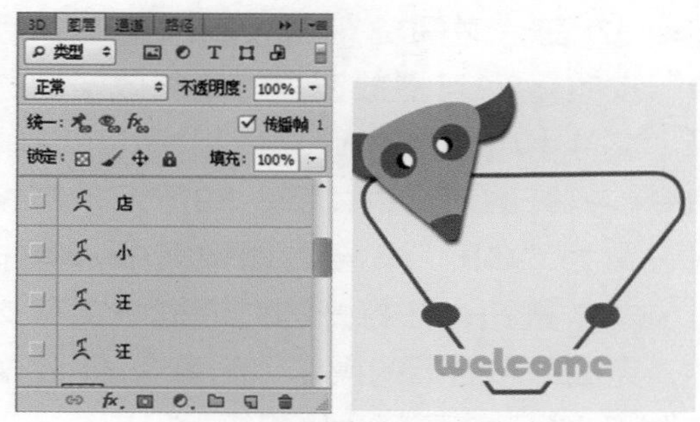

图6-36　编辑第1帧动画

**步骤 05** 依次选择第2帧～第5帧，通过移动狗头的位置，显示对应的文本图层，得到的效果如图6-37所示。

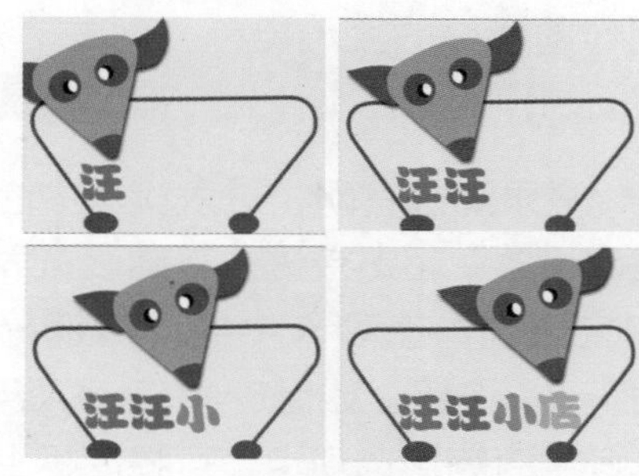

图6-37　编辑第2帧～第5帧动画

**步骤 06** 单击每帧下方的下拉按钮，调整每帧的显示时间，将第5帧设置为“0.5”，其他帧设置为“0.2”。单击“一次”按钮，在打开的下拉列表中选择“永远”选项，如图6-38所示。

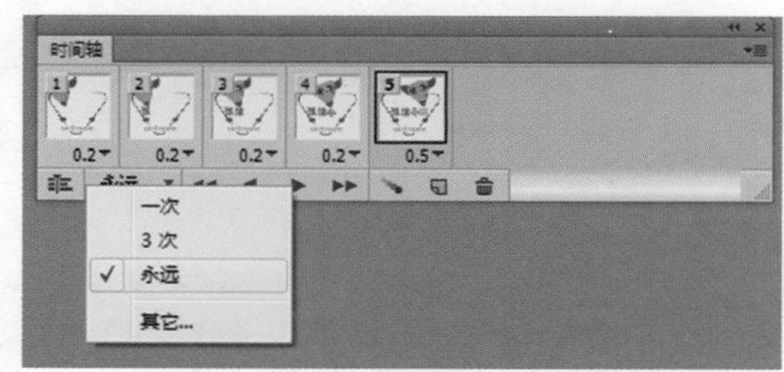

图6-38　设置动画播放速度与播放方式

**经验之谈**

单击“创建过渡帧”按钮，可在两个帧之间创建过渡帧，如设置不透明度到透明度的过渡帧，可以制作出星星闪烁的效果。

**步骤 07** 在“时间轴”面板底部单击“播放”按钮▶，可播放设置的动画效果。选择【文件】/【储存为Web所用格式】菜单命令，打开的对话框如图6-39所示，将格式设置为“GIF”，查看图像大小，单击存储...按钮，在打开的对话框中保存文件，完成动态店标的操作（配套资源:\效果文件\第6章\动态汪汪小店店标.gif）。

图6-39　储存为Web所用格式

## 6.2.5　上传店标到店铺实战

制作的店标需要上传到店铺中才能被买家看到，在上传时需要注意制作的店标的大小要符合网站的要求，否则不能上传成功，下面将前面制作的店标上传到店铺，其具体操作如下。

**步骤 01** 登录淘宝官网，进入卖家中心，单击“基础设置”超链接进入基础设置界面，在“淘宝店铺”选项卡中的“店铺标志”栏单击上传图标按钮，如图6-40所示。若选择“手机淘宝店铺”选项卡，可将店标上传到手机店铺。

图6-40　打开基础设置界面

**经验之谈**

从卖家中心进入手机淘宝店铺页面，单击“立即装修”超链接，进入无线营运中心，在左侧单击“用户账户”超链接，在打开的页面中可查看店标在手机端的显示效果。

**步骤 02** 打开“打开”对话框，选择需要上传的店标，这里选择“汪汪小店店标.jpg”文件，单击打开(O)按钮，查看上传的店标，如图6-41所示。

图6-41　选择上传的店标

**步骤 03** 在设置页面的底部单击保存按钮保存设置，完成店铺店标的上传，如图6-42所示。在淘宝首页搜索店铺名称时，可查看到设置的店标。

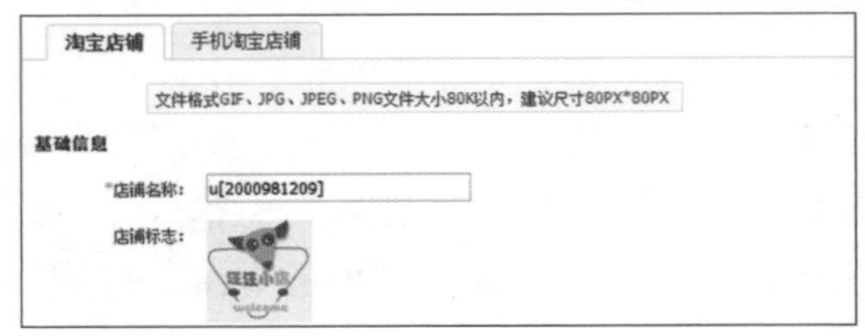

图6-42　查看上传店标后的效果

**新手试练**

唯美”饰品店主要经营镯子、戒指、项链等各种穿戴在身上的小摆件，出售时尚前卫的物品，买家以年轻人为主。为了锻炼读者的动手能力，现要求动手设计制作一款该店的店标，为了使制作的店标符合店铺主题，需注意以下事项。

- 颜色亮丽，图案时尚，结合一些潮流原色。
- 具有创意感，且店名易识别。

# 6.3 店招设计

店招，从字面意思而言为店铺的招牌，位于店铺页面的顶端，店招主要包括店铺广告语、收藏按钮、关注按钮、促销产品、优惠券、活动信息、搜索框、店铺公告、网址、第二导航条、联系方式等。单击店招上的某些信息模块可以直接跳转到相应的页面。

## 6.3.1 店招的设计原则

为了便于网店商品的推广，让店招便于记忆，除了需要在设计上具有新颖别致、易于传播的特点，还应遵循两个基本的原则：一是品牌形象的植入；二是抓住产品定位。品牌形象的植入可以通过店铺名称、标志来给予展示，而产品定位则是指展示你的店铺卖的什么产品，精准的产品定位可以快速吸引目标消费群体进入店铺。在图6-43中，上面的店招通过放大“路美拉杆箱”文案实现了产品的定位，而下面的店招并未出现“拉杆箱”文案，却通过放置店铺的拉杆箱产品来实现产品定位，不仅让买家直观地看出卖的什么产品，还能知道产品的大致样式，从而准确判断是否是自己所需的。

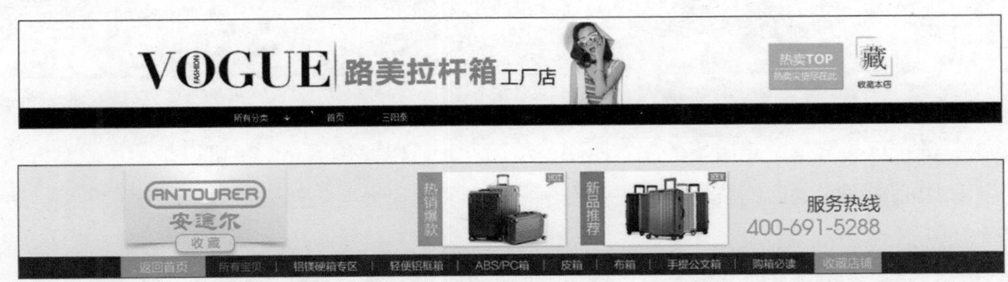

图6-43　店标

## 6.3.2 店招风格分析

店招的风格引导着店铺的风格，而店铺的风格很大程度上取决于店铺所经营产品，一般而言，一个完整的店铺要求店招、产品、店铺风格的统一性。图6-44中的“裂帛”店招效果，裂帛给人带来强劲的自然风、民族风，因此采用了凸显民俗风情的花纹图案，并从字形和形状等元素上也统一采用偏方正的风格，体现服装的大气；“领跑虎”店招则以深蓝色为背景为主，展示了男性深沉、严肃的性格特征。

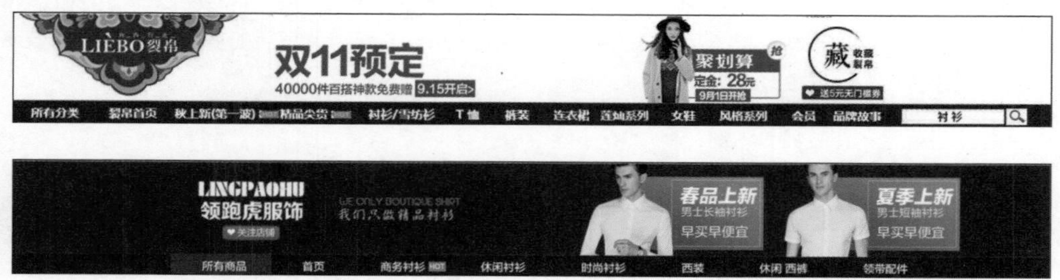


图6-44　不同风格的店招

同一行业的店招在用色上需要考究，如护肤品行业为了彰显产品的天然特性，突出洁净、清透与水嫩的特点，会较多的使用绿色、蓝色等色调，同时也会选择女性钟爱的粉色、紫色等，如图6-45所示。

图6-45　护肤品店招

## 6.3.3　店招的设计要求

就淘宝网而言，按尺寸大小可以将店招分为常规店招和通栏店招两类。常规店招为950像素×120像素；通栏店招包括页头背景、常规店招和导航条，尺寸多为1920像素×150像素，如图6-46所示。需注意的是，为了便于店招的上传，页头背景图片大小建议小于200KB，店招大小建议小于80KB，店招的格式也应设置成JPG、GIF、PNG或SWF等格式。

图6-46　通栏店招

- **页头背景：** 页头背景位于店招的左右两侧，页面背景可以纯色填充，也可以是图片。其方法为：进入卖家中心页面中的店铺装修页面，在左侧单击“页头”分类链接，进入页头设置界面，可设置相应的页头效果。
- **导航条：** 导航条位于店招下方，是店铺的重要组成部分，是对店铺层次结构的罗列。买家单击导航条中的相关内容，可以快速访问到所需的页面。导航条的设计需要与店招的风格和颜色相互呼应，为了便于查看，在设计导航条时要注意简洁。

## 6.3.4　常规店招制作实战

下面将制作耳机专卖店“尚音阁”的常规店招，并在此基础上制作通栏店招。由于数码产品的店招一般要求简洁大气，因此在设计时不用过多的装饰，而是采用方正的字体和简单的图形进行体现。设计时采用蓝色不仅能表现声音的纯净，而且能彰显耳机的品质，因此以蓝色为主色调，深蓝与浅蓝搭配，并以渐变填充进行颜色的过渡，效果如图6-47所示。

制作常规店招

图6-47　常规店招效果

下面对常规店招进行制作，首先需要制作背景效果，然后添加耳机产品素材与文案，最后使用图形和线条修饰画面使其更加美观，其具体操作如下。

**步骤 01** 新建大小为950像素×120像素，分辨率为72像素/英寸，名为“常规店招”的文件。新建图层1，选择“钢笔工具”，在图像中绘制的形状如图6-48所示。

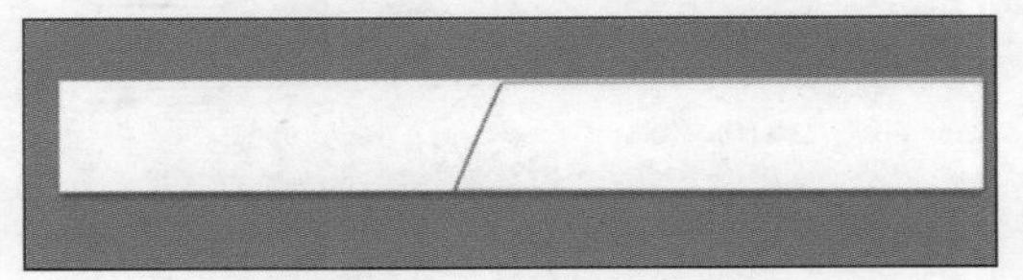

图6-48　绘制形状

**步骤 02** 新建图层，按“Ctrl+Shift+Enter”组合键将路径转化为选区。选择“渐变填充工具”，单击渐变填充条，打开“渐变编辑器”对话框，设置渐变填充色分别为“#4bc6ff、#4ca1e2”，如图6-49所示。单击 确定 按钮。

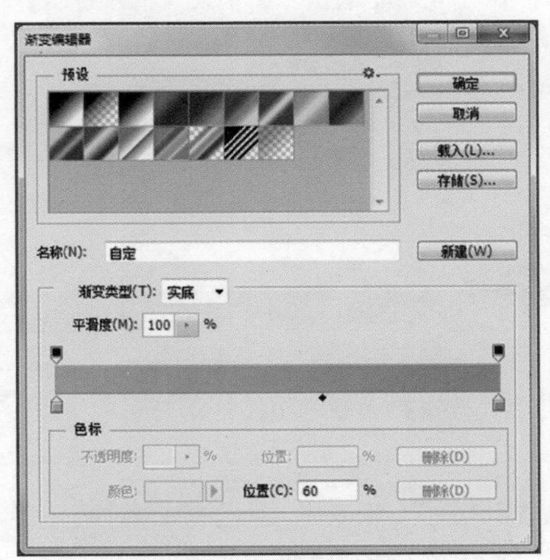


图6-49　设置渐变填充

**步骤 03** 返回工作界面，从左向右在选区上拖动鼠标，创建渐变填充颜色的效果，如图6-50所示。

图6-50　渐变填充形状

**步骤 04** 选择“横排文字工具”，设置字体格式为“方正兰亭粗黑_GBK、36”，设置字体颜色为“#34b1ed”，输入“尚音阁”文本；设置字体格式为“Corbel、20”，再在其下方输入“SANGYINGE”，如图6-51所示。

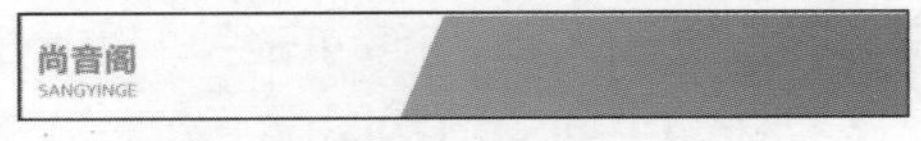


图6-51　输入文本

**步骤 05** 选择“直线工具”，在属性栏设置填充颜色为“#bfbfbf”，粗细为“1像素”，取消描边，按住“Shift”键向下拖动鼠标绘制直线，如图6-52所示。

图6-52　绘制直线

**步骤 06** 选择“横排文字工具”，设置字体格式为“微软雅黑、28、黑色”，输入“品牌耳机专卖店”文本，效果如图6-53所示。

图6-53　输入文本

**步骤 07** 选择“圆角矩形工具”，绘制颜色为“#f3002e”的圆角矩形，选择“横排文字工具”，设置字体格式为“微软雅黑、16、倾斜、白色”，在圆角矩形上方输入“关注收藏，”文本，效果如图6-54所示。

图6-54　输入文本

**经验之谈**

使用“矩形工具”绘制矩形后，使用“直接选择工具”编辑锚点也可得到步骤中的图形。

**步骤 08** 打开“耳机素材”文件（配套资源:\素材\第6章\耳机素材.psd），将其中的耳机素材分别拖动到“常规店招”中，调整各素材的位置和大小，拖动白色耳机所在图层，将其移动至渐变形状图层下方，效果如图6-55所示。

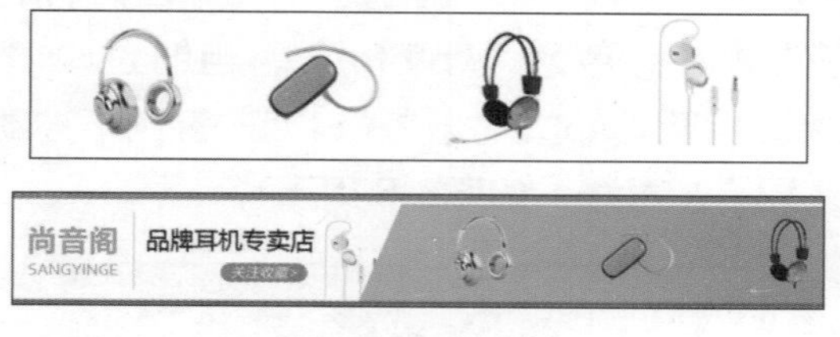

图6-55　添加素材

**步骤 09** 在“图层”面板中双击黄色耳机所在图层，打开“图层样式”对话框，单击选中“投影”复选框，在右侧的面板中设置投影参数，单击确定按钮，继续后两种耳机添加投影，效果如图6-56所示。

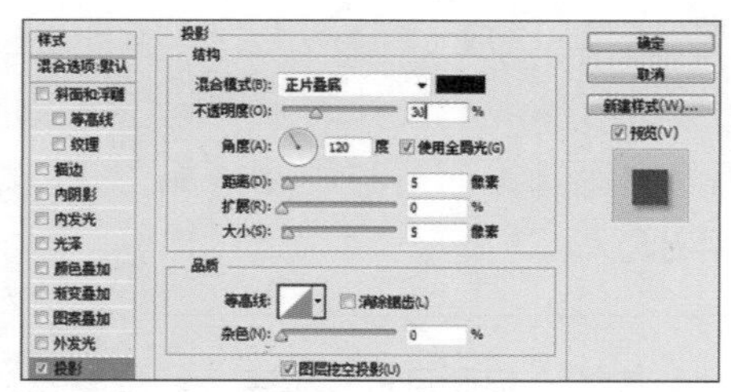
图6-56　添加投影

**步骤 10** 选择“横排文字工具”，设置字体格式为“微软雅黑、36、锐利、#f3002e”，在黄色耳机右上侧输入“¥99”文本，将“¥”字号更改为“20”；选择“矩形工具”，设置无填充，描边为“黑色、0.5”，绘制矩形；在工具属性栏更改字体格式为“16、黑色”，在矩形上输入“抢购”文本，如图6-57所示。

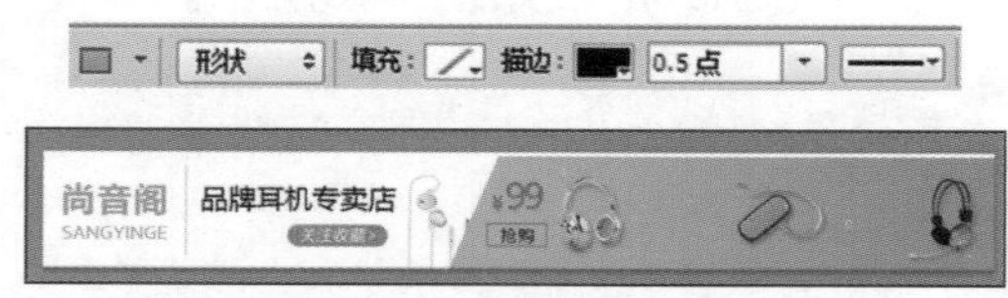

图6-57　输入文本并绘制矩形

**步骤 11** 选择步骤10生成的3个图层，在“图层”面板底部单击“链接”按钮，如图6-58所示。

图6-58　链接图层

**经验之谈**

链接图层便于整体移动所需图层，再次单击“链接”按钮可取消链接。

**步骤 12** 按“Ctrl+J”组合键复制链接的3个图层，将复制的3个图层移动到下一个耳机素材的左侧，再次复制链接的图层，将复制的3

个图层移动到最右侧耳机的左侧，更改价格，如图6-59所示。最后执行保存文件的操作，完成常规店招的制作（配套资源:\效果文件\第6章\常规店招.psd）。

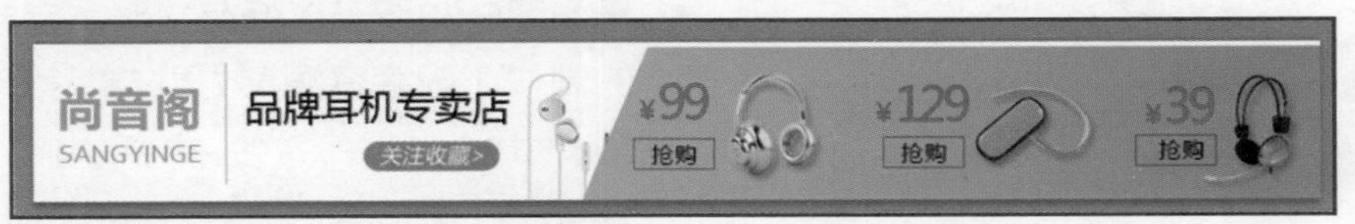


图6-59　常规店招效果

## 6.3.5　通栏店招制作实战

下面在常规店招的基础上制作通栏店招。在制作时首先需要新建通栏店招文件，添加常规店招位置的辅助线，然后将常规店招拖入其中，调整显示位置，添加导航条形状与文本，其效果如图6-60所示。

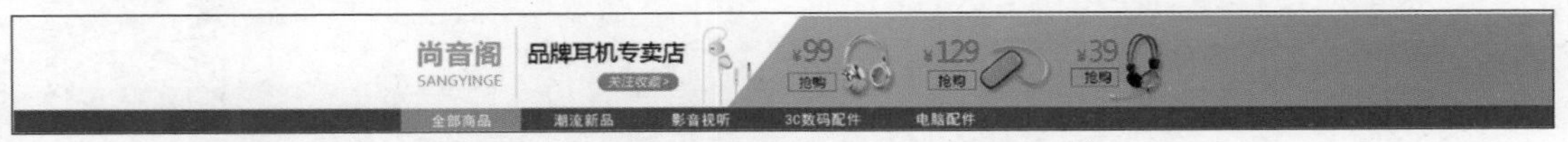


图6-60　通栏店招

下面进行通栏店招的制作，其具体操作如下。

**步骤 01** 新建大小为1920像素×150像素，分辨率为72像素/英寸，名为“通栏店招”的文件，如图6-61所示。选择【视图】/【标尺】菜单命令在工作区显示标尺。

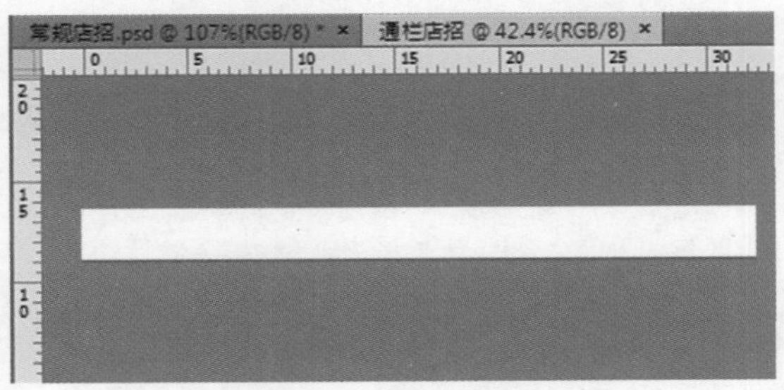


图6-61　新建文档

**步骤 02** 选择“矩形选框工具”，在工具属性栏设置“样式”为“固定大小”，“宽度”为“485”，在文件灰色区域的左上角单击创建选区，从左侧的标尺上拖动参考线到选区右侧对齐，使用相同的方法在文件右侧创建参考线，如图6-62所示。

图6-62　添加参考线

**经验之谈**

由于每台计算机屏幕的大小不同，所显示的店招范围也不同，为了保证店招中的信息显示完整，需要在两边留出485像素的宽度，不放置店招信息。

**步骤 03** 在“矩形选框工具”属性栏中设置宽度为“1920像素”，高度为“30像素”，在图像下面的灰色区域单击创建选区，新建图层，将新建的图层填充为“#074a77”，如图6-63所示。

图6-63　新建并填充图层

**步骤 04** 全选“常规店招”文件中的图层，并将其拖动到“通栏店招”文件中，选择蓝色渐变图层，按“Ctrl+T”组合键，拖动右侧的边线，将形状延长至页面边缘，效果如图6-64所示。

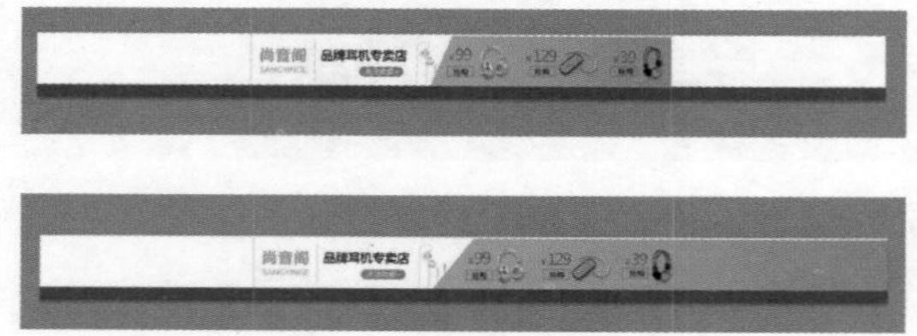

图6-64　编辑形状

**步骤 05** 选择“横排文字工具”T，设置字体格式为“黑体、18、锐利、白色”，字符间距为“50”，在导航条上依次输入导航内容，在输入过程中可使用参考线控制导航内容的间距，如图6-65所示。

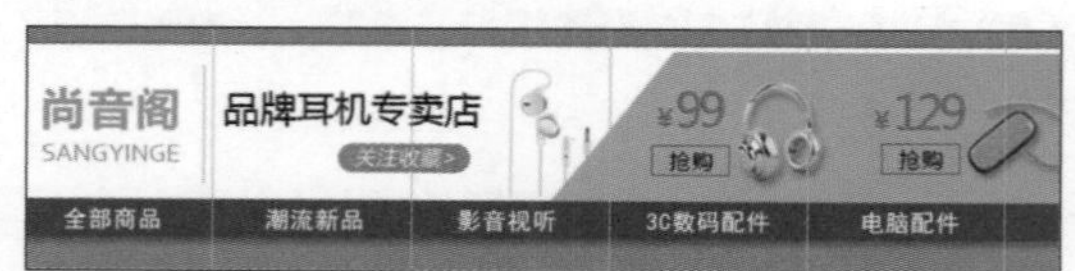


图6-65　输入导航内容

**步骤 06** 在“全部商品”导航文本下方新建图层，绘制矩形选区，填充为“#4ca2e3”，效果如图6-66所示。保存文件，完成通栏店招的制作（配套资源:\效果文件\第6章\通栏店招.psd）。

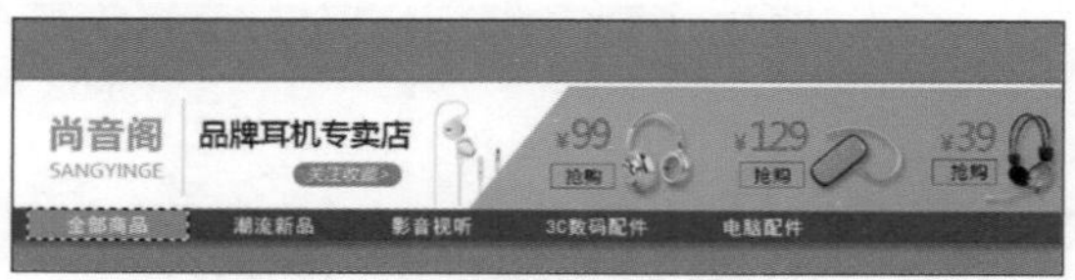


图6-66　通栏店招效果

**微课堂——店招装修**

店招位于店铺首页顶端的位置，在“店铺装修”页面中单击店招可显示“编辑”按钮，单击“编辑”按钮可将自定义的常规店招装修到店铺中，而通栏店招则需要通过添加自定义模块来实现。扫描二维码，查看店招装修的相关知识。

**新手试练**

某淘宝店铺主要是销售高档男士玻璃水杯，为了增加销量，该店铺上新了一系列紫砂、陶瓷、水晶、塑料等材质的水杯，为了使店招突出新的产品，并练习读者的动手能力，要求设计制作一款该店的店招，在制作店招时，需要注意以下两个方面。

- 颜色清新自然，整体舒适美观，且能够吸引买家购买产品。
- 能够一目了然地看到店铺的店名、经营类目、店铺风格、收藏文案。

# 6.4 快速导航条设计

快速导航一般位于店铺页面的左侧或右侧，在浏览页面时，快速导航模块将不会随着滚动条进行移动，会始终显示在页面中，方便买家通过单击导航条中的内容快速跳转到相应的位置。

## 6.4.1 快速导航条的作用

一款优秀的淘宝店铺快速导航条可以让顾客更方便地找到他们所需要的商品，减少顾客因寻找而耗费的时间，提高其购物目的性，促进交易完成。莫恩索Moenso欧美女装店面中的快速导航效果如图6-67所示。通过该导航条顾客不仅可以快速找需要的新品、爆款、产品类型，还可以通过扫描二维码查看更多的优惠。

图6-67 快速导航

## 6.4.2 快速导航条制作实战

下面制作一款“尚音阁”耳机专卖店的快速导航模块，除了包含潮流新品、人气爆棚等内容外，还包含优惠券内容。为了保证店铺风格的统一性，在颜色与字体选择上尽量选择了深蓝色和方正字体，并使用颜色、风格、主题与店铺搭配的图片来装饰快速导航，制作完成后的效果如图6-68所示。制作快速导航条时，首先需要填充背景，并导入和裁剪图片，然后输入导航内容并绘制装饰虚线，最后制作优惠券等信息，完成本例的操作，其具体操作如下。

**步骤 01** 新建大小为190像素×500像素，分辨率为72像素/英寸，名为“快速导航”的文件。将前景色设置为“#074a77”，按“Alt+Delete”组合键填充，如图6-69所示。

图6-68 快速导航效果

图6-69　填充背景

**步骤 02** 打开“戴耳机的女孩”文件（配套资源:\素材\第6章\戴耳机的女孩.jpg），选择“椭圆选框工具”，按住“Shift”键绘制正圆选区，按“Ctrl+J”组合键将选区的内容复制到新建的图层中，隐藏背景图层，得到正圆裁剪的图片，效果如图6-70所示。

图6-70　使用圆形裁剪图片

**经验之谈**

也可新建蒙版图层，在蒙版突出中绘制圆形并将其显示出来。

**步骤 03** 在“戴耳机的女孩”窗口将裁剪的图像拖动到“快速导航条”窗口中，使用“移动工具”将其移动到页面顶端，效果如图6-71所示。

图6-71　添加素材

**步骤 04** 选择“横排文字工具”，设置字体格式为“方正兰亭粗黑_GBK、20、锐利、#fbefca”，输入“购物导航”文本；设置字体格式为“黑体、14、锐利、白色”，输入其他导航文本，将“2017年潮流新品”字号更改为“22”，如图6-72所示。

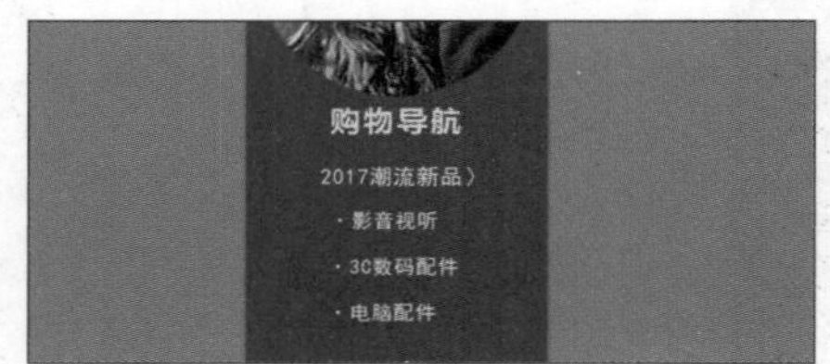


图6-72　添加导航文本

**步骤 05** 选择“直线工具”，在工具属性栏取消填充，设置描边颜色为“#4ca2e3”，粗细为“5点”，在描边粗细数值框后的“描边选项”下拉列表中选择第2种虚线样式，单击更多选项...按钮，如图6-73所示。

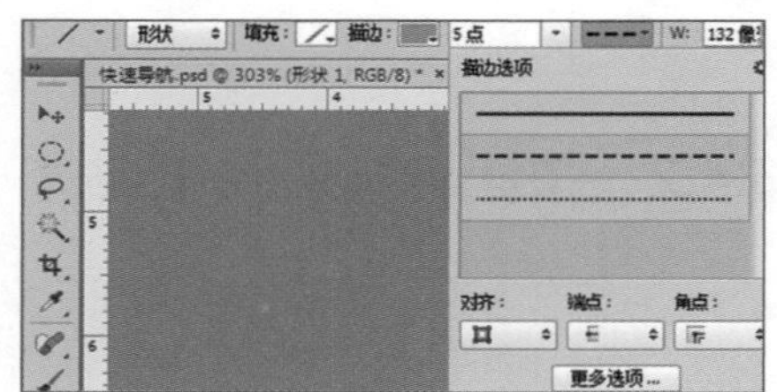


图6-73　选择虚线样式

**步骤 06** 打开“描边”对话框，将虚线与间距均设置为“1”，单击确定按钮，如图6-74所示。

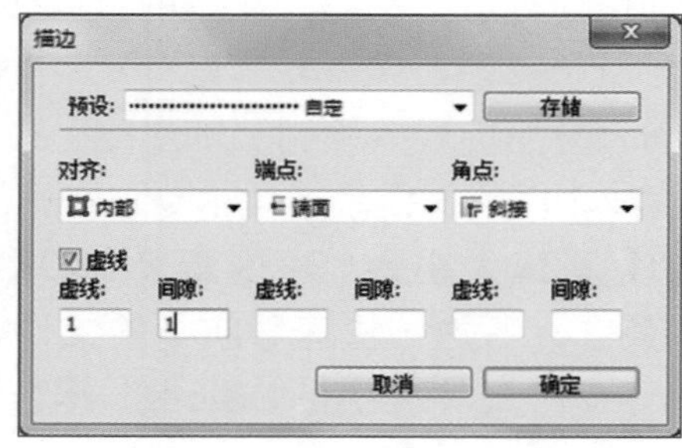


图6-74　设置描边

**步骤 07** 按“Shift”键在导航文本下方绘制虚线，按“Ctrl+J”组合键复制虚线，为其他导航文本下方添加虚线，效果如图6-75所示。

图6-75　绘制虚线

**步骤 08** 选择“矩形工具”，在导航文本的下方绘制白色矩形，在“图层”面板中将该图层的不透明度设置为“70%”，如图6-76所示。

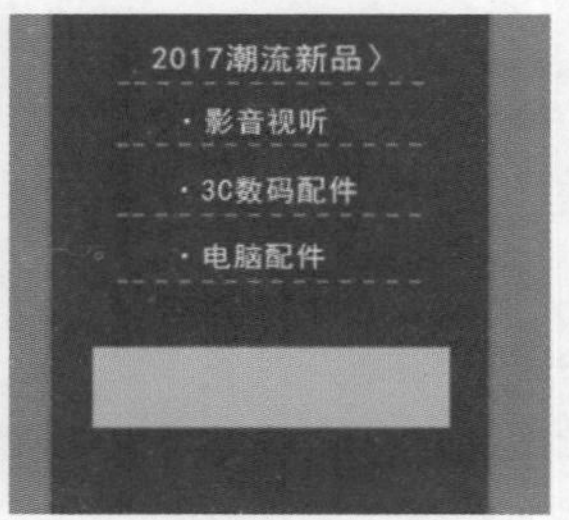


图6-76　绘制半透明矩形

**步骤 09** 选择“横排文字工具”，设置字体格式为“Impact、38、锐利、#074a77”，输入“¥5”文本，将“¥”字号更改为“14”；设置字体格式为“方正兰亭粗黑_GBK、13、锐利、#2874aa”，输入“满50元使用”，如图6-77所示。

图6-77　输入优惠券文本

**步骤 10** 选择“椭圆工具”，在工具属性栏设置填充色为白色，按住“Shift”键绘制圆；选择“多边形工具”，在工具属性栏设置填充色为“#4ca2e3”，边数为“3”，拖动鼠标在圆形上方绘制三角形，如图6-78所示。

图6-78　绘制形状

**步骤 11** 复制两张优惠券，修改文本，效果如图6-79所示。保存文件，完成快速导航的制作（配套资源:\效果文件\第6章\快速导航条.psd）。

图6-79　快速导航条效果

## 新手试练

由于女装的多样性与产品的丰富性，因此对快速导航的应用较为广泛。现以制作一款韩式风格女装的快速导航条为例，锻炼读者的制作能力。图6-79所示为淘宝收集的沐乃衣快时尚潮流女装的快速导航效果，读者在制作时可借鉴其风格。

在设计店铺的快速导航时，需要注意以下两个方面。

- 图形、字体与颜色的选用应与店铺的整体风格一致。
- 要尽可能设计的简单，避免复杂而拥挤的导航设计严重阻碍页面的整体可用性。

# 6.5 扩展阅读——店招的类型

店招虽然风格各异，但按功能可将其分为以下3类。

- **以宣传品牌为主的店招**：这类店铺的产品品牌往往具有一定的知名度，实力雄厚，产品的品质比较优良，或者是想把店铺的产品打造成为自己的一个品牌，因此要求设计的店招主要突出品牌形象，如图6-80所示。突出产品形象需要从符合品牌形象的店铺名称、Logo设计等方面入手，此外关注按钮或收藏按钮也比较醒目，以便能让更多买家关注店铺，进一步提高品牌的知名度，再次树立品牌形象。

图6-80　以宣传品牌为主的店招

- **以产品推广为主的店招**：这类店铺主要是为了增加店铺主推产品的销量，因此主推产品成为店招突出的重点。在店招上放置性价比高、潮流时尚、新品上市的2款到3款主推产品，会吸引买家查看或是购买，如图6-81所示。这对产品起到强有力的推广作用。

图6-81　以产品推广为主的店招

- **以活动促销为主的店招**：这种店铺主要是为了提高销量，薄利多销是其主要特点，因此店铺的活动在店招上比较醒目，包括促销文案、红包或者优惠券等促销内容，如图6-82所示。在设计此类店招时，为了提高活动的效率，活动内容应尽量详尽，为了营造出活动氛围，店招的风格也要与活动的主题相互呼应。

图6-82　以活动促销为主的店招

# 6.6 高手进阶

（1）新建名为“蜗牛玩具店店标”的标准尺寸的店标，将使用到钢笔工具、自定义形状工具和横排文本工具，制作后的效果如图6-83所示（配套资源:\效果文件\第2章\练习1）。

图6-83 蜗牛玩具店店标效果

（2）新建名为“护肤品”店招的通栏店招文件，导入素材背景与产品图（配套资源:\素材\第6章\练习2），添加文本与图形，制作包含网店店名、收藏按钮、导航条的通栏店招，效果如图6-84所示（配套资源:\效果文件\第6章\练习2）。

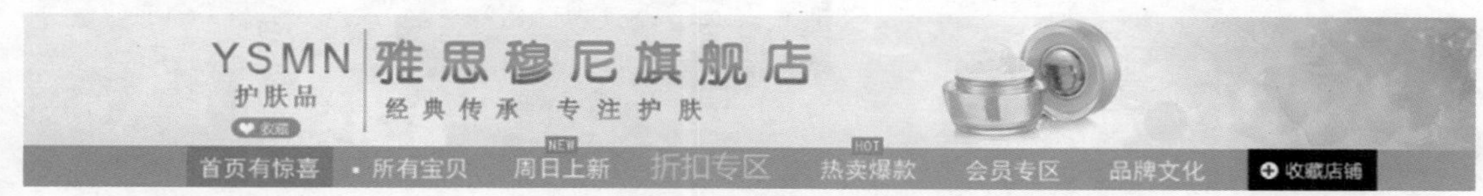


图6-84 护肤品店招效果

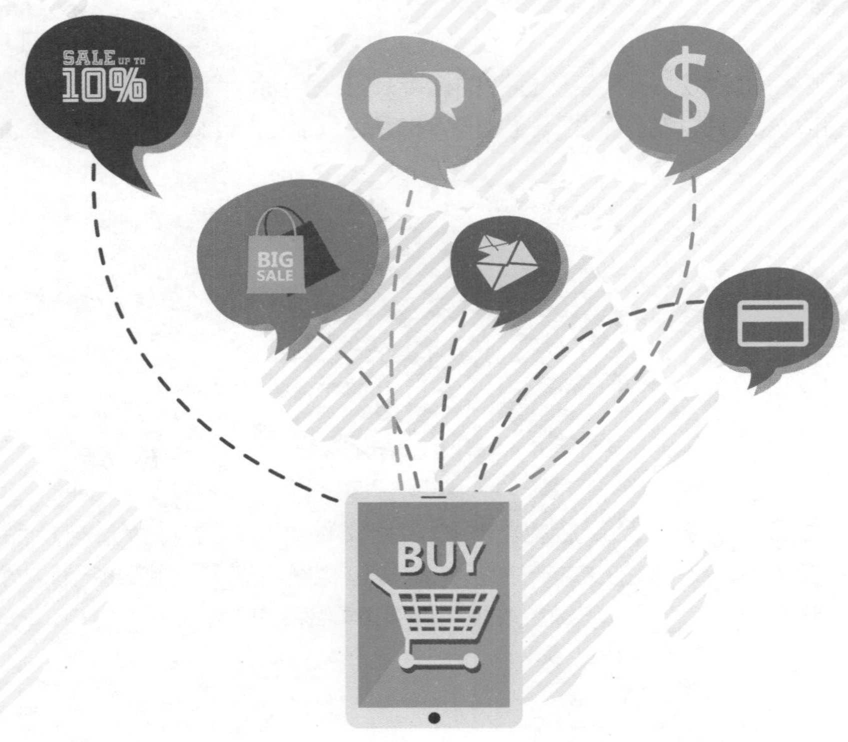


# 第7章 淘宝、天猫推广图设计

在淘宝、天猫等电商平台上，为什么卖家会如此重视推广图的质量？因为推广图是映入顾客眼帘的第一道关口。推广图包括首页出现的钻展图、搜索页的主图、搜索页两侧的直通车推广图等。精美且具有卖点的推广图能使顾客感受到卖家的专业，产生购买兴趣，从而为店铺增加流量和销量。由此可知，推广图是卖家优化点击率首先应考虑的方面。

# 7.1 制作高点击率的主图

商品主图是指首先映入买家眼帘的商品图片，一般出现于商品搜索页、店铺首页和商品详情页的顶端。为什么要进行主图的设计呢？对比图7-1所示的两张主图，左图看起来很普通，没有体现出卖点，若价格没有吸引，买家将容易忽略该主图。若对主图稍加设计，瞬间就使主图鲜活起来，清新的草地，温暖的橙色调，使人感同身受，产生进一步点击查看的欲望。

图7-1 商品主图

## 7.1.1 商品图片的规范

淘宝商品主图的标准尺寸是310像素 × 310像素，而700像素 × 700像素以上的图片，商品详情页会提供图片放大功能，当买家将鼠标光标移至商品主图上即可查看该主图的细节。由于京东、当当等主图规格都是800像素，为了方便在其他平台发布商品时不重新制作主图，因此一般统一主图的制作大小为800像素 × 800像素。图7-2所示使用放大镜查看主图细节，可对裙子的面料进行观察。商品主图最多可以有5张，最少要有一张，第一张一般会在商品搜索页面中显示，因此需要重点制作，商品主图的大小必须控制在500KB以内。

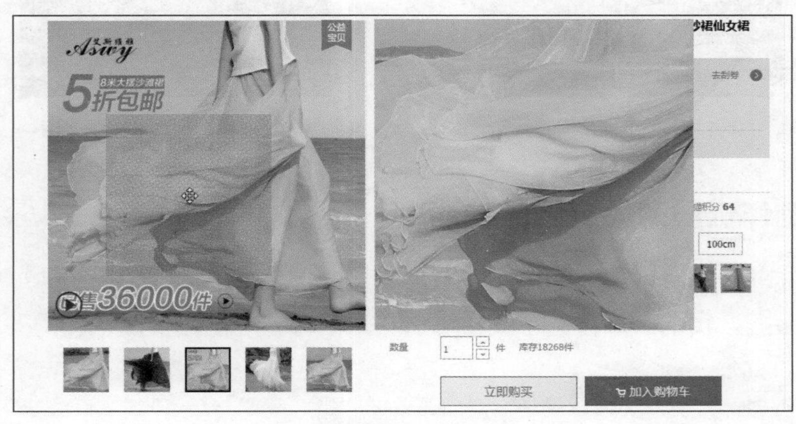


图7-2 查看商品主图的细节

### 7.1.2 商品图片的背景搭配

从图7-3中可看到，左图为商品搭配了旅行的背景，但背景颜色丰富，不利于突出文字，又因为画面整体有些杂乱，容易扰乱顾客的视线，使顾客产生视觉疲劳，让效果大打折扣；而右图红色文字搭配纯色背景，恰好清晰地展现了商品，突出了商品的品牌和价格等信息。

图7-3　商品图片的背景搭配

由此可知，背景的搭配影响着主图的质量。灵活搭配背景色与商品，可以让主图更具亲和力和感染力。在搭配商品主图的背景时，除了要考虑背景的元素是否恰当，还需要以商品的形象来搭配整体的色调，如补水面膜和护肤品多使用深绿色、深蓝色和浅蓝色等色调作为背景，呈现补水的冰凉触感，如图7-4所示。在背景配色中，白色或者浅色的背景可使展现的图片更加清晰，使表达目的更加明确。若商品与背景色采用同一色系的明暗度组合，会给买家较强的视觉冲击力，如图7-5所示。

图7-4　形象搭配背景色

图7-5　同一色系的不同明度

### 7.1.3 制作优质商品主图的技巧

好的主图能够提高点击率，从而达到引流的目的。买家在浏览主图时速度一般较快，如何让主图在淘宝搜索页的众多主图中成功吸引买家眼球，是制作优质主图的关键，一般可以从以下几个方面着手。

- **卖点清晰有创意：**所谓卖点，就是指商品具备的别出心裁或与众不同的特色，既可以是产品的款式、形状、材质，也可以是产品的价格等。卖点清晰是指让买家即使眼睛一扫而过，也能快速明白商品的优势是什么，和别的卖家有什么不同。一个主图的卖点不需要多，但要能够直击要害，以直接的方式打动买家。许多产品的卖点都是大同小异的，这时优化卖点就会成为赢得买家注意力的关键。图7-6所示用碧绿的森林、树叶与透明的气泡来展示空气净化器的净化效果；图7-7所示用模特来展示服装青春、靓丽、活泼可爱的款式，远比直接摆放服装更能勾起买家的购买欲。

图7-6　空气净化器

图7-7　模特展示服装

- **商品的大小适中**：商品过大则显得臃肿，过小不利于表达细节，不利于突出商品的主题地位，而合适大小的商品能增加浏览时的视觉舒适感，提升点击率。如图7-8所示，左图的数据线与手机形成对比，可以让买家感受数据线的实际大小，并且能观察到数据线的细节特征，极大地提高了买家浏览的直观度，从而将画面中数据线柔韧耐用的特点完美地体现了出来。右图的数据线比例过小，产品主体不突出，且无法查看细节，容易被消费者忽视。

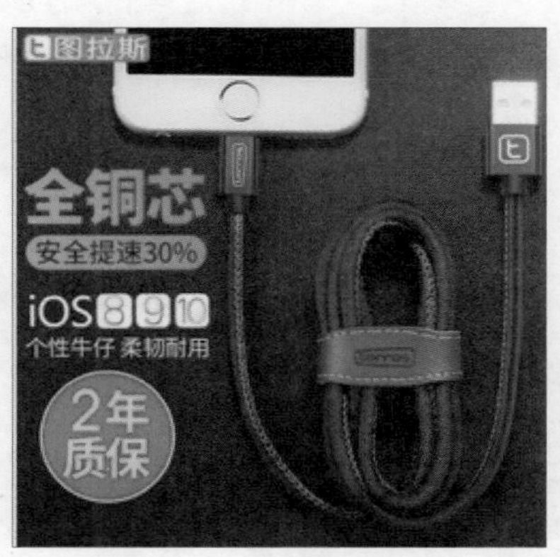

图7-8　商品的大小适中

- **宜简不宜繁**：由于顾客搜索主图时浏览的速度较快，因此传达的信息越简单、明确就越容易被接受，如产品放置杂乱、产品数量多、文案信息多、背景太杂、水印夸张等都会阻碍信息的传达。图7-9所示的同样是手机的钢化膜，左侧设计简洁大气、唯美清新，符合苹果的品牌特征，竖排少量的文本很好地阐述了其卖点。而右图用了大量文本来说明手机壳价格优惠的优点，一般情况下商品简述越多，单件宝贝就越不突出，图片整体越不清楚，为目标客户带来视觉上的不适，从而导致买家快速跳过该主图。

图7-9　宜简不宜繁

- **丰富细节**：通过放大细节提高主图的点击率，也可以在主图上添加除标题文本外的补充文本，如商品名称、特点与特色、包邮、特价等卖家想要表达的内容，丰富主图的细节，图7-10所示为丰富的细节内容体现商品。

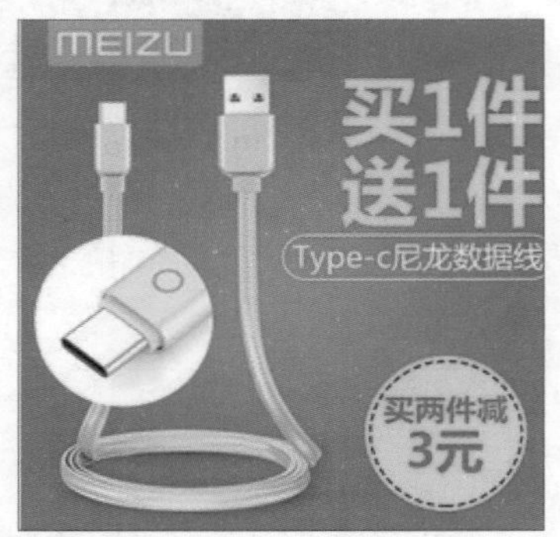

图7-10　丰富细节

## 7.1.4　高清播放器主图制作实战

下面设计一款高清播放器的商品主图。观察播放器，发现播放器的产品较小，且产品本身的左上角较空，不能占据多半的画面，因此采用几何形填充画面的方法，使画面整体均衡，在几何形状颜色的选择上使用了明度相似的灰色和橙色，以突出播放器的科技感与高品质感，完成后在图形上输入产品名称、价格等重要信息，完善主图的细节。为了打破画面的沉闷，可以考虑添加装饰元素。此处为产品添加闪光点的效果，既使画面更加灵动，又将消费者的眼球聚焦到产品本身上，制作后的效果如图7-11所示。

图7-11　商品主图效果

制作高清播放器主图需先导入素材，然后根据素材进行布局，并使用形状进行构图，最后添加文本，为了得到更加平衡的视觉，文本的颜色将与形状的颜色相呼应，其具体操作如下。

**步骤 01** 新建大小为800像素×800像素，分辨率为72像素/英寸，名为“宝贝主图”的文件。打开“高清播放器”文件（配套资源:\素材文件\第7章\高清播放器.psd），将其拖动到“宝贝主图”文件中，调整其位置和大小，如图7-12所示。

图7-12　导入宝贝素材

**步骤 02** 观察素材的形状，可发现素材的右上侧留白较多，可在此处添加主要的文本与修饰图形。在商品下方新建两个图层，选择“钢笔工具”，在图像中绘制的形状如图7-13所示，再在工具属性栏设置填充色分别为“#fbbe01”“#44403f”。

图7-13　绘制装饰图形

**步骤 03** 选择“横排文字工具”，单击“切换字符和段落面板”按钮打开“字符和段落”面板，设置字体格式为“方正兰亭粗黑简体、17点、#fbbe01”，将字符间距设置为“-50%”，输入文字“高清播放器”；输入其他文本，将“3D智能”字体格式设置为“方正特雅宋_GBK、16点、白色”，将项目文本的字体格式设置为“微软雅黑、6.5点、白色”，如图7-14所示。

图7-14　输入播放器信息

**步骤 04** 选择“自定形状工具”，在属性栏的“形状”列表框中选择正方形形状，在属性栏设置描边色为“#4ca2e3”，描边粗细为“10.26”，在“内置WiFi”文本左侧绘制方框，继续在“形状”列表框中选择图7-15所示的复选标记，设置填充色为“#fbbe01”，在方框中绘制对勾形状。

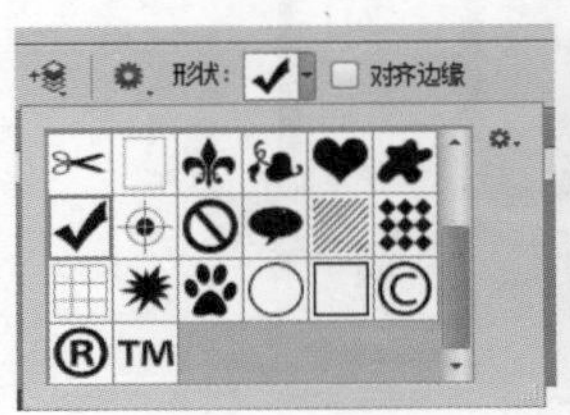

图7-15　添加项目符号

经验之谈

若自定义形状列表框中没有步骤中的形状，可在列表框右上角单击“设置”按钮，在打开的下拉列表中选择“复位形状”选项，打开默认的形状列表。

**步骤 05** 选择方框与勾所在图层，单击“图层”面板底部的“链接”按钮，链接图层。按“Ctrl+J”组合键复制两份方框与勾，将其移动到下方项目的左侧，效果如图7-16所示。

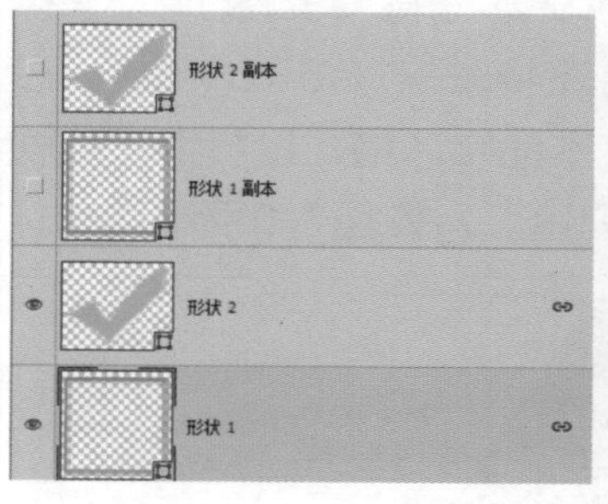

图7-16　复制复选标记

**步骤 06** 选择“横排文字工具”，在播放器左下方输入价格信息，将抢购价“198”放大，与其他文本形成对比。其中，“198”的字体格式为“黑体、23点t、浑厚、加粗、#44403f”，“¥”字体格式为“华文仿宋”，“抢购价”字体格式为“方正兰亭中黑_GBK、8.45点”，“原价：318元”字体格式为“黑体、7.5点、删除线”，如图7-17所示。

图7-17　输入价格信息

**步骤 07** 在商品上方新建图层，选择“多边形工具”，在工具属性栏中设置填充色为白色，无描边，设置边数为“30”，单击“设置”按钮，在打开的面板中单击选中“星形”复选框，并将“缩进边依据”设置为“80%”，在商品的左上角处拖动鼠标绘制星形，效果如图7-18所示。

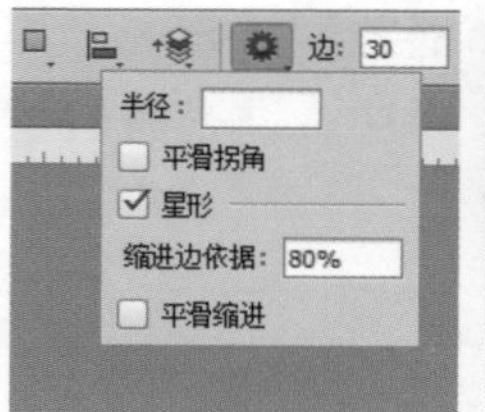

图7-18　绘制星形

**步骤 08** 选择绘制的星形，选择【滤镜】/【模糊】/【高斯模糊】菜单命令。提示栅格化图层，单击确定按钮确认栅格化，打开“高斯模糊”对话框，设置半径为“4”，如图7-19所示。

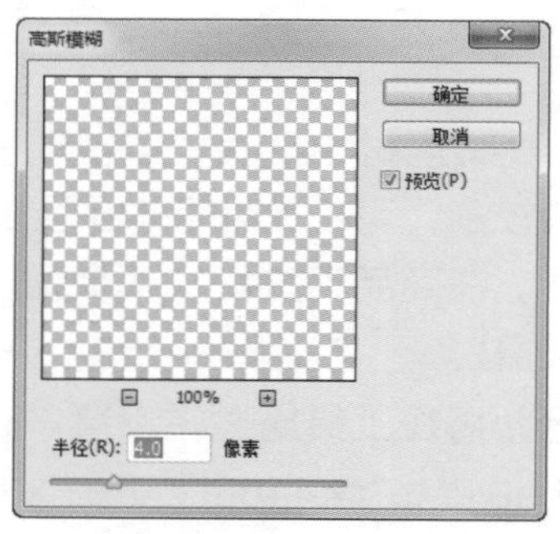


图7-19　设置高斯式模糊

**步骤 09** 单击确定按钮查看模糊效果，使用相同的方法绘制四角与六角的多边形，调整高斯模糊半径，并设置模糊效果，将其叠加到一起，并合并图层，形成闪光效果，如图7-20所示。

经验之谈

绘制星形时，缩进边距设置的越小，星形越接近多边形。

图7-20 添加闪光效果

**步骤 10** 新建图层，使用“钢笔工具”绘制三角形，在工具属性栏中设置填充方式为“线性渐变填充”，单击渐变条下方的色标，设置渐变填充色分别为“#8a0807、#fa0000”，拖动色标调整渐变位置，设置渐变角度为“45° ”，如图7-21所示。

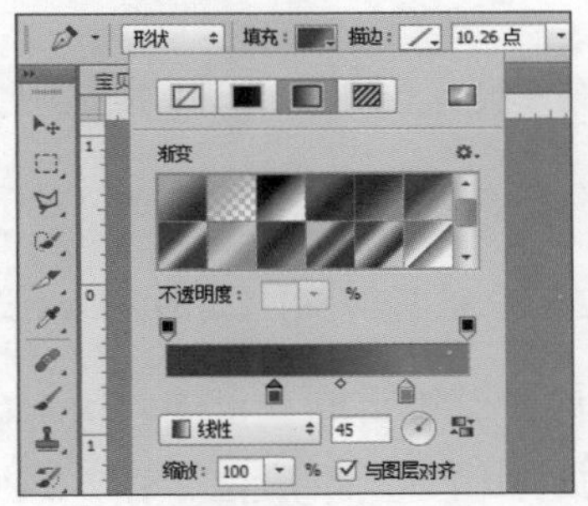


图7-21 添加渐变标签

**步骤 11** 选择“横排文字工具”，在红色标签上输入“免邮”文本，设置字体格式为“方正粗圆简、12点、平滑、白色”，按“Ctrl+T”组合键，将鼠标光标移到四角的旋转图标上，拖动鼠标旋转文本，使用同样的方法输入文本“SALE”，完成本任务的操作，如图7-22所示（配套资源:\效果文件\第7章\宝贝主图.psd）。

图7-22 添加免邮文本

**经验之谈**

免邮是促销的手段之一，一般大的商家都会设置消费满多少元就可以免邮。

## 新手试练

苗苗店铺是一家经营茶叶的店铺，由于直接拍摄的图片并不是很美观，为了烘托茶叶的绿意与品茶的惬意，需要对主图进行制作，要求对背景、文本等进行设计和处理，图 7-23 所示为店主比较中意的两款茶叶的主图，现要求读者分析主图的卖点、构图方式与配色技巧，总结经验，在此基础上进行淘宝商品主图的制作。

图7-23 商品主图

# 7.2 直通车推广图设计

淘宝直通车是为淘宝卖家量身定制的一种推广方式。直通车按点击付费，可以精准推广商品，是淘宝网卖家进行宣传与推广的主要手段，不仅可以提高商品的曝光率，还能有效增加店铺的流量，吸引更多买家。

## 7.2.1 认识直通车

直通车一般出现在搜索页面的右侧和页面底部，消费者点击直通车图片即可进入卖家的店铺，为店铺带来更多的访客，该方法是淘宝卖家提升店铺流量常用的营销工具之一。直通车的付费模式是按点击付费。当买家单击展示位的商品进入店铺后，将产生一次店铺流量，当买家通过该次点击继续查看店铺其他商品时，即可产生多次店铺跳转流量，从而形成以点带面的关联效应。此外直通车可以多维度、全方位提供各类报表以及信息咨询，从而可快速、便捷地进行批量操作，卖家可以根据实际需要，按时间段和按地域来控制推广费用，提高目标消费者的定位准确程度，同时降低了推广成本，提高店铺的整体曝光度和流量，最终达成提高销售额的目的。直通车推广的过程如下。

- 卖家为需要推广的宝贝设置相应竞价词、出价和推广标题，淘宝直通车根据卖家的设置将其推荐到目标客户的搜索页面。
- 当买家在淘宝网中输入类似商品名进行搜索时，或按照商品分类进行搜索时，就会在直通车的位置看到相关的直通车商品展示效果。
- 当买家在直通车推广位置单击展示的商品图片进入商品出售页时，系统会根据推广时设定的关键词或类目进行费用的扣费，即展示免费，点击计费。

在淘宝网页搜索“成品窗帘”，单击“搜索”按钮后进入搜索结果页面，页面右边提供了15个推广位置，包括12个“掌柜热卖”推广位，以及3个“店家精选”推广位，图7-24所示的“美式馆”为“店家精选”推广位。

图7-24 直通车推广图在页面右侧的位置

在搜索页面的底端还提供了5个“掌柜热卖”的推广位，如图7-25所示。

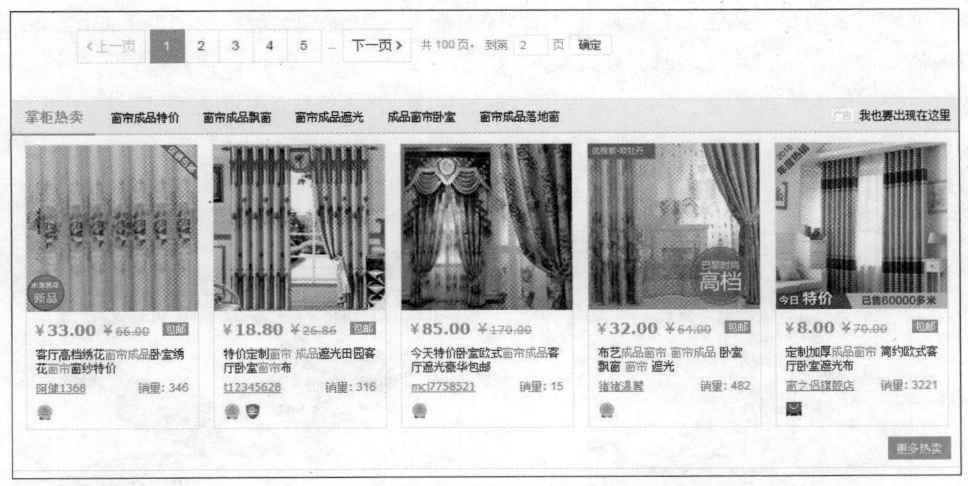

图7-25　直通车推广图在页面底端的位置

由图7-24和图7-25可知，直通车的类型一般有以下两种。

- **单品推广：**即掌柜热卖栏中的图片，其设计规格为商品主图的规格，一般直接从商品主图中选择，侧重于单个产品的信息传递或是销售诉求，因此以销售转化为最终目的。
- **店铺推广：**即卖家精选栏的图片，尺寸为210像素×315像素，大小限制在100KB以内，一般需要卖家自己设计。店铺推广（店家精选）是淘宝（天猫）直通车的一种通用推广方式，该推广方式满足了卖家同时推广多个同类型宝贝、传递店铺独特品牌形象的需求。目前，店铺申请加入淘宝直通车需要满足信用等级≥2颗心、店铺动态评分各项≥4.4分，若所经营类目需要加入“消保”，那么还需要先加入消保并交纳保证金。店铺推广更侧重于品牌传递，通过集中引流再分流的方式，实现流量的价值最大化。所以，店铺推广图一般会以主题促销、活动或类目专场等方式呈现。

## 7.2.2　不同时期直通车投放的策略

不同时期，直通车投放的策略也有所不同。在直通车开通的前期，最主要目的是提高点击率，提高质量得分，使得排名靠前和推广费用降低，因此要求直通车图片创意要十足、视觉冲击力要强，能够吸引人点击。而直通车开通的中期，最主要目的是精准引流，即直通车图片不仅仅是让人点击，引进流量，而且要能促进订单的达成，提高流量的转化率。此时直通车图片要求目标消费者定位要明确，且图片的商品与详情页的描述或者真实的产品匹配度高。

## 7.2.3　直通车的设计原则

为了提高直通车的点击率，直通车图片往往不只做一张，可以通过不同的卖点、不同的设计形式制作多张直通车图片，然后依次测验，最终选择点击率与转换率最优的直通车图片做推广。一般情况下，制作直通车图片时应遵循3个原则。

- **主题卖点简洁、精确：**主题卖点要紧扣消费者诉求，并且要求简要明了直接精确。为了方便消费者接受，图片标题尽量控制在6个字以内。
- **构图合理：**直通车的构图方式很多，包括中心构图、三角构图、斜角构图、黄金比例构图等，但总体上要求符合消费者从左至右、从上至下、先中间后两边的视觉流程，图文搭配比例要恰当，颜色的搭配需和谐。应用文本时，要求文本的排列方式、行距、字体颜色、样式等要整齐统一，并通过改变字体大小或者颜色来清晰地呈现信息的主次。图7-26所示的构图方式就比较灵活，近大远小，空间层次清晰。左图采用了三角形的构图方式，画面稳定；右图采用的斜角构图，画面动感十足。

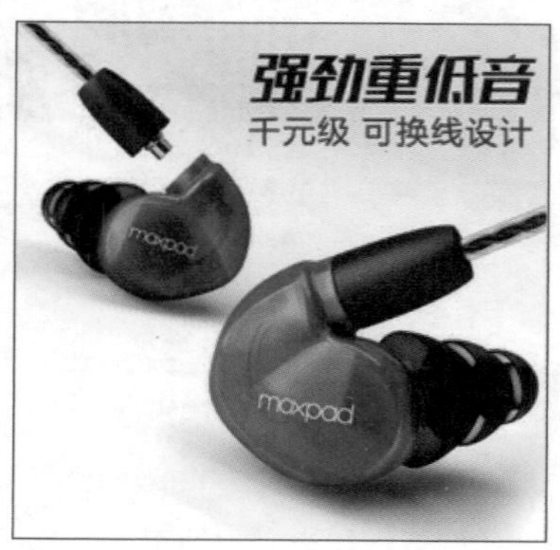


图7-26　构图合理

- **具有吸引力：**使用独特的拍摄手法、夸张直接的文案、或通过产品的精美搭配与其他产品形成鲜明对比，让商品图片从图海中脱颖而出，一秒内吸引消费者，下一秒内被消费者读懂，图7-27所示的文案都极具吸引力。需要注意的是，若产品的款式吸引力强，此时就需要充分全面的展示款式，并不需要繁琐的文案，背景大量留白，色彩单一反而更能体现商品的品质感，更能吸引消费者的注意力。

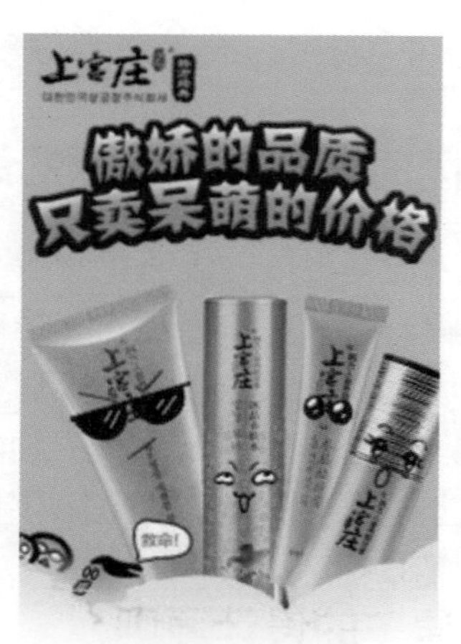


图7-27　具有吸引力的文案

### 7.2.4　直通车引流的关键

能否快速打动消费者是直通车图是否成功引流的关键，一般可从以下5个方面着手。

- **分析消费者心理需求：**为了确保主体卖点紧扣消费者诉求，在确定主体卖点时，就需要分析消费者心理需求。消费者的心理需求包括求实心理、求美心理、炫耀心理、从众心理、占有心理、崇权心理、爱占便宜心理和害怕后悔心理等。例如，消费者推崇权威的心理，使用“某某专家、意见领袖”能吸引该类消费者，达到产品畅销的目的。图7-28所示为使用“军医大学研制”提高牙膏功效的说服力。又例如，消费者具有爱占便宜的心理，超低折扣如免费试用、秒杀、清仓等营销手段和鲜明的折扣信息等往往会吸引大量消费者，如图7-29所示。

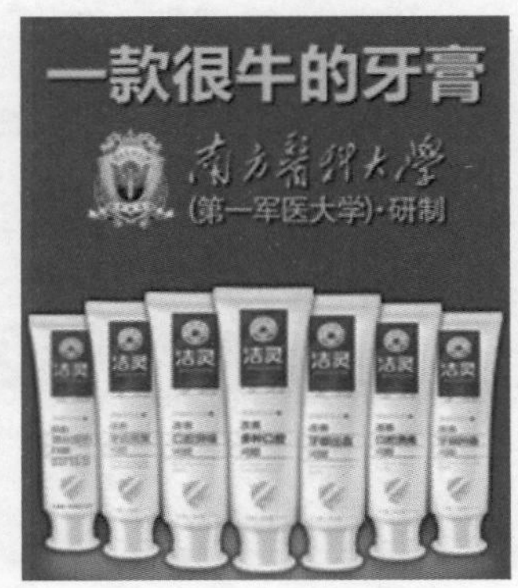

图7-28　形象代言人

图7-29　试用折扣

- **分析图片的差异化**：根据投放位置对临近的展位进行直通车图分析，充分研究直通车图的特点，包括素材选择、色彩、构图、文案等，找出它们的共性，然后走差异化路线，如风格差异化、色彩差异化、文案差异化、构图差异化等。图7-30所示为使用袜子纵排铺满整个画面，色彩艳丽，很抢消费者的眼球。
- **使用诱导的概念**：使用一些噱头，夸张、放大的口号喊出一个让受众容易认可的卖点，增强说服力。图7-31中的左图所示矿泉水直通车中的“来自大山里的矿泉水”；以及右图的核桃直通车中的“原生态、无漂洗、无添加”。

图7-30　构图差异化

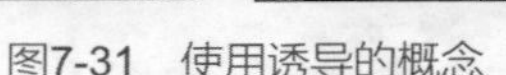

图7-31　使用诱导的概念

- **使用增值服务**：突出放大增值服务，如顺丰包邮、货到付款、终身质保、保修包换、上门安装、赠品等，可以增加消费者的兴趣，让消费者觉得贴心，图7-32所示的“破损补发”解决了消费者担心玻璃易碎的后顾之忧。
- **使用大众好评**：当商品已经积攒了大量的销量和好评时，这无疑是强有力的卖点，将文字好评的点突出放大，利用可靠的论证数据和事实来揭示商品的特点，从而提高点击率。图7-33所示的“累计销量突破20万”就充分利用了大众好评，其他类似的文案还包括“高回头率”“4.99分超高评价”“80年经典品牌”等。

图7-32　使用增值服务

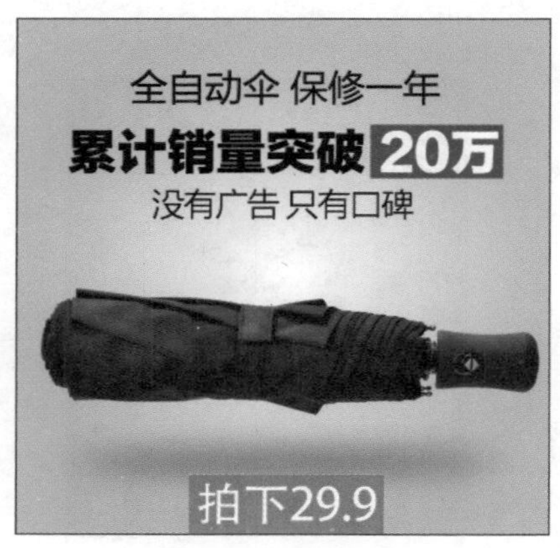

图7-33　使用大众好评

## 7.2.5　直通车图制作实战

店铺推广直通车图的标准尺寸为210像素×315像素，为了方便制作，可以将该尺寸的倍数放大进行制作，制作完成后再修改图像的大小为标准尺寸。下面将制作一款实木音箱的直通车图，通过以“国庆促销”为卖点，突出的折扣信息占据视觉中心来吸引买家视线，同时为了突出国庆的喜庆和促销的氛围，将选择夺目的红色与黄色进行整体颜色的搭配，并用气球、礼花、金币等国庆节日元素进行烘托，搭配店铺中的某款热卖宝贝，给出优惠价格，吸引消费者进入店铺选购。制作完成后的参考效果如图7-34所示。

设计直通车推广图

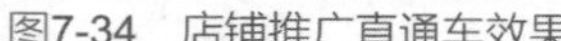
图7-34　店铺推广直通车效果

下面对店铺直通车在国庆期间的推广图进行制作，其具体操作如下。

**步骤 01** 新建大小为800像素×533像素，分辨率为72像素，名为“店铺直通车图”的文件。将前景色设置为“#ffff01”。按“Alt+Delete”组合键将背景填充前景色，使用“钢笔工具”绘制装饰图形，上下图形分别填充为“#fa2448、#ea173a”，效果如图7-35所示。

图7-35　填充背景色

**步骤 02** 打开“音箱”文件（配套资源:\素材文件\第7章\音箱.psd），将其拖动到“店铺直通车图”文件中，调整其位置和大小，如图7-36所示。

图7-36　导入素材

**步骤 03** 在音箱下方新建图层，绘制椭圆选区，填充为黑色，选择【滤镜】/【模糊】/【高斯模糊】菜单命令。提示栅格化图层，单击确定按钮确认栅格化，打开“高斯模糊”对话框，设置半径为“4”，制作投影效果，如图7-37所示。

图7-37　制作音箱投影

**步骤 04** 打开“装饰”文件（配套资源:\素材文件\第7章\装饰.psd），将其拖动到“店铺推广直通车图”文件中，调整其位置和大小，如图7-38所示。

图7-38　添加素材

**步骤 05** 将前景色设置为白色，使用“横排文字工具”输入“国庆疯狂购！ 5 ”文本字体格式为“方正综艺简、倾斜”；再输入“国庆巨划算、全场 折起”，字体格式为“方正特粗光辉简体、锐利、倾斜”，效果如图7-39所示。

图7-39　输入文本

**步骤 06** 在“全场5折起 国庆巨划算”文本下方新建图层，使用“钢笔工具”沿着文本外边缘绘制底纹，填充为“#ff002a”，此时可发现文本显示更加突出，如图7-40所示。

图7-40　为文本添加底纹

**步骤 07** 在“图层”面板中双击底纹所在图层，打开“图层样式”对话框，单击选中“投影”复选框，在右侧的面板中设置投影参数，其中投影颜色为“#553c3c”，设置完成后单击 确定 按钮，效果如图7-41所示。

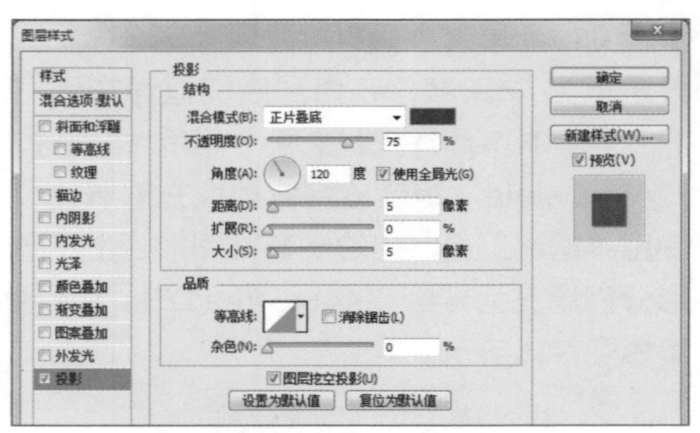


图7-41　添加投影

**步骤 08** 继续输入文本，设置“实木音箱、139元”字体格式为“黑体”，“139”字体格式为“方正综艺简”，调整字体大小与位置，完成后在文本下方新建图层，使用钢笔工具绘制标注图形，填充为“#fe062f”，在“图层样式”对话框中设置“描边”粗细为“3pt”，描边颜色为白色，效果如图7-42所示。

图7-42　绘制并描边图形

**步骤 09** 在“图层”面板中双击文本“5”所在图层，打开“图层样式”对话框，单击选中“斜面和浮雕”复选框，在打开的面板中设置斜面和浮雕的混合模式、不透明度、大小和角度等参数，如图7-43所示。单击选中“预览”复选框，在工作界面中预览设置的效果，并根据预览效果更改相应设置的参数。

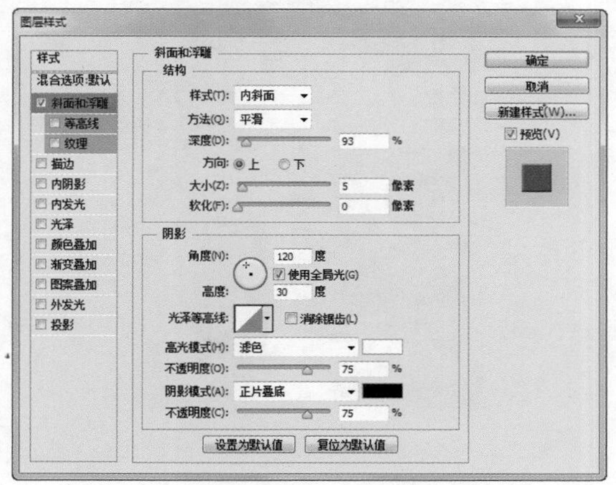


图7-43 添加斜面和浮雕效果

**步骤 10** 单击选中“光泽”复选框，在其面板中设置光泽的混合模式，设置颜色为“#b60303”，设置不透明度、距离、大小和等高线等参数，如图7-44所示。

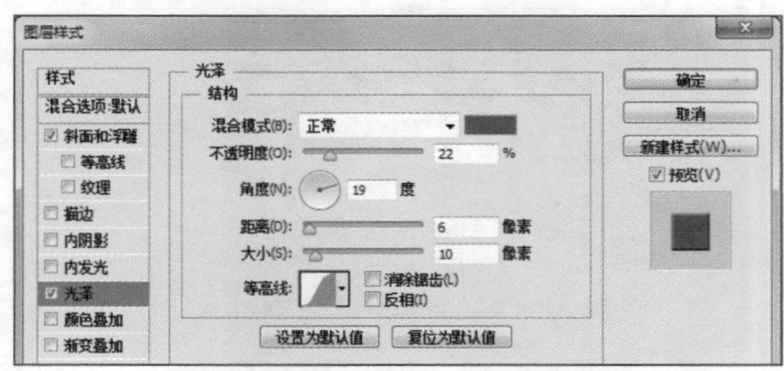


图7-44 添加光泽效果

**步骤 11** 单击选中“渐变叠加”复选框，在其面板中设置渐变的混合模式、不透明度、渐变颜色、大小和角度等参数，其中渐变颜色分别为“#fe8800、#fdff13”，如图7-45所示。

图7-45 添加渐变叠加效果

**步骤 12** 单击选中“投影”复选框，在其面板中设置投影的混合模式、不透明度，设置投影颜色为“#9b5757”，设置距离、大小和角度等参数，如图7-46所示。

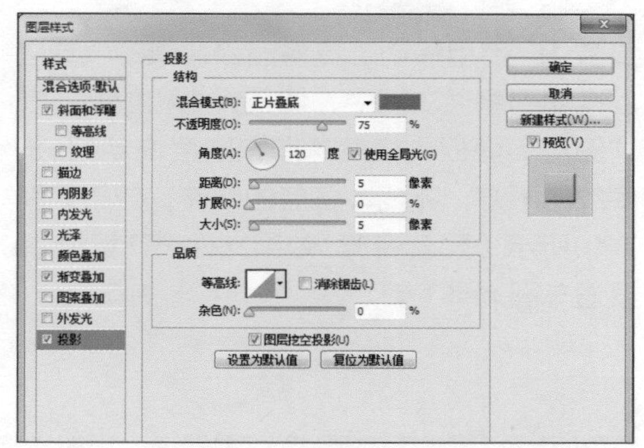


图7-46 添加投影效果

**步骤 13** 单击确定按钮返回Photoshop CS6工作界面即可查看“5”的设置图层样式效果，如图7-47所示。

图7-47 最终效果

**步骤 14** 打开“气球”文件（配套资源:\素材文件\第7章\气球.jpg），复制背景图层，使用魔棒工具单击选择背景，按“Delete”键删除背景，如图7-48所示。

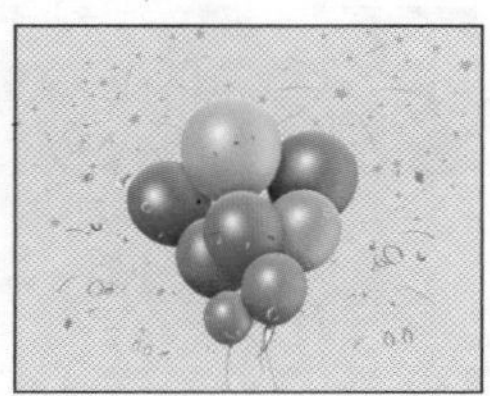

图7-48 删除素材的背景

**经验之谈**

烘托国庆的素材很多，可以根据需要添加调用素材网上下载的素材，提高直通车图的制作效率。

**步骤 15** 使用移动工具将删除背景的气球图层拖动到直通车图中，调整大小和位置，在“图层”面板中将气球所在图层拖动到5折底纹的下方，完成本任务的制作，效果如图7-49所示（配套资源:\效果文件\第7章\店铺直通车图.psd）。

图7-49 最终效果

**新手试练**

某店铺主要经营各式各样的耳机，店主决定对店铺中的一款超小的蓝牙耳机进行直通车推广。先要求读者在分析该款耳机卖点的基础上制作单品推广图，图 7-50 所示为淘宝收集的该类型耳机的直通车推广图效果。试着从文案、构图、背景等方面对直通车图进行分析和制作，要求直通车的主体卖点简洁精确、构图合理、差异化强，能够吸引并打动消费者。

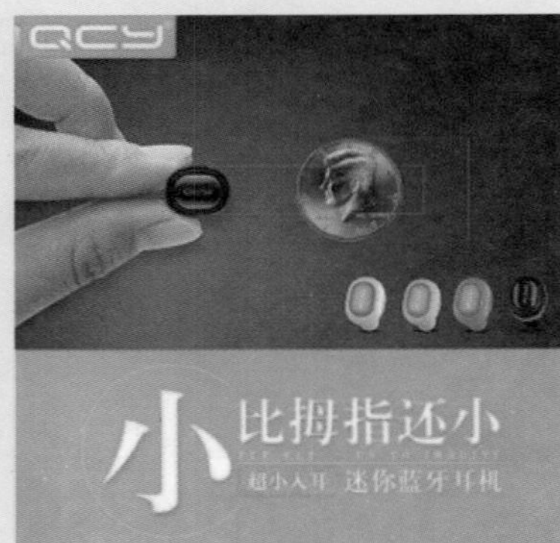


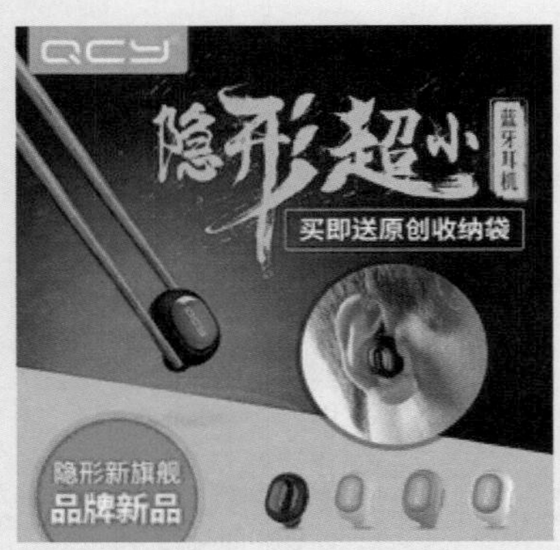


图7-50 蓝牙耳机直通车图参考效果

# 7.3 智钻图设计

智钻图是为淘宝卖家提供的一种全网推广工具，其全称为钻石展位图，主要依靠图片创意吸引买家点击，从而获取巨大流量，由此可知一张好的智钻图尤为重要。钻石展位是按照流量竞价售卖的广告位，按出价从高到低进行展现。钻石展位一般适用于以下3种情形。

- **单品推广**：热卖单品、季节性单品或需要打造爆款等，单品推广可带动整个店铺的销量提升，不断提高单品页面的转化率，如图7-51所示。

- **品牌推广**：明确品牌定位和品牌个性的卖家，如图7-52所示。
- **活动店铺推广**：有一定运营活动能力的成熟店铺，以及需要短时间内大量引流的店铺。

图7-51　单品推广

全球潮鞋速递
全场NIKE 5折起

图7-52　品牌推广

## 7.3.1　智钻位置

和直通车不同，智钻位置众多且尺寸各异，仅投放大类就包括天猫首页、淘宝首页、淘宝旺旺、站外门户、站外社区和无线淘宝等，不同位置对应的智钻尺寸、消费人群、消费特征和兴趣也各不同。因此在制作智钻图片时，要根据位置、尺寸等信息调整广告诉求，并采取合适的表达方式进行展示。下面对一些常见的位置及尺寸的智钻图进行介绍。

- **淘宝首页焦点智钻图**：淘宝首页焦点智钻图位于淘宝首页的上方，是进入淘宝后的视觉中心。标准尺寸为520像素×280像素，由于其尺寸较大，能够完全地展示商品与文案，因此价格最贵，如图7-53所示。

图7-53　淘宝首页焦点智钻图

- **淘二焦点智钻图**：位于首页焦点图的右下角，标准尺寸为200像素×250像素。由于尺寸较小，主要对商品进行展示，该图文本精简，但文本字体较大，如图7-54所示。

图7-54　淘二焦点智钻图

- **横幅Banner智钻图**：在淘宝首页的通栏位置上看到的长而狭窄的矩形条即为横幅Banner，尺寸一般为468像素×60像素。由于是细长条，所以无法完全展示商品，只能展示部分细节，这类智钻图以文案说明为主。图7-55所示为“天生玩家”的活动促销图，设计师采用了一字形组合呈现方式，画面布局简单时尚，很好地契合了智钻位置的尺寸特征。

图7-55　横幅Banner智钻图

- **淘宝垂直频道智钻图**：淘宝垂直频道包括淘宝女装、淘宝数码、淘宝美妆、聚划算、极有家、全球购等，在淘宝首页单击对应的频道即可进入。进入频道首页后，页面的顶端会显示一些广告，这些广告即为淘宝垂直频道智钻图。图7-56所示为淘宝美妆频道中的智钻图。

图7-56　淘宝垂直频道智钻图

## 7.3.2 智钻图设计标准

智钻图的位置和尺寸虽然丰富，但设计的标准都是一致的，下面分别进行详细介绍。

- **主图突出**：智钻的主图不一定是产品图片，也可以是创意方案，或买家诉求的呈现。突出主图才能够吸引更多买家点击。如图7-57所示，模特潮流的穿搭、帅气的形象，有购买需求的顾客才会忍不住点击查看。
- **目标明确**：智钻投放的目标很多，如通过智钻上新、通过智钻引流到聚划算，通过智钻预热大型活动，以及通过智钻进行品牌形象宣传等。因此在智钻图片的设计制作中，首先需要明确自己的营销目标，针对目标进行素材的选择和设计，这样才能保证点击率与转化率，图7-58所示为引流到潮玩装备平台的智钻，设计师在排版、配色、字体和标签的使用方面，均符合该平台促销的主题，对于用户有极强的吸引力。

图7-57　主图突出

图7-58　目标明确

- **形式美观**：美的东西总是令人无法抗拒，形式美观的智钻图片更能获取顾客好感，进而提高点击率。当选择好素材，规划好创意后，适当的美化智钻图片尤为重要。图7-59所示为美化后的智钻图，设计师通过添加蝴蝶或使用唯美的模特，来增强画面的吸引力。

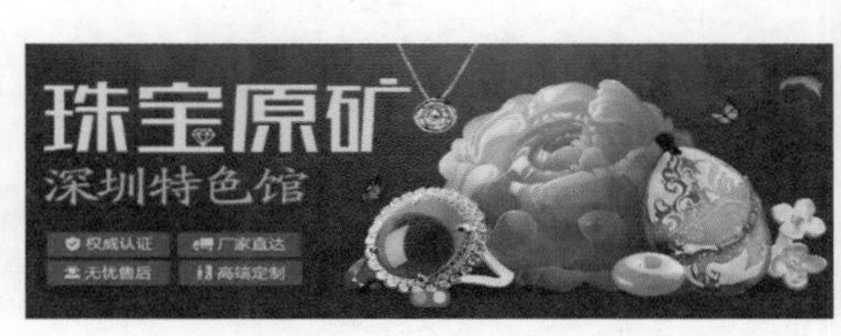

图7-59　形式美观

## 7.3.3 智钻图的排版方式

智钻图片是有结构和层次的，不同布局将呈现不同的视觉焦点，若视觉焦点不统一或者布局不理想，很容易形成信息错乱，让消费者忽视重点。智钻图片的常用布局方式主要有以下8种。

- **两栏式构图**：图片文案分两栏排列，左文右图或左图右文。中心主体一般占整个画面的7/10，在文案排版上一般通过大小对比与色彩对比来突出显示层次，如图7-60所示。

- **三栏式构图**：中间文字，两边图片以不同大小位置摆放，形成空间感，适合多个产品，或者多色彩的显示，如图7-61所示。

图7-60　两栏式构图

图7-61　三栏式构图

- **上下式构图**：上文下图，或上图下文，主要用于多系列产品促销活动，通常用于尺寸较小且呈正方形显示的展位，如图7-62所示。
- **正反三角形构图**：三角构图的立体感强，构图稳定自然、空间感强、安全感强、稳定可靠，如图7-63所示。

图7-62　上下式构图

图7-63　正反三角形构图

- **垂直构图**：垂直构图的特点是在画面中平均分布各个产品，由于所占比重相同，秩序感强，更适合多个产品，多色系或多个角度的展示，图7-64所示为展示服装的穿着效果。
- **斜切式构图**：斜切式构图能让整个画面富有张力，可以让主体和需要表达的内容更醒目，文字的倾斜方向与角度要与产品的倾斜方向与角度大致相同，如图7-65所示。

图7-64　垂直构图

图7-65　斜切式构图

- **渐次式构图**：渐次式构图是指将多个产品进行渐次式排列，由远及近，由大及小，构图稳定、空间层次更加丰富，给用户更为自然舒适的感觉，如图7-66所示。

- **放射性构图：**由一个视觉中心点放射出来，具有极强的透视感，特别适合大促活动的智钻图，图7-67所示为保温杯的放射性构图效果。

图7-66　渐次式构图

图7-67　放射性构图

## 7.3.4　新品男士牛仔裤首焦智钻图制作实战

下面使用淘宝首焦智钻图对2016年秋季新品上架的男士牛仔裤进行推广，在构图方式上采用左图右文的排版方式，文本的排列采用了倒三角，规则并富有动感，右下角的牛仔裤起到平衡画面的作用。在颜色选择上，以秋天的黄色为主色调，用火焰与三角形等图形元素丰富画面细节，渲染文本营造的气氛。在文本上选择硬朗、大气的字体，突出男式牛仔裤的面料特点，制作完成后参考效果如图7-68所示。

智钻图设计

图7-68　淘宝首焦智钻图

进入淘宝卖家中心，在“我要推广”页面选择智钻的推广方式，选择开通智钻的位置，即可根据智钻位置的尺寸进行智钻图的设计。下面利用牛仔裤专场新品上市活动，对淘宝首页焦点智钻图进行制作，其具体操作如下。

**步骤 01** 新建大小为520像素×280像素，分辨率为72像素，名为“首焦智钻图”的文件。打开“背景.jpg”文件（配套资源:\素材文件\第7章\背景.jpg），将其拖动到“首焦智钻图”文件中，调整其位置和大小，使其覆盖整个画布，如图7-69所示。

图7-69　添加背景

**步骤 02** 打开“素材.psd”文件（配套资源:\素材文件\第7章\素材.psd），将素材拖动到“首焦智钻图”文件中，调整其位置和大小，使用矩形工具绘制矩形条，填充为“#ffd801”,在“图层”面板将矩形所在的图层拖动到牛仔裤图层的下方，如图7-70所示。

图7-70　添加素材

**步骤 03** 选择横排文字工具，在矩形条上输入文本，设置字体格式为“汉仪综艺体简，26pt、浑厚”，在其上方输入英文装饰文本，如图7-71所示。

图7-71　输入文本

**步骤 04** 新建图层，使用矩形工具绘制三角形，填充为黑色，在“图层”面板设置图层的不透明度为“20%”，如图7-72所示。

图7-72　绘制形状

**步骤 05** 选择横排文字工具输入文本，其中“复古”字体为“章草”，“2016”字体为“华文细黑”，其他文本的字体为“微软雅黑”，调整文本的大小、位置和颜色，使其呈现倒三角形状，效果如图7-73所示。

图7-73　添加文本

**步骤 06** 在“释放狂野”文本下方新建图层，使用“钢笔工具”绘制火纹图案，填充为红色，效果如图7-74所示。

图7-74　添加火纹图样

**步骤 07** 选择“释放狂野”文本，在工具属性栏中单击“创建文字变形”按钮，打开“变形文字”对话框，选择样式为“鱼形”，弯曲值为“32%”，单击 确定 按钮，如图7-75所示。此时文本与底纹将形成相互呼应的效果。

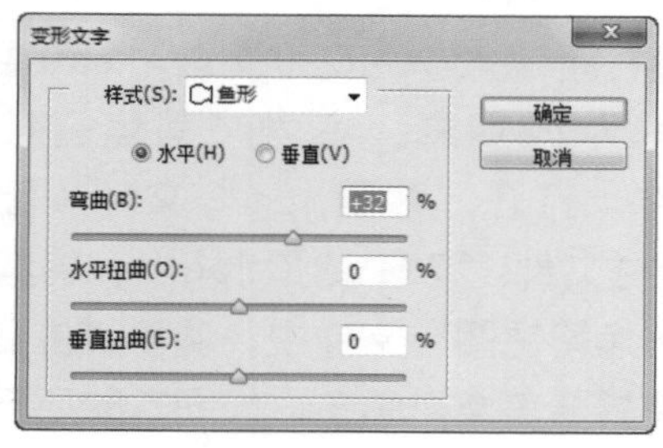


图7-75　设置文本变形

**步骤 08** 使用多边形工具在“全场8折起售”文本左侧绘制黑色三角形，在“点击进入专区”文本下方绘制红色的矩形，突出文本的显示，完成本任务的制作，效果如图7-76所示（配套资源:\效果文件\第7章\首焦智钻图.psd）。

图7-76　添加装饰图形

**新手试练**

某店铺主要经营一些干果类零食，由于国庆节即将来临，该店铺决定在淘宝零食频道投放智钻图，从而对店铺进行推广。图 7-77 所示为“良品铺子”和“特色中国 成都馆”淘宝零食频道的智钻图，要求从颜色搭配、构图方式、字体应用、主题等方面进行智钻图的分析。由于零食的多样性与产品的丰富性，为了打动消费者，对智钻图的要求如下。

- 画面创意十足，色彩亮丽。
- 零食图片清晰、细节丰富。
- 文案清晰、诱人，可通过加粗、加大显示字体突出文本。

图7-77　淘宝零食的智钻图参考效果

# 7.4 扩展阅读——促销广告实施步骤

广告设计是营销策略的手段，也是营销的视觉表达形式。对广告设计而言，通常是“三分设计，七分沟通”。充分的沟通与充足的素材，是做好广告设计的前提。充分的沟通就需要充分了解产品与产品的消费者，细心感受产品带来的感受，与消费者进行沟通，充分了解消费者的需求点。对设计师而言，准备充分的素材就需要建立常用的素材库，模块化管理素材，以极大地提高工作效率，适应淘宝活动的快速反应要求。常用的素材库包括PSD分层图库、常用符号、形式语言库和图片素材库等。一般情况下，促销广告实施步骤分为策划、沟通和设计3个阶段，下面分别进行介绍。

- **策划：** 广告策划在整个广告活动中处于指导地位，贯穿于广告活动的各个阶段，涉及广告活动的各个层面。广告策划需要确定促销目标、产品策略，并且需要分析受众、媒体和发布平台与发布时段等，是促销广告实施的首要环节。

- **沟通**：既包括企业、消费者或客户的沟通，又包括企业内部人员的沟通，如产品体验、策略沟通、素材准备、草案讨论、确立创意与参考文件等。其中与消费者的沟通最为重要，在进行促销广告制作时需要紧扣消费者需求，说明某种产品的特性及使用这个产品的好处，“以理服人”或“以境动人”通过营造理想化、实体化的意境。刺激消费者的感官系统，如“金帝巧克力，送给最爱的人”，是利用了渴望爱的情感来促销商品。
- **设计**：综合策划与沟通的成果，形成广告文案，定义广告的主题、分解层次，选择合适的素材进行构图设计、颜色的搭配，文字的选择与排版，最后丰富细节，通过一些元素设计和背景搭配渲染主题氛围，完成促销广告的制作。

## 7.5 高手进阶

（1）新建大小为800像素×800像素，分辨率为72像素，名为“精华液直通车图.psd”的单品直通车推广图，添加素材（配套资源:\素材文件\第7章\练习1），利用高斯式模糊、图层透明度、外发光等制作场景效果，制作后的效果如图7-78所示（配套资源:\效果文件\第7章\练习1）。

（2）新建大小为520像素×280像素，分辨率为72像素，名为“户外休闲裤智钻图.psd”的智钻图，添加素材（配套资源:\素材文件\第7章\练习2），使用两栏构图方式，对文本进行排版设计，制作后的效果如图7-79所示（配套资源:\效果文件\第7章\练习2）。

图7-78　精华液直通车图

图7-79　休闲户外套装智钻图

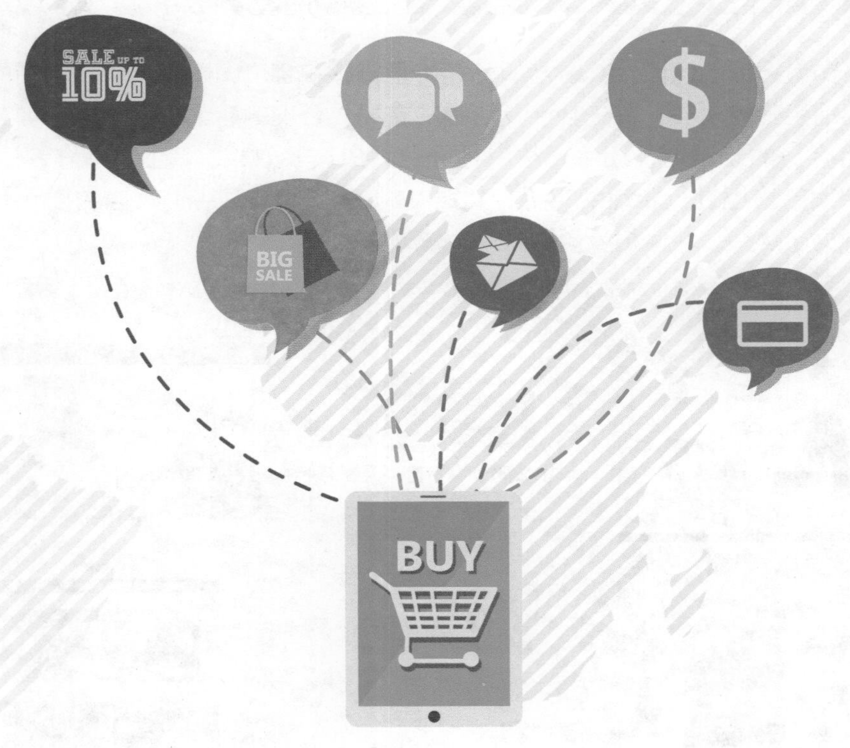


# 第8章 店铺首页视觉设计

店铺首页是店铺形象的展示窗口，决定了店铺的风格。设计精良的店铺首页是引导买家、提高店铺转化率的重要手段。店铺装修的条件好坏直接影响店铺品牌宣传和买家的购物体验。好的网店装修像专卖店，更容易赢得买家的信任，而没装修的店铺则像摆地摊，因此店铺首页的视觉设计至关重要。

# 8.1 了解店铺首页

店铺首页作为店铺的门面，其装修的好坏将直接影响客户的购物体验和店铺的转化率，如何才能将店铺装修成功呢？首先会涉及店铺的布局。合理的店铺布局可以增加店铺的完整性，提升新老客户的忠诚度，还可以达到更好的用户体验效果。淘宝提供了免费的系统模板，可以方便卖家快速进行店铺的布局，如图8-1所示。如果对店铺装修的要求较高，还可以在店铺装修页面购买“装修模板”进行布局。

图8-1　系统模板

## 8.1.1　了解店铺首页的基础模块

进行模块布局前，需要了解店铺装修的基础模块，除了前面的店招、导航与页面背景外，常用的基础模块还包括以下10项。

- **商品推荐模块：**店铺装修中商品推荐模块在网店就像是一条横幅，使用商品推荐模块可以自动添加店铺中销售最好的产品，或手动添加想要打造的爆款。
- **商品排行模块：**可以给顾客起到流行向导的作用，是店铺营销及打造爆款必备的模块，卖家的推荐方式可以选择自动推荐或者手工推荐。
- **默认分类模块：**将店铺的商品进行归类放置，可添加默认分类模块，并在类目中将商品按销量、收藏、价格、新品进行排列，便于引导买家按类别选择需要的商品。

- **个性分类模块**：商家根据自己店铺特色和喜好，用一些个性化的文字或图片来设计商品的分类标签，可以在引导顾客消费的同时，加深顾客对店铺的印象。
- **自定义区模块**：由于没有固定尺寸的限制，该模块可以用来展示特色的商品或店铺的活动，是店铺装修常用的模块。自定义区模块结合码工助手可制作全屏宽图或全屏轮播图。
- **图片轮播模块**：淘宝提供的模块，对尺寸与大小都有所限制。该模块用于放置单品或新品的促销广告，从而吸引买家的视觉，是促销活动时的必备模块。
- **全屏宽图与全屏轮播模块**：该模块可设置宽度为1920像素的全屏海报与全屏轮播图，其显示的区域更大，更能给人震撼性的视觉效果，也是促销活动时常用的模块，但需要花钱进行开通。
- **宝贝搜索**：设置搜索的关键词和价格区间，以便客户点击和搜索整个店铺的商品。
- **客服中心模块**：在页头、页中以及页尾处一般都需要添加店铺的客服模块，其目的在于能让顾客很快找到并咨询商品的相关信息。
- **收藏模块**：收藏模块能够增强客户体验，增加客户黏性，促进客户的二次购买。

## 8.1.2 店铺首页模块布局的要点

店铺的模块布局并非是将所有装修模块直接排放到店铺中，而是根据自己店铺的风格、促销活动，以及客户的浏览模式、需求及行为习惯来合理组合与布局模块。总之，合理布局店铺首页的模块需要注意以下要点。

- 店铺风格在一定程度上影响着店铺的布局方式，因此选择合适的店铺风格是店铺布局的前提；而店铺风格则受品牌化、产品信息、目标消费者、市场环境和季节等因素影响，在选择店铺风格时必须考虑这些因素，这样风格才能和产品统一。
- 店铺的活动和优惠信息模块，要放在非常重要的位置，如海报、轮播图、导航图、活动推广图中的内容设计要清晰、一目了然，并且可读性要强。
- 在商品推荐模块中，推荐的爆款或新款不宜过多，此时可通过商品分类模块或商品搜索模块将客户流量引至相应的分类页面中。
- 收藏、关注和客服等互动性模块是店家与客户互动的销售利器，这些模块可以提升客户忠诚度，提高二次购买率，因此是必不可少的模块。
- 使用搜索或商品分类模块时，需要将产品分门别类，详细地列举出产品类目，将有助于顾客的搜索，或很快找到喜欢的类目及产品。
- 模块结构和产品系列要清晰明了，模块布局要错落有致，列表式和图文搭配，减少客户的视觉疲劳。

## 8.1.3 系统模板应用实战

淘宝网店系统配置了不同的模板，不同模板的作用和使用方法都不相同，因此选择系统模板是布局的前提，其具体操作如下。

**步骤 01** 登录淘宝网，进入“卖家中心”页面，单击左侧栏中的“店铺装修”超链接。进入店铺装修后台，选择顶部的“模板管理’选项，如图8-2所示。

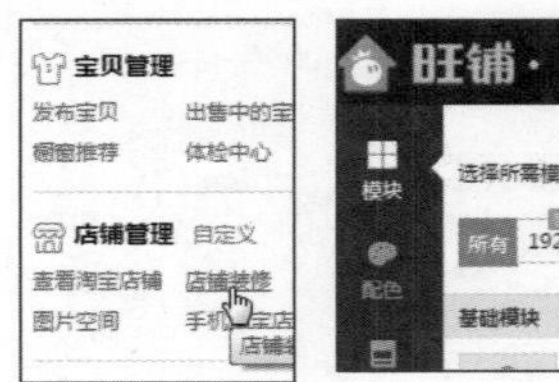

图8-2　模板管理

**步骤 02** 在打开的页面中显示了3个可用的模板，单击模板上的“点击查看图片详情及操作”超链接，如图8-3所示。

图8-3　设置前景色

**步骤 03** 打开“模板详情”对话框，查看模板信息，单击 应用 按钮，如图8-4所示。

图8-4　查看模板信息

**步骤 04** 打开“应用模板”对话框，单击 直接应用 按钮，或者直接在模板下方单击 马上使用 按钮，如图8-5所示。

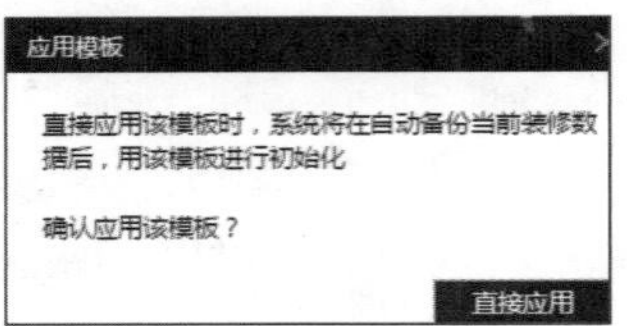

图8-5　应用模板

**步骤 05** 操作成功后，店铺模板即发生改变，进入“店铺装修”页面，可以看到店铺的布局，如图8-6所示。

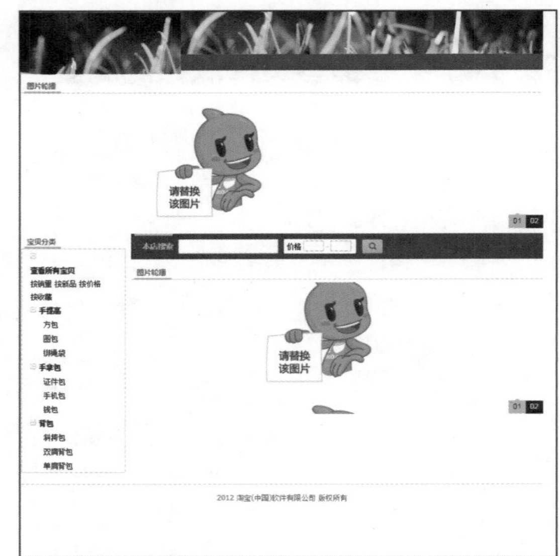

图8-6　成功应用模板

**经验之谈**

进入店铺装修后台，选择顶部的“装修模板’选项，将打开“卖家服务装修市场”页面。该页面中提供了很多装修模板，用户可根据旺铺版本、模板类型、行业、风格和色系进行选择，但要注意这些模板大部分需要购买。

## 8.1.4　首页框架搭建实战

一个正常营业的淘宝店铺首页应包括店招、导航、海报、产品分类、客服旺旺、产品展示、店铺页尾、店铺背景等。确立店铺的模块与风格后，即可开始首页框架的搭建，其具体操作如下。

**步骤 01** 在“店铺装修”页面单击顶端的“布局管理”超链接，进入“布局管理”界面，选择“图片轮播”模块，单击模块右侧的✖图标删除该栏目，如图8-7所示。使用相同的方法删除其他无用的模块。

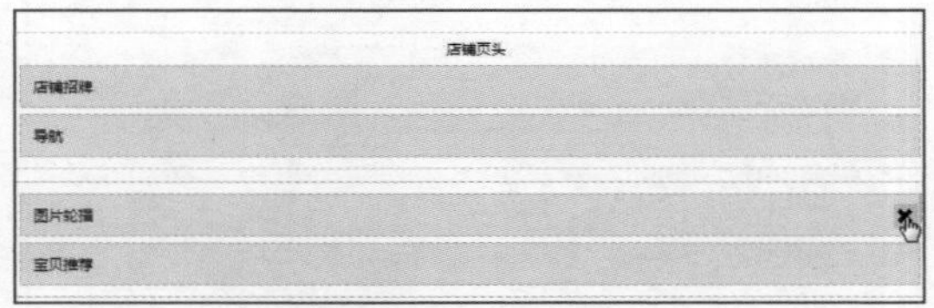


图8-7　删除无用的模块

**步骤 02** 选择“自定义区”模块，拖动模块到宝贝排行榜的上方，改变模块显示位置，如图8-8所示。

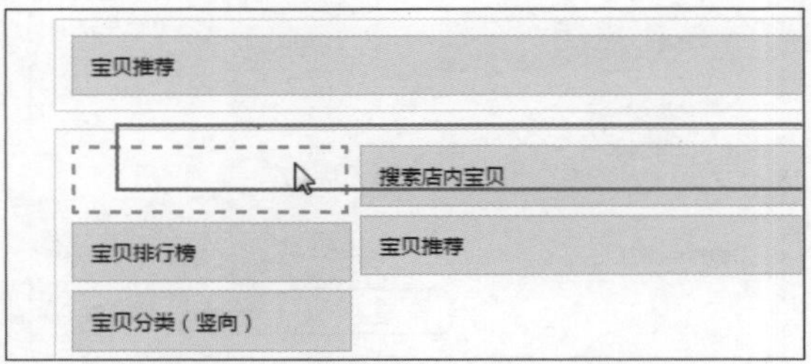


图8-8　拖动模块调整显示位置

**步骤 03** 单击“添加布局单元”超链接，打开“布局管理”对话框，根据需要选择需添加的单元，此处选择“950”选项，单击“添加布局单元”超链接，如图8-9所示。

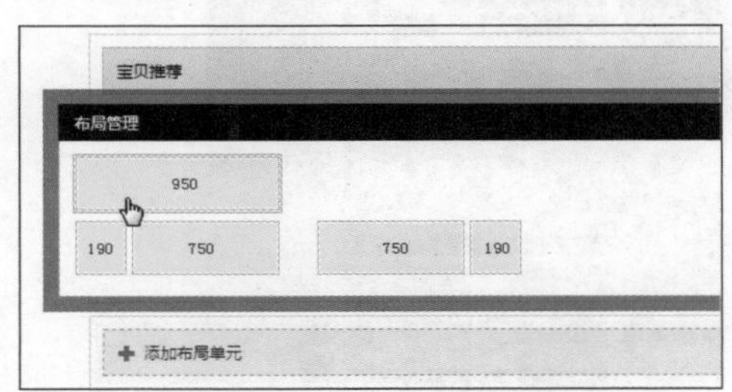


图8-9　添加布局单元

**步骤 04** 在左侧的“模块”列表中选择需要添加的模块，拖入到新建的布局单元中，释放鼠标后，即可在该单元中添加该模块，图8-10所示为添加“自定义区”模块。

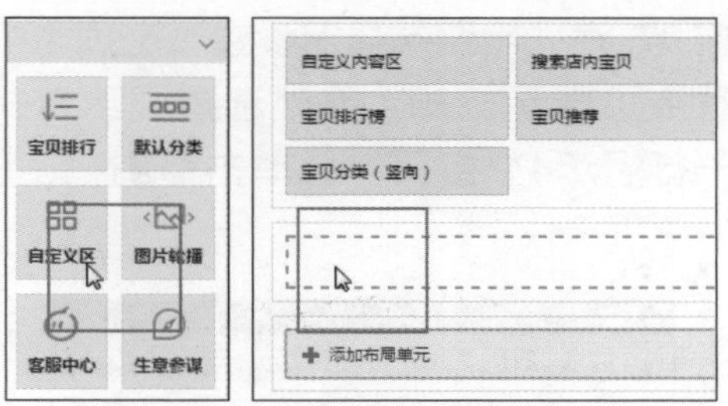


图8-10　添加模块

**步骤 05** 使用相同的方法编辑页面中的模块，完成后首页布局效果如图8-11所示。

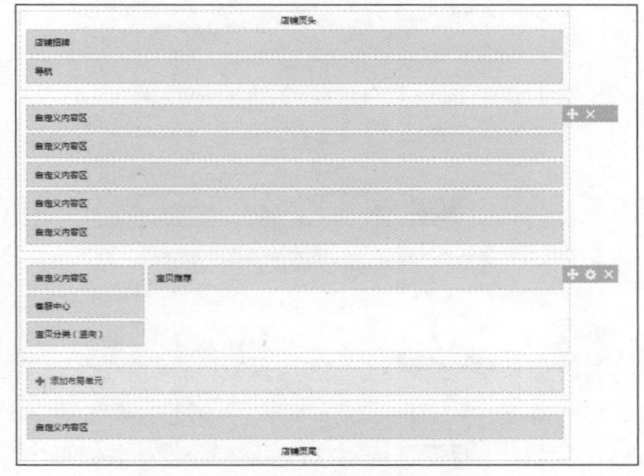

图8-11　首页布局效果

**步骤 06** 当需要采用淘宝提供的宝贝推荐模块时，需进入“店铺装修”页面，选择“宝贝推荐”模块，单击编辑按钮打开“宝贝推荐”对话框，在“宝贝设置”选项卡可根据需要设置推荐方式、人气指数、宝贝分类、宝贝数量等参数，如图8-12所示。

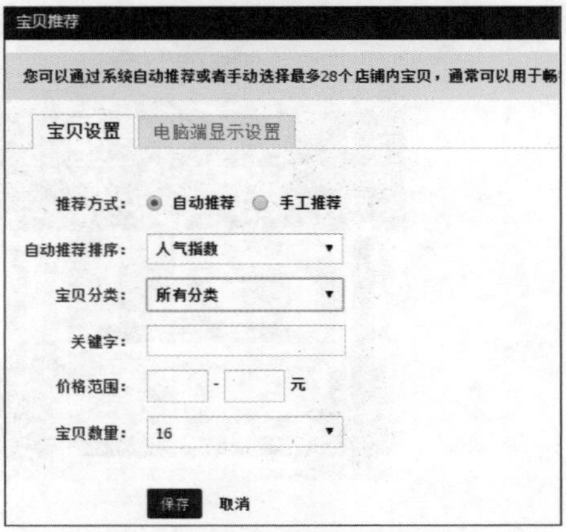

图8-12　宝贝推荐模块的设置

**步骤 07** 在“电脑端显示设置”选项卡中可设置宝贝展示方式，此处选择展示方式为“一行展示4个宝贝”，单击保存按钮，如图8-13所示。

图8-13　设置模板的展示方式

**经验之谈**

首页布局完成后，进入“页面编辑”页面，单击模块上的编辑按钮，即可往模块中添加制作好的店招、海报、优惠券等效果。

**步骤 08** 完成后，即可看到店铺首页的布局，图8-14所示为布局后的效果。

图8-14　布局后的效果

## 新手试练

图 8-15 所示为搜集的淘宝“盛景家居”店铺的首页效果，分析应用的模块与模块的组合方式，搭建页面布局的框架，要求模块结构和产品系列要清晰明了，模块布局要错落有致。

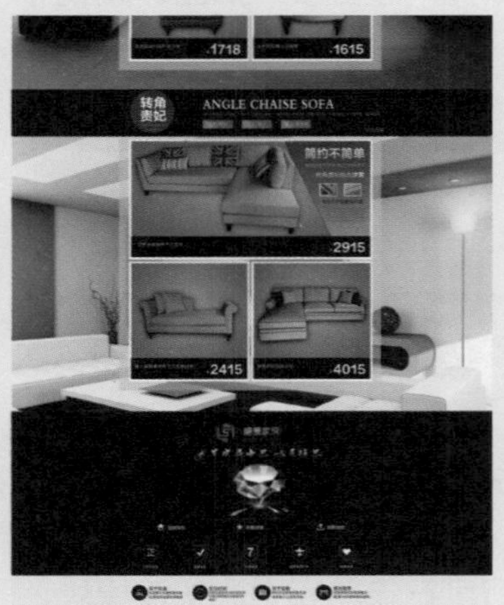


图8-15　首页布局效果

# 8.2 设计全屏轮播图

全屏轮播图片是一种可以覆盖整个屏幕并轮流播放海报的模块，具有高端、大气的特点，因此常用于店铺首页的设计。全屏轮播图位于导航的下方，占有较大的面积，具有震撼的视觉效果，一般用于放置店铺的活动与促销信息。

## 8.2.1 不同轮播图的尺寸要求

轮播图片的尺寸是与店铺的布局紧密相关的，与店招一样，卖家也可以根据需要设置常规轮播效果和全屏轮播效果两种样式。

- **全屏轮播图尺寸：**全屏轮播图片的宽度为1920像素，高度一般以400像素～800像素为最佳，如图8-16所示的“口米大麦”（某店铺的名称）的轮播图效果，但是该轮播需要付费开通或利用自定义模块进行装修。

图8-16　全屏轮播图尺寸

- **常规轮播图尺寸：**使用淘宝中的“轮播图”模块可以制作常规轮播图，其高度要求在100像素～600像素以内，体积要求小于300KB，按宽度可细分为通栏轮播图（950像素）、右侧轮播图（750像素）、左侧轮播图（190像素），如图8-17所示。

图8-17　常规轮播图尺寸

## 8.2.2　首页焦点图的设计要点

店铺首页焦点图的设计与淘宝首页焦点图钻展的设计方法相似，包括构图技巧、配色方式、文本排版等，都要求简洁美观、主题突出、能够吸引买家等。但在设计全屏首页焦点图时需注意，由于显示器的分辨率大小不一致，为了保证全屏图片在任何显示器中都能完整地显示出图片中的重要信息，通常需要对图片的两边进行“留白”，即全屏图片左右两侧宽度为360像素的区域中不放置人物或商品图片，也不放置文案。

## 8.2.3　首张全屏海报图制作实战

下面制作两张女款包包的全屏海报图，以便于轮播。第一张海报图以“店铺”冬季热销的商品为出发点，应用模特、商品的陈列、唯美的背景，通过梅花、雪花的对比来渲染冬季美好的画面，突出“寒冷冬季，有我与你相依的主题”，制作完成后的参考效果如图8-18所示。

图8-18　首张全屏海报图效果

制作海报时，要根据店铺的风格和需要表达的信息来确定风格，下面在Photoshop中打开素材，制作首张全屏首页焦点海报图，其具体操作如下。

**步骤 01** 新建大小为1920像素×580像素，分辨率为72像素，名称为“全屏海报1”的文件，打开素材文件（配套资源:\素材文件\第8章\图片1.jpg），将其中的素材拖动到“全屏海报1”中，按“Ctrl+T”组合键调整图片大小，然后按住“Shift”键等比例调整图片大小，拖动图层调整图层的顺序，效果如图8-19所示。需要注意的是，商品与文案不放置到两边360像素的区域。

图8-19　添加素材

**步骤 02** 在“图层”面板中双击人物所在图层，打开“图层样式”对话框，单击选中“投影”复选框，在右侧的面板中设置投影参数，单击 确定 按钮，如图8-20所示。

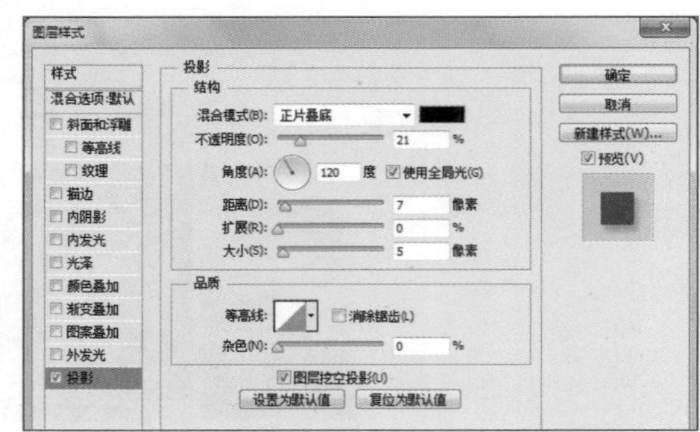


图8-20　为素材添加投影

**步骤 03** 在黑色单个包的下方新建图层，将前景色设置为黑色，选择“画笔工具”，选择“柔边圆”画笔样式，增大画笔半径，单击鼠标绘制柔边圆，按“Ctrl+T”组合键压缩柔边圆的高度，形成阴影效果，如图8-21所示。

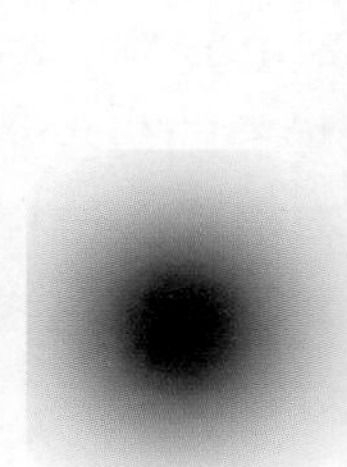

图8-21　融合商品与背景

**步骤 04** 选择“横排文字工具”，在图片上方输入“FASHION IMMEDIATELY TO”，在工具属性栏中设置文本格式为“Didot LT Std、74.8点”，颜色为黑色。完成后依次使用文字工具输入其他文本，并设置文本格式，效果如图8-22所示。

图8-22　输入文本

**步骤 05** 新建图层，制作雪花效果，为了方便观察，在雪花图层下方，新建黑色背景图层，并将前景色设置为白色，选择“画笔工具”，设置“柔角”笔刷样式，不透明度设置为“100%”，选择【窗口】/【画笔】菜单命令，在打开的“画笔”面板中设置笔刷大小为“10像素”，单击选中“间距”复选框，设置间距值为“180%”，在面板下方即可预览设置后的效果，如图8-23所示。

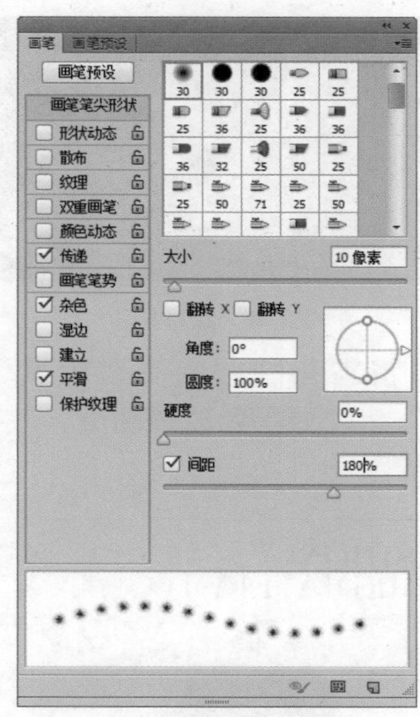


图8-23　设置笔画样式

**步骤 06** 在“画笔”面板中单击选中“形状动态”复选框，设置大小抖动值为“100%”，最小直径为“1%”。单击选中“散布”复选框，设置散布值为“1000%”，数量为“1”，数量抖动值为“99%”，如图8-24所示。

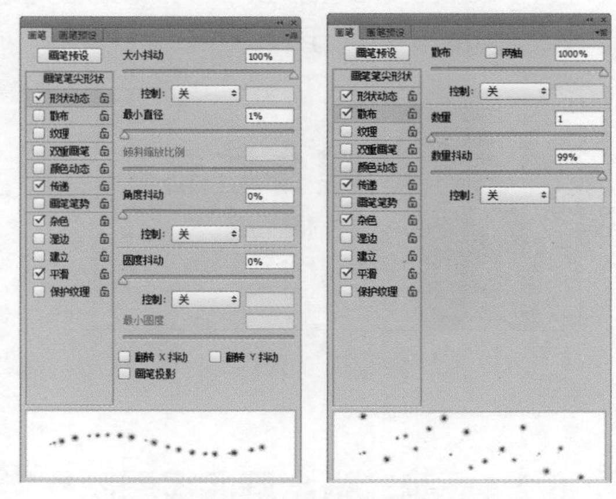

图8-24　设置形状动态与散布

**步骤 07** 拖动鼠标绘制雪花效果，注意控制雪花的密度与方向，可在绘制过程中不断调整画笔大小，多建几个雪花图层，增加雪花的层次感，效果如图8-25所示。

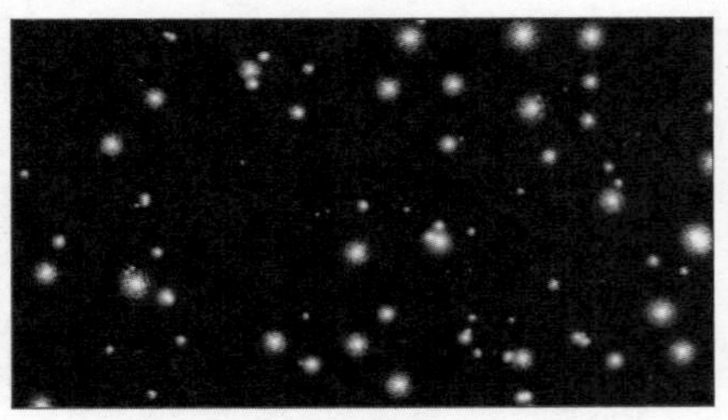

图8-25 绘制雪花

**步骤 08** 将雪花图层的不透明度设置为“70%”，隐藏黑色背景图层，效果如图8-26所示。

图8-26 添加雪花的效果

**步骤 09** 选择“横排文字工具” T，在模特右侧输入“暖冬新品”，在工具属性栏中设置文本格式为“方正韵动中黑简体、44.6点”，颜色为黑色。设置完成后，依次使用横排文字工具输入其他文本，并设置文本格式，效果如图8-27所示。

图8-27 输入文本

**经验之谈**

在添加商品的描述与价格时，文字需要与商品对应，避免混淆，轮播海报的字体与排列方式要大致统一、形成系列感。

**步骤 10** 新建名为“标签”的图层组，选择“矩形工具” ，在文本下方绘制一个矩形，将前景色设置为“#b40000”，按“Alt+Delete”组合键为矩形填充前景色，在标签上输入文本并设置文本格式，选择“直线工具” ，在文本中间绘制白色线条分割文本，效果如图8-28所示。

图8-28 绘制形状

**步骤 11** 选择【文件】/【储存为】菜单命令，将图片保存为JPG格式，效果如图8-29所示（配套资源:\效果文件\第8章\全屏海报1.jpg）。

图8-29 全屏海报1效果

## 8.2.4 第二张全屏海报图制作实战

第二张海报图延续了第一张焦点图的简约风格，通过包的陈列、深绿色的背景、放射状的图形，营造出高端、时尚的氛围，制作后的效果如图8-30所示。

图8-30　第二张全屏海报图制作效果

下面在Photoshop中打开素材，制作第二张全屏轮播海报图，其具体操作如下。

**步骤 01** 新建大小为1920像素×580像素，分辨率为72像素，名称为“全屏海报2”的文件。新建图层，将前景色设置为“#338997”，按“Alt+Delete”组合键填充前景色，继续新建图层，将前景色设置为“#80bbc4”，选择“画笔工具”，选择“柔边圆”画笔样式，增大画笔半径，单击鼠标绘制柔边圆，效果如图8-31所示。

图8-31　绘制柔边圆

**步骤 02** 按“Ctrl+T”组合键变换绘制的柔边圆，如图8-32所示。

图8-32　变换图形

**步骤 03** 将前景色设置为白色，使用钢笔工具绘制装饰条，在“图层”面板中设置不透明度为“25%”，效果如图8-33所示。

图8-33　绘制装饰条

**步骤 04** 继续使用矩形工具、线条工具和钢笔工具绘制装饰矩形、线条与摆放台，设置不透明度。选择右下角的矩形，按“Ctrl+T”组合键进行变换，拖动旋转图标，旋转矩形的角度，效果如图8-34所示。

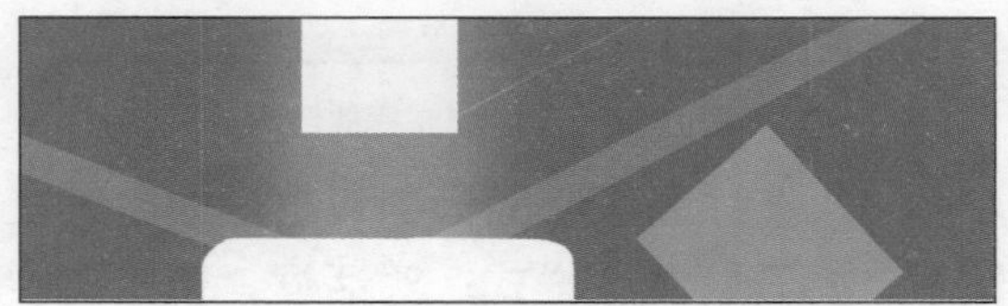

图8-34　绘制装饰矩形、线条与摆放台

**步骤 05** 按“Alt”键单击摆放台图层的图标，载入摆放台选区，选择“渐变填充工具”，设置渐变类型为“线性渐变”，在工具属性栏中，单击渐变颜色条，打开“渐变填充器”对话框，单击颜色条的下边缘增加色标，拖动色标调整色标的位置，单击选择色标，设置色标颜色分别为“#e0e0da、#f9f8f4、#f9f8f4、#fefdf7、#e4dfd9、#e2ddd9”，单击 确定 按钮，如图8-35所示。

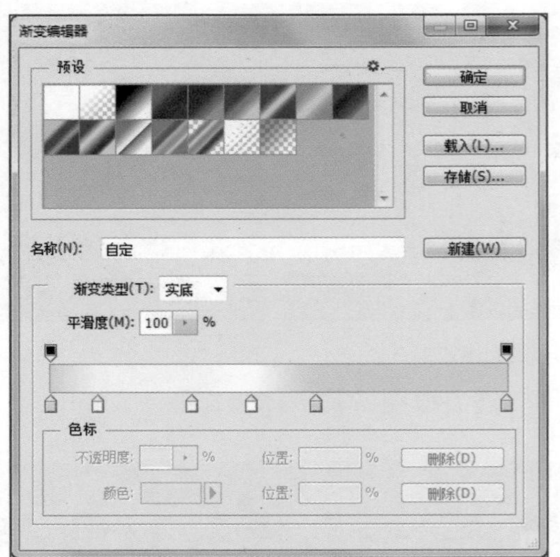
图8-35　设置渐变填充参数

**步骤 06** 返回工作界面在摆放台上，自上而下垂直拖动鼠标创建渐变填充效果，即可呈现两面的摆放台效果，如图8-36所示。

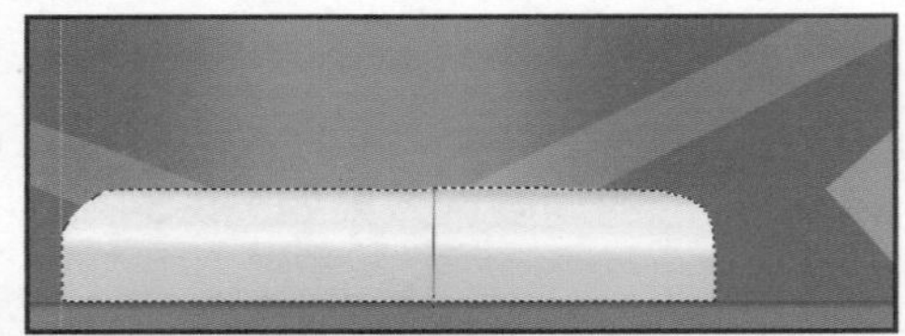
图8-36　渐变填充摆放台

**步骤 07** 在“图层”面板中双击摆放台所在图层，打开“图层样式”对话框，单击选中“投影”复选框，在右侧的面板中设置投影参数，单击 确定 按钮为摆放台添加投影，如图8-37所示。

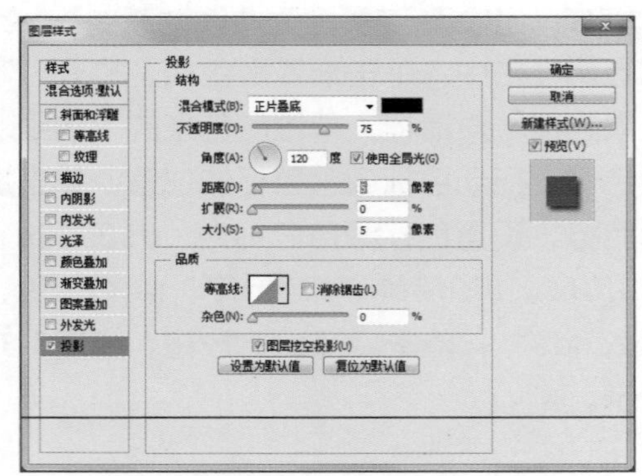
图8-37　为摆放台添加投影

**步骤 08** 使用相同的方法设置其他图层的透明度与图层投影，在图像中添加“气球.png”素材（配套资源:\素材文件\第8章\气球.png），调整气球的大小与位置，添加投影效果，为线条添加浅黄色的外发光效果，效果如图8-38所示。

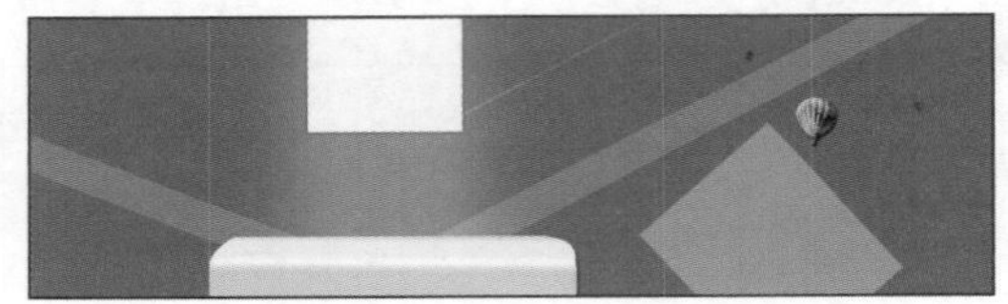
图8-38　背景效果

**步骤 09** 打开素材文件中的包的素材（配套资源:\素材文件\第8章\图片2.jpg），将包拖动到“全屏海报2”中，选中所有的包，然后按住“Shift”键等比例调整包的大小，移动包的位置到摆放台上，并调整图层的顺序，使其呈V字形进行排列，单击“链接图层”按钮链接包图层，效果如图8-39所示。

图8-39　组合与排列商品

**步骤 10** 使用相同的方法为“包1”添加距离与大小均为“2”的“投影”效果，在“图层”面板中按住“Alt”键，拖动“包1”图层右侧的图层样式图标 fx 到其他的包图层上，复制图层样式，效果如图8-40所示。

图8-40　复制图层样式

**步骤 11** 在左上角的白色矩形中绘制矩形，并填充为“#927117”，选择“横排文字工具” T，在矩形底纹上输入“秋装抢鲜”，在工具属性栏中设置文本格式为“方正兰亭粗黑简、24点、犀利、白色”。设置完成后，依次使用文字工具输入其他文本，并设置文本格式，绘制竖条装饰文本，效果如图8-41所示。

图8-41　输入文本

**步骤 12** 选择“横排文字工具” T，在工具属性栏中设置文本格式为“Didot LT Std、74.8点”，输入“FASHION IMMEDIATELY TO”，按“Ctrl+T”组合键变换文本角度，如图8-42所示。

图8-42　输入文本并变换文本角度

**步骤 13** 选择【图层】/【栅格化】菜单命令，栅格化文本图层，按“Alt”键单击文本图层的图标，载入文本选区，选择“渐变填充工具”，在工具属性栏中单击渐变颜色条，打开“渐变填充器”对话框，设置填充颜色与透明点，中间的颜色为“#338997”，如图8-43所示，单击 确定 按钮。

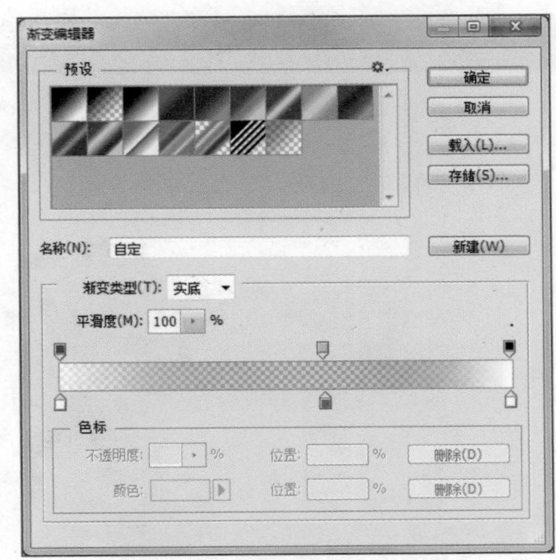


图8-43　设置渐变填充

**步骤 14** 选择“横排文字工具” T，在图像的右下角输入文本，并设置文本的格式，选择【文件】/【储存为】菜单命令，将图片保存为JPG格式，完成本例的制作，效果如图8-44所示（配套资源:\效果文件\第8章\全屏海报2.jpg）。

图8-44　输入文字

**微课堂——全屏轮播图装修**

全屏轮播图装修可以直接套用代码进行轮播图的制作。首先需要在淘宝装修页面中添加自定义模块，然后通过码工助手获取“全屏轮播”的制作代码，最后将代码粘贴到自定义模块中。

**新手试练**

为了锻炼读者的动手能力，要求制作某女包店铺的首页焦点图海报。由于该店铺女包比较趣味、时尚，适合 18~30 岁的年轻女性，因此设计时需要采用一些青春靓丽的色彩，具体效果可参考图 8-45 所示的“OPPO”店铺的女包首页焦点图。

图8-45　“OPPO”店铺的首页焦点图海报

# 8.3 设计优惠券模块

淘宝优惠券是指淘宝买家收藏店铺以及购买商品或其他活动时，淘宝卖家给买家的店铺优惠券。优惠券的玩法及规则多种多样，目前店铺优惠券主要有消费满减（满就送）、会员折扣和买家自主领取3种发放方式。店铺优惠券是淘宝店铺常用的促销手段，也是网店推广方式和吸引二次消费的策略，若店家开通了店铺优惠券功能，则可对优惠券模块进行个性化的设计。

## 8.3.1 优惠券设计要点

优惠券在首页模块中展示的信息有限，一张完整的优惠券除了优惠数字，还需要留意很多信息，这些信息一般需要在买家点击领用后才会显示，图8-46所示为领用的优惠券，其中还显示了使用条件、有效时间、发行店铺等信息，通常包括以下5种信息。

- **优惠券的使用范围：**明确使用的店铺以及使用的方式，指明是全店通用，还是店内的单款、新品或者某系列产品上使用，以此限定消费的对象，起到引导流量走向的作用。
- **优惠券的使用条件：**优惠券实现了有条件

图8-46　淘宝优惠券

的打折，刺激买家消费的同时可以最大限度地保证利润空间。

- **优惠券的使用时间限制：** 一般情况下，如果店铺是短期推广，应当限定使用日期，一般设置优惠券的到期时间以接近消费周期为佳。让用户产生过期浪费的心理，提高顾客的使用率。
- **设置使用张数限制：** 如“每笔订单限用一张优惠券”，可以限制折上折的情况出现。
- **优惠券的最终解释权：** 如“优惠券的最终解释权归本店所有”，一定程度上保留了法律上的权利，以避免后期活动执行中出现不必要的纠纷。

## 8.3.2 女包店铺优惠券制作实战

下面以“满减”形式制作淘宝女包店铺的优惠券，如满100元优惠5元、满160元优惠10元等，在制作时可以参考前面制作的女包海报。由于女包店铺风格比较简洁，因此在设计优惠券时，应简洁大气，以文本为主、图形为辅，制作完成后的优惠券参考效果如图8-47所示。

设计优惠券

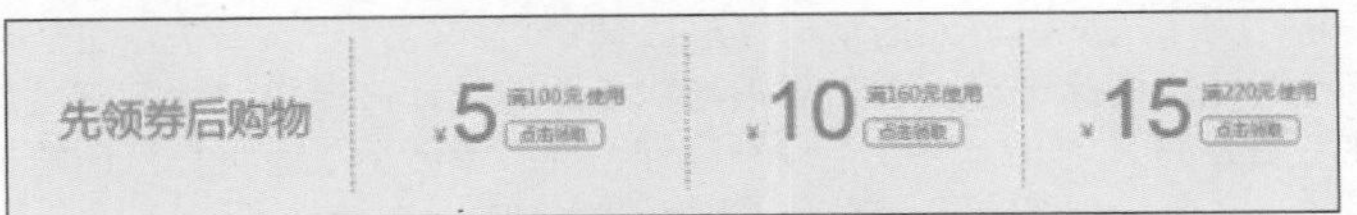


图8-47 女包店铺的淘宝优惠券

下面对常规的店招进行制作，首先需要制作背景效果，然后添加女包的文案，在制作时使用图形和线条等修饰画面，其具体操作如下。

**步骤 01** 新建大小为950像素×170像素，分辨率为72像素/英寸，名为“优惠券”的文件。设置前景色为“#ffffff”，按“Alt+Delete”组合键填充背景色。选择“横排文字工具” T，在工具属性栏中设置文本格式为“微软雅黑”，输入图8-48所示的文本，调整文本大小和位置，设置“点击领取”文本的颜色为“#f79531”，其他文本颜色为“#ff8000”；更改“5”的字体为“Arial”。

先领券后购物 ¥5 满100元使用 点击领取

图8-48 输入文本

**步骤 02** 选择“圆角矩形工具”，在工具属性栏中设置描边样式为“实线”，描边粗细为“1.5点”，圆角半径为“5像素”，描边颜色为“#f79531”，在“点击领取”文本下方绘制圆角矩形，如图8-49所示。

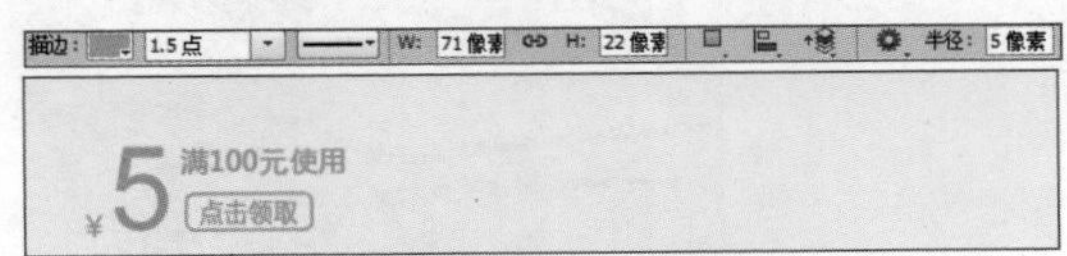


图8-49 绘制圆角矩形

**步骤 03** 全选优惠券信息图层，选择“矩形选框工具”，按“Ctrl+J”组合键复制图层，将其移动到合适位置，修改面值为“10”的优惠券，按“Ctrl+E”组合键合并图层。使用相同的方法制作面值为“15”的优惠券，最后合并面值为“5”的优惠券，如图8-50所示。

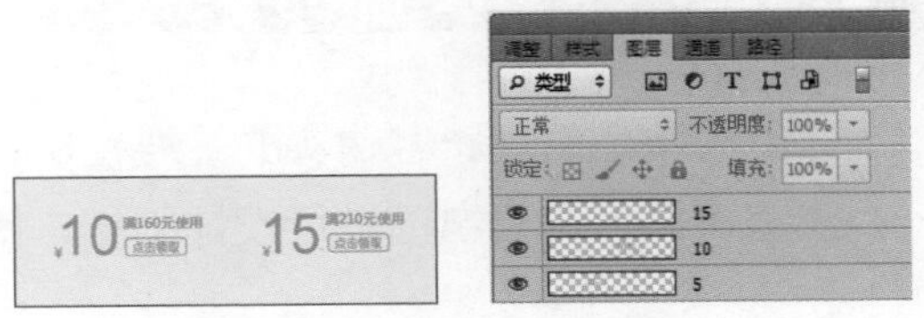


图8-50 复制和合并图层

**步骤 04** 两边留出页边距，选择背景外的所有图层，先选择【图层】/【对齐】/【垂直居中对齐】菜单命令进行对齐，然后选择【图层】/【分布】/【水平居中分布】菜单命令进行水平分布，效果如图8-51所示，得到排列整齐的优惠券效果。

图8-51　均匀排列文本

**步骤 05** 选择“直线工具”，在工具属性栏中设置直线的描边选项、颜色与粗细，绘制虚线分割优惠券板块，效果如图8-52所示。完成后保存文件完成优惠券模块的制作（配套资源:\效果文件\第8章\优惠券.psd）。

图8-52　优惠券效果

**新手试练**

某淘宝店铺主要经营女装，秋季来临，店铺开始上新一批秋装，其中包括一些针织衫、衬衣、风衣等，服装的整体风格比较甜美、清新。为了适应季节的需求、促进店铺销量的提升，店铺决定更换首页焦点图与优惠券模块，现要求读者针对该批商品进行首页焦点图与优惠券的设计，要求设计的首页焦点图与优惠券美观、统一，效果可参考图 8-53 所示的“MG 小象”店铺。优惠券应用了首页焦点图海报中的圆弧，并使用黄色、紫色以及字体、文本排列等方式，提升了店铺的美观性。

图8-53　女装店铺的淘宝优惠券

# 8.4 设计分类模块

分类模块是引导顾客购买的重要模块，系统自带的该模块只能以文本进行显示，比较单一。卖家可根据需要自己进行设计制作，使其更加匹配店铺活动和特色。

## 8.4.1　分类模块设计要点

在制作商品分类模块时，为了将商品分类的作用发挥到极致，需要从店铺的装修风格、商品分类图片的大小和分类方式等方面入手，下面对其分别进行介绍。

- 若店铺已经有装修风格，商品分类模块的设计必须从该店铺的风格出发。
- 商品分类中，分类名称必不可少，可以是中文，也可以是英文。可以根据需要添加分类图标，因为添加分类图标后更易于买家查看。
- 横向商品分类的图片尺寸应控制在950像素以内；纵向商品分类的图片尺寸不宜超过150像素，若超过该宽度，当显示器分辨率小于或等于1024像素×768像素时，将导致商品分类栏右边的商品列表下沉，从而影响店铺的美观。
- 商品分类不宜太长，可根据商品分类添加子分类，便于买家浏览。

## 8.4.2 横向分类模块制作实战

下面先通过商品与图形的结合制作大气、美观的横向女包分类模块，主要包括“手提包”“斜挎包”“双肩背包”“钱包/手拿包”4种类型，其效果如图8-54所示。

横向分类模块设计

图8-54 女包横向分类模块

制作时先使用不同颜色的矩形进行布局，然后通过布局将图片、包、文本组合起来，设计出分区清晰、美观大气的横向分类模块，其具体操作如下。

**步骤 01** 新建大小为950像素×750像素，分辨率为72像素/英寸，名为“横向分类模块”的文件。使用矩形工具绘制矩形块，布局与颜色如图8-55所示。

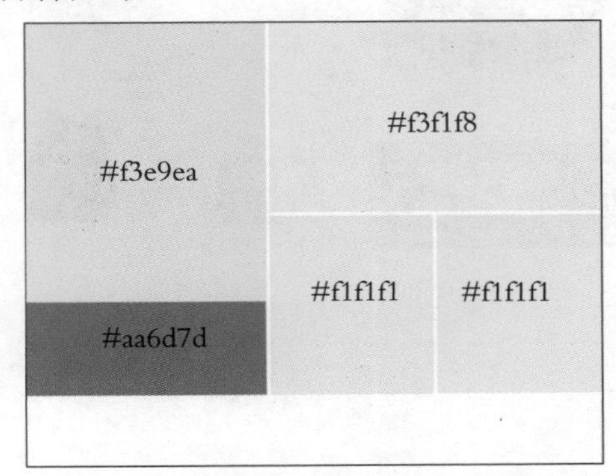


图8-55 布局页面

**经验之谈**

商品分类有推荐商品的作用，因此商品分类的内容可以是店铺人气较高的商品图片，以吸引买家进入店铺的商品页面。同时为了保持页面的简洁美观，要注意统一图片之间的间距。

**步骤 02** 打开素材文件“包1~包4”（配套资源:\素材文件\第8章\包素材.psd），将其中的素材拖动到“横向分类模块”中，按“Ctrl+T”组合键变换图片，然后按住“Shift”键等比例调整图片大小和位置，再使用魔棒工具选择图片的背景，按“Delete”键将其删除，效果如图8-56所示。

图8-56　添加素材

**步骤 03** 选择“横排文字工具”，设置字体样式为“微软雅黑”，输入文本，将“爆款”字体更改为“方正兰亭中黑简_GBK”，设置文本的颜色、大小与位置，并进行文本的组合，完成后添加三角形与矩形修饰文本，效果如图8-57所示。

图8-57　输入文本

**步骤 04** 新建图层，选择“钢笔工具”，绘制手提包的形状，按“Ctrl”键单击选择绘制的形状，选择“画笔工具”，在工具属性栏中设置画笔大小为“2像素”，硬度为“85%”，在“路径”面板中单击“描边画笔路径”按钮描边绘制的路径，如图8-58所示。

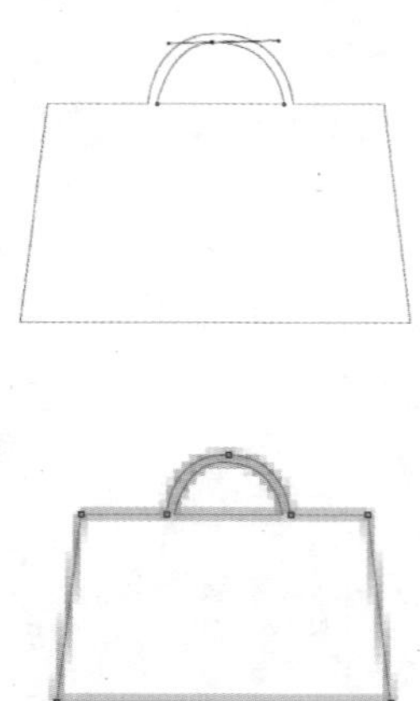

图8-58　绘制并描边手提包

**步骤 05** 使用相同的方法绘制并描边其他包的图形，选择“横排文字工具”，输入类别的中英文文字，其中设置中文字体为“微软雅黑”，英文字体为“Arial”，设置字体颜色、大小与位置，在“所有宝贝”下方新建图层，绘制灰色矩形作为底纹，如图8-59所示（配套资源:\效果文件\第8章\横向分类模块.psd）。

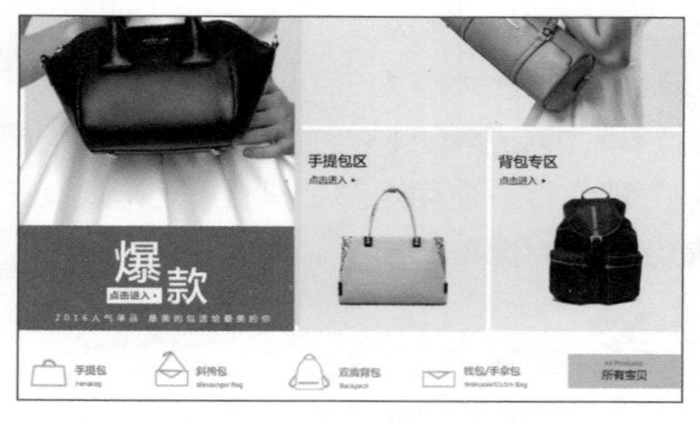


图8-59　输入文字并添加矩形

## 8.4.3 纵向分类模块制作实战

结合横向分类模块制作规范的纵向分类模块，主要使用文本、线条、形状等进行制作，其效果如图8-60所示。

图8-60 纵向分类模块制作效果

制作纵向分类模块时，分类的内容更具体，结构更清楚，其具体操作如下。

**步骤 01** 新建大小为200像素×50像素，分辨率为72像素/英寸，名为“纵向分类模块”的文件。将前景色设置为黑色，使用“椭圆工具”，按住“Shift”键绘制圆形，调整大小与位置，效果如图8-61所示。

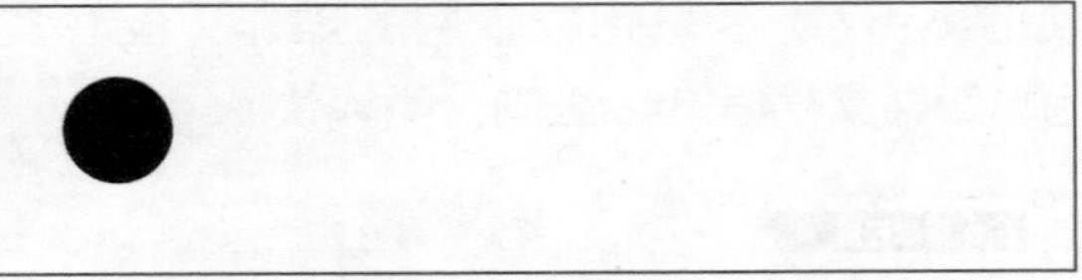

图8-61 绘制圆形

**步骤 02** 设置前景色为白色，选择“自定义形状工具”，在工具属性栏中设置形状为“箭头”，在列表框中选择的箭头形状如图8-62所示，按住“Shift”键在圆上绘制箭头，调整大小与位置。

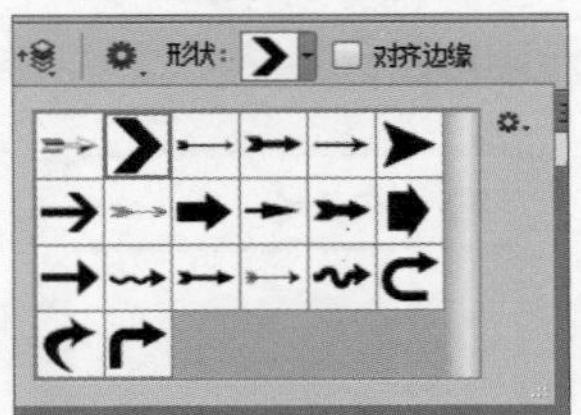

图8-62 绘制箭头

**步骤 03** 选择“横排文字工具”T，设置字体格式为“微软雅黑、加黑”，输入“宝贝分类”文本，调整位置与大小，选择直线工具，设置线条的填充颜色为黑色，线条粗细为“3像素”，按住“Shift”键在宝贝分类下方绘制直线，如图8-63所示。

图8-63 绘制直线

**步骤 04** 将背景色设置为白色，使用裁剪工具拖动下边缘，向下扩展画布，效果如图8-64所示。

图8-64 扩展画布

**步骤 05** 选择“矩形选框工具”，设置固定大小的高度为“30像素”，在线条右上角单击创建固定大小的选区，沿着选区创建辅助线。使用相同的方法创建等高的辅助线网格，如图8-65所示。

图8-65 创建辅助线

**步骤 06** 在辅助线的位置输入对应的文字，添加分类的内容，效果如图8-66所示。

图8-66 输入文字

**经验之谈**

使用网格也可实现布局，选择【视图】/【显示】/【网格】菜单命令可显示网格，选择【编辑】/【首选项】菜单命令，在打开的对话框中可设置网格的间距。

**步骤 07** 在分类文本下方新建图层，使用钢笔工具绘制装饰条，并填充为黑色，然后将分类文本填充为白色，在其右侧绘制白色三角形，选择“直线工具”，在工具属性栏中设置虚线轮廓样式，轮廓色设置为灰色，取消填充，将粗细设置为“1像素”，按住“Shift”键在详细分类文本下面绘制虚线，如图8-67所示，完成本例的操作（配套资源:\效果文件\第8章\纵向分类模块.psd）。

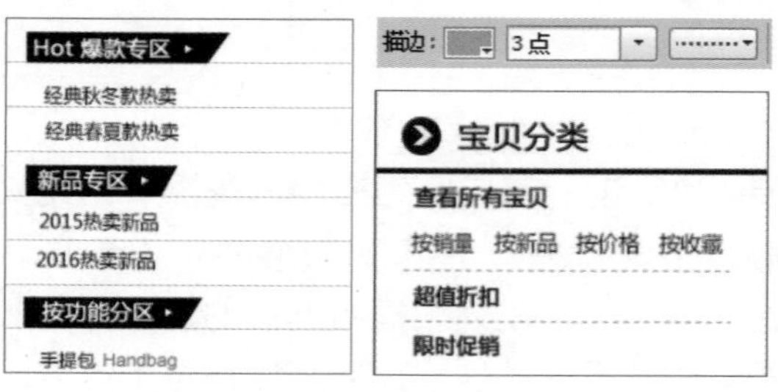


图8-67 添加装饰线条与图形

**新手试练**

星星小铺是一家新开张经营女装的淘宝店铺，为了提升店铺的美观度与客户的体验度，该店铺决定从商品分类模块下手。现要求读者为该店铺制作纯文本、与图文结合的商品分类模块，以便于在店铺首屏或店铺中间位置使用。在制作时除了风格与店铺的整体风格一致外，还要求美观、简洁、分类清晰，效果如图 8-68 所示。

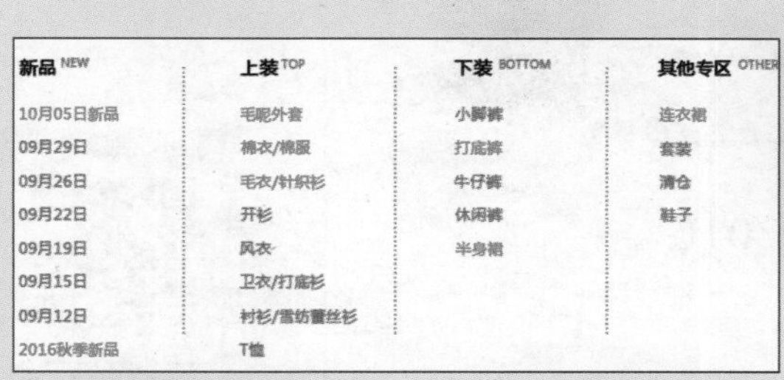

图8-68　宝贝分类效果

# 8.5 设计商品促销模块

商品上新预告与商品推荐模块是店铺中最常见的促销模块，通过这两个模块，买家可向消费者直接推广店铺中的单品，引导消费。

## 8.5.1　商品促销模块设计要点

在制作商品促销模块时，为了吸引买家的眼球，通常需要制作海报图，再配合产品、名称、价格等信息对商品推荐模块进行制作。在制作商品推荐时，为了使其发挥最大的效益，需要科学地利用推荐位，一般需要注意以下几个方面。

- 商品名称定义要全面、准确，不能过于复杂或是过于简单，将商品名称拟好后，可通过搜索该名称，检验搜索的难易程度，然后及时修正商品名称。
- 商品推荐位和下架时间相结合，商品推荐位并不一定放最漂亮的商品，也可以放即将下架的商品。当商品下架后需要及时进行补充，避免出现空位。
- 有足够的商品数量来支持上架和推荐。
- 在进行商品推荐时，商品的价格不宜过高，但也要控制成本。

## 8.5.2　商品上新预告模块制作实战

商品上新预告模块是指对即将上架的商品进行推广。该模块可以吸引客户关注该店铺，增加店铺的知名度。下面将通过海报的制作与多个单品的陈列组合，制作大气、美观的横向女包上新预告模块，制作时以矩形为布局的基本元素，字体则采用方正系列的字体，完成后的效果如图8-69所示。

图8-69　商品上新预告模块

下面将制作女包的商品上新预告模块，其具体操作如下。

**步骤 01** 新建大小为190像素×400像素，分辨率为72像素/英寸，名为“宝贝上新预告”的文件。将背景填充为白色，打开“包”素材文件（配套资源:\素材文件\第8章\包素材.psd），将图8-70所示的包拖动到“宝贝上新预告”中，按“Ctrl+T”组合键变换图片，然后按住“Shift”键等比例调整图片大小。

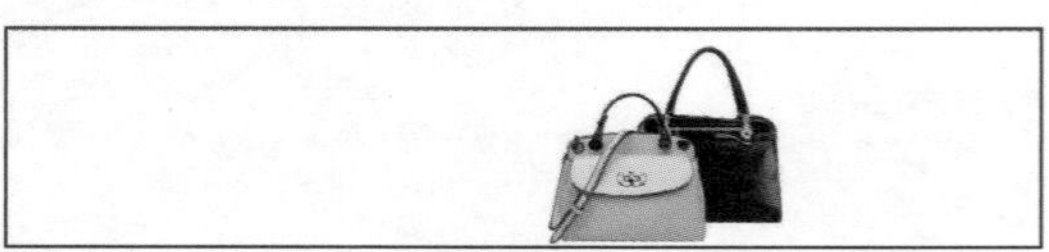

图8-70　添加素材

**步骤 02** 设置前景色为黑色，选择“画笔工具”，选择柔边圆画笔样式，在包下方新建图层，绘制阴影，效果如图8-71所示。

图8-71　添加阴影

**步骤 03** 新建图层，在包的左边绘制矩形选区，填充为“#bd2f2e”，如图8-72所示。

图8-72　绘制矩形

**步骤 04** 按"Ctrl"键单击矩形图层的图标载入选区。选择【选择】/【修改】/【收缩】菜单命令，在打开"收缩选区"对话框中输入收缩量为"6"，单击 确定 按钮，如图8-73所示。

图8-73　收缩选区

**步骤 05** 选择的【编辑】/【描边】菜单命令，在打开的"描边"对话框中设置描边粗细为"1像素"，描边颜色为白色，单击 确定 按钮，如图8-74所示。

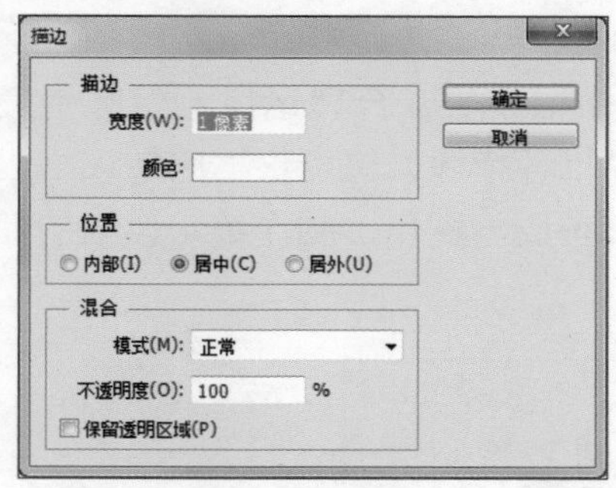


图8-74　描边选区

**步骤 06** 设置前景色为白色，选择"横排文字工具" T，设置字体样式为"微软雅黑"，在红色矩形上输入"即将上新"文本，使用相同的方法继续输入其他文本，如图8-75所示。

图8-75　输入文本

**步骤 07** 打开"花瓣.psd"素材文件（配套资源:\素材文件\第8章\花瓣.psd），将其拖动到"宝贝上新预告"中，调整图片大小，然后拖动至左侧，按"Ctrl+J"组合键复制花瓣，缩小花瓣并拖动旋转控制柄旋转角度，置于右侧，效果如图8-76所示。

图8-76　输入文本

**步骤 08** 选择花瓣，选择【滤镜】/【模糊】/【动感模糊】菜单命令，在打开的对话框中设置模糊距离，单击 确定 按钮，如图8-77所示。

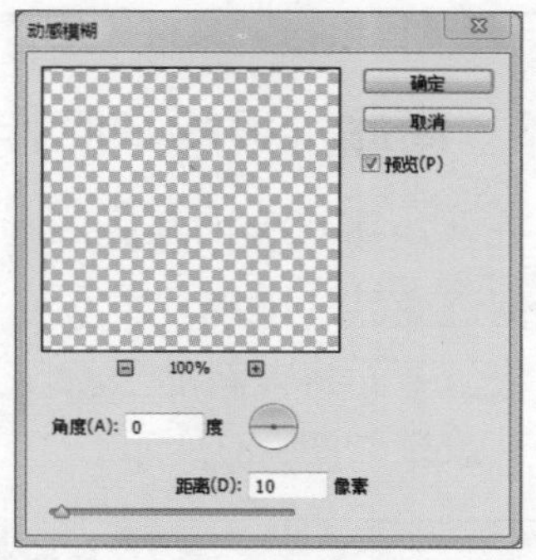


图8-77　动感模糊花瓣

**步骤 09** 在两侧创建距边360像素、485像素的参考线，绘制白色和灰色矩形布局页面，设置前景色为黑色，选择"横排文字工具" T，设置字体格式为"Lucida Bright"，输入"NEW ARRIVEL &2016"文本，使用相同的方法继续输入其他文本，调整文本大小与位置，绘制三角形修饰文本，效果如图8-78所示。

图8-78　输入文本

**步骤 10** 沿距边485像素的参考线创建175像素×175像素的灰色矩形，按“Ctrl+J”组合键复制9个灰色矩形，如图8-79所示。

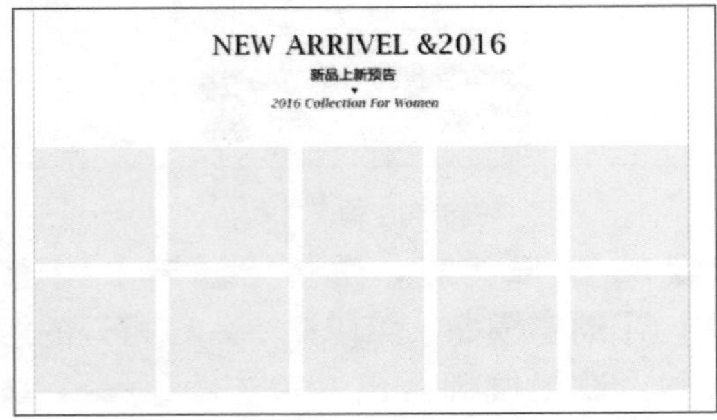


图8-79　划分版块

**步骤 11** 打开“包素材”文件（配套资源:\素材文件\第8章\包素材.psd），拖动图8-80所示的包到“宝贝上新预告模块”中，调整图片大小（配套资源:\效果文件\第8章\新品上新预告.psd）。

图8-80　布局图片

## 8.5.3　商品推荐模块制作实战

商品推荐模块是店铺装修中常见的模块，相当于横幅广告，合理运用不但吸引顾客眼球，还能促进商品的出售。买家可采用系统自带的商品推荐模块，也可根据店铺风格设计商品推荐模块。下面将在新品上新预告的基础上，根据其布局与配色，制作统一风格的商品推荐模块，其效果如图8-81所示。

图8-81　商品推荐模块的效果

下面制作女包的商品推荐模块，其具体操作如下。

**步骤 01** 新建大小为1920像素×375像素，分辨率为72像素/英寸，名为“宝贝推荐模块”的文件。打开“背景2.jpg”文件（配套资源:\素材文件\第8章\背景2.jpg），将其拖入“宝贝推荐模块”中，调整大小与位置，如图8-82所示。

图8-82 添加背景

**步骤 02** 打开“包素材”文件（配套资源:\素材文件\第8章\包素材.psd），将如图8-83所示的包拖入“宝贝推荐模块”文件中，调整大小与位置，在其下方新建图层，使用画笔添加阴影。

图8-83 添加包素材

**步骤 03** 选择“多边形工具”，设置“描边”为“3”，描边颜色为“#bd2f2e”，粗细为“7点”，按“Shift”键绘制三角形，使用橡皮擦工具擦除部分线条，如图8-84所示。

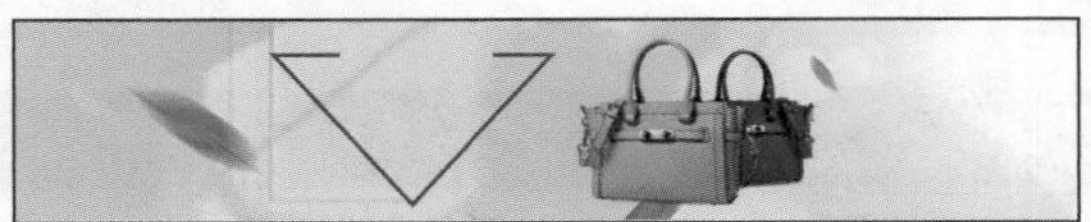

图8-84 绘制三脚架

**步骤 04** 选择“横排文字工具”T，设置字体样式为“方正粗宋简体”，设置文本颜色与文本大小，输入“爆款”，使用相同的方法继续输入其他文本，“SALE”的字体为“方正小标体宋、倾斜”，其他文本的字体为“方正宋一简体”，如图8-85所示。

图8-85 输入文本

**步骤 05** 选择“矩形工具”，在“爆款”左上方绘制矩形，在工具属性栏中设置填充颜色为“#a4bd1b”，再在其上输入“10月1日—22日”，设置字体为“方正大黑简体”，如图8-86所示。

图8-86 输入文本

**步骤 06** 选择背景图层，为右侧的树叶创建选区，按“Ctrl+J”组合键复制树叶，移至“8”左侧，旋转树叶，如图8-87所示。

图8-87 复制树叶

**步骤 07** 使用裁剪工具向下拖动画布，拓展画布，在两边创建距边360像素、485像素的参考线，在海报下方绘制白色和灰色的矩形布局页面。使用直线工具绘制粗细为“4像素”的直线，位置与长短如图8-88所示。

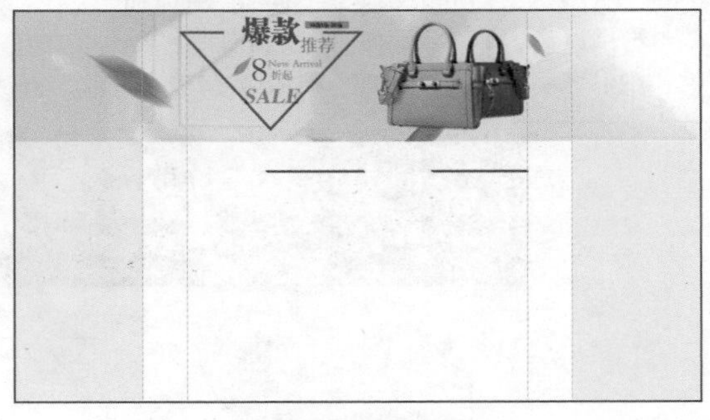

图8-88 绘制直线

**步骤 08** 选择“横排文字工具”T，设置字体样式为“方正大黑简体”，设置文本颜色与文本大小，输入“爆款&推荐 BEST ITEMS”，设置字体样式为“黑体”，输入“+查看更多>”，如图8-89所示。

图8-89 输入文本

**步骤 09** 新建图层，绘制180像素×240像素的矩形选区，使用浅灰色描边选区，描边粗细为“1像素”，选择“横排文字工具”T，设置字体格式为“微软雅黑”，输入文本，将价格文本加粗显示，链接文本与矩形框图层，如图8-90所示。

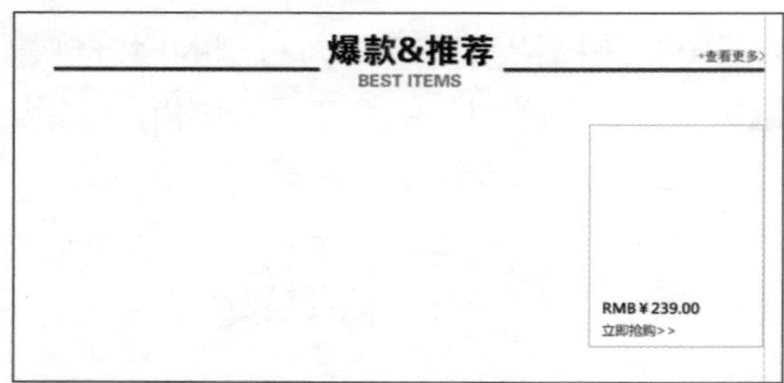


图8-90 制作宝贝推荐框

**步骤 10** 选择上一步的文本与矩形框，按“Ctrl+J”组合键复制，调整位置，使其平均进行分布，如图8-91所示。

图8-91 复制与排列图层

**步骤 11** 打开“包素材”文件（配套资源:\素材文件\第8章\包素材.psd），将如图8-88所示的包拖入矩形框中，调整大小与位置并修改价格，效果如图8-92所示（配套资源:\效果文件\第8章\宝贝推荐模块.psd）。

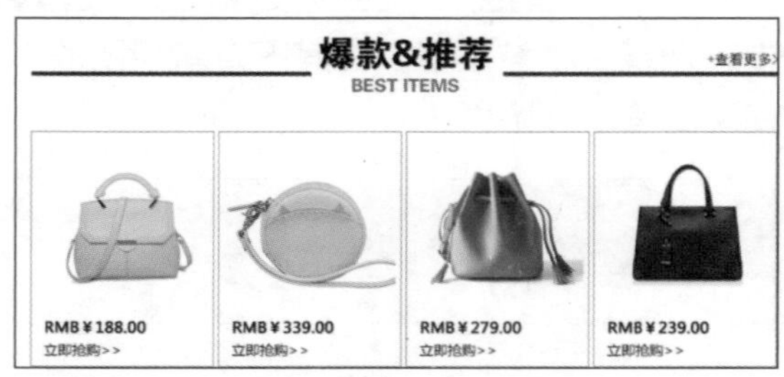


图8-92 添加包素材

**经验之谈**

在新品上市或折扣区等模块中也可设置图片轮播效果，需要注意的是同一组轮播图的高度与宽度要统一，轮播效果才会更完美。

## 新手试练

图 8-93 所示为淘宝上珠宝店铺首页的部分效果。现要求读者分析该模块，并对某珠宝店的店铺分类模块进行制作。制作时，可将分类模块与宝贝推荐模块相结合。具体要求：各区推广的产品要针对性强，在引导买家消费的同时还要让买家产生专业、舒适的感觉，提高店铺整体的档次。

图8-93 珠宝店铺首页的部分效果

# 8.6 设计收藏区与客服模块

收藏与客服模块是店铺中不可缺少的模块。在店铺顶端、两侧、页尾都可以经常见到这两个模块。下面主要对这两个模块的相关知识及制作方法进行介绍。

## 8.6.1 店铺收藏概述

在浏览网店网页时，遇到喜欢的店铺可以点击收藏图标将其收藏，方便以后快速在“我的收藏”页面中再次访问。若店铺的收藏数量高，其曝光率也会相对于同行的其他店铺高，获得的流量也会相对增大。店铺收藏通常由文字和简单的广告语组成，一般较为简洁，店家为了吸引顾客眼球，通常会为其添加图片、花纹或是动态效果。若为其添加商品图片，可在提高收藏量的同时推销商品。图8-94所示为“固执”的店铺收藏图片效果，设计师在颜色搭配上清爽简洁、古典质朴、文艺十足，与该店铺服装的风格与店铺的风格很好地融合起来。

图8-94 “固执”收藏图效果

## 8.6.2 店铺客服区的概述

在设计店铺页面时，虽要求店铺的信息真实、全面，但也不能保证面面俱到，当顾客对活动内容、商品折扣、商品材质等店铺信息存在疑问时，就需要咨询网店的客服，此时良好的客服引导对提高店铺销量起着十分重要的作用。客服区位置的摆放与设计直接影响了顾客咨询的便利度，一般情况下，客服区域以横条的形式位于网店首页的中间或底部位置，如图8-95所示。或者，以190像素的宽度位于店铺左侧的顶部或中部位置，便于顾客在浏览部分商品后及时进行咨询，从而提升店铺的销量。

图8-95 客服模块

## 8.6.3 收藏图片制作实战

精美的收藏图片可以提升店铺的收藏人气，因此收藏图片的设计是不可忽视的。下面将设计女包店铺的收藏图片，其具体操作如下。

**步骤 01** 新建大小为190像素×200像素，分辨率为72像素/英寸，名为“收藏图片”的文件。将背景填充为白色，设置前景色为黑色，选择“矩形工具”，按住“Shift”键不放绘制正方形，按“Ctrl+T”组合键，将矩形旋转45°，如图8-96所示。

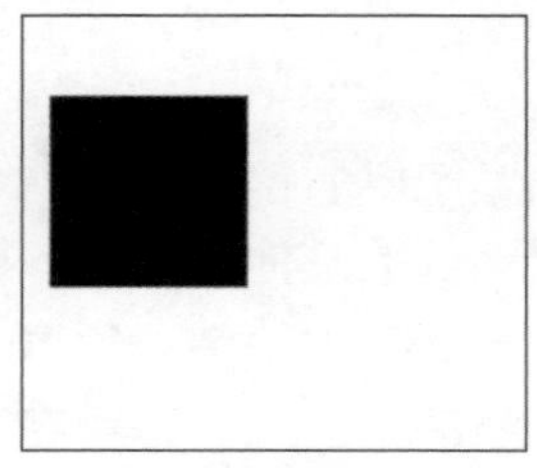
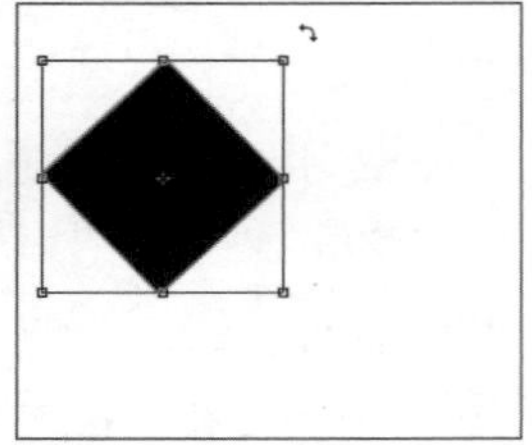

图8-96　绘制并编辑矩形

**步骤 02** 选择“横排文字工具”，设置字体样式为“方正大标宋简体”，依次输入“收藏本店”文本，更改文本大小与颜色，输入其他文本，将“FAVORITE SHOPS”字体设置为“Arial Rounded MT Bold、加粗”，按“Ctrl+T”组合键压扁文本，将“点击收藏”字体设置为“微软雅黑、灰色”，如图8-97所示。

图8-97　输入文本

**步骤 03** 选择【窗口】/【时间轴】菜单命令，在工作界面底部打开“时间轴”面板，单击“时间轴”面板底部的“创建帧动画”按钮，创建一帧动画，选择要创建的帧动画，单击面板“时间轴”面板底部的“复制帧动画”按钮，复制一帧动画，每帧的显示时间设置为“0.5”，效果如图8-98所示。

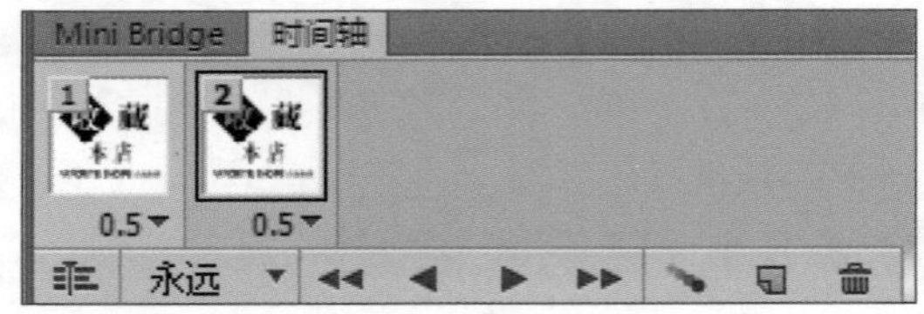


图8-98　创建帧动画

**步骤 04** 复制“收”文本，将副本的字体颜色更改为灰色，单击选择第一帧，隐藏副本图层，单击选择第二帧，隐藏原“收”图层，如图8-99所示。

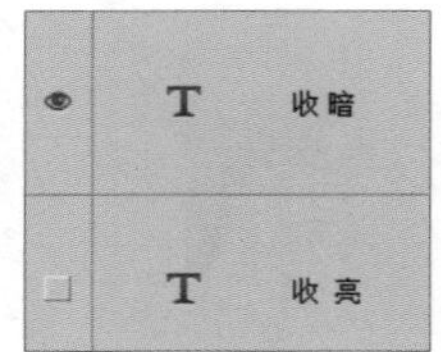


图8-99　修改字体颜色并隐藏副本图层

**步骤 05** 在“时间轴”面板底部单击“播放”按钮，可播放设置的动画效果。将文件保存为GIF文件，效果如图8-100所示（配套资源:\效果文件\第8章\收藏图片.psd）。

图8-100　添加阴影

## 8.6.4　客服区制作实战

用户可直接使用淘宝的客服模板，也可自己设计。下面将制作女包店铺的客服区，将呆萌卡通人物植入其中，其具体操作如下。

**步骤 01** 新建大小为190像素×400像素，分辨率为72像素/英寸，名为“客服区”的文件。将前景色设置成黑色，分别使用矩形工具、多边形工具、椭圆工具、自定形状工具进行，选择“横排文字工具”T，在其上输入白色文本“客服中心”，字体为“微软雅黑、加粗”，如图8-101所示。

图8-101 输入文本

**步骤 02** 设置前景色为黑色，继续输入文本，更改大小与颜色，分别使用椭圆工具与直线工具绘制椭圆与线条，椭圆的描边粗细为“1点”，直线无填充，直线描边为“虚线、灰色、1点”，按“Ctrl+J”组合键复制圆与虚线，在其上方输入文字，然后设置文本样式为“微软雅黑、14.5、加粗”，设置“工作时间8:30—19:30”的文本颜色为“红色”，字号为“12号”。如图8-102所示。

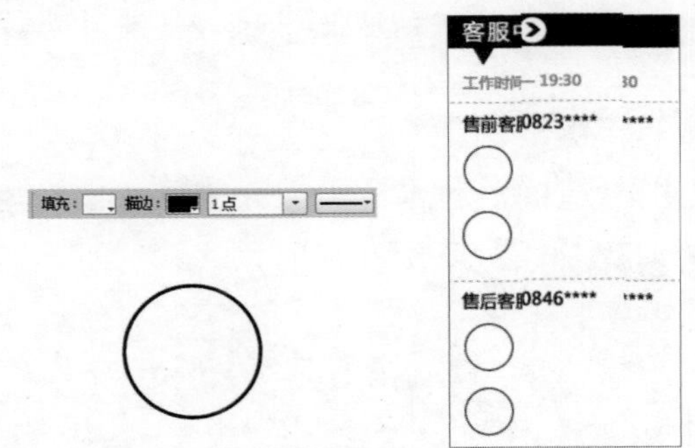


图8-102 客服区布局

**步骤 03** 打开“图标.psd”素材文件（配套资源:\素材文件\第8章\图标.psd），将图标拖动到文件中，按“Ctrl+T”组合键变换图片，然后按住“Shift”键等比例调整图片大小，并将其移动到合适位置，分别移动头像图层到圆图层的上方，输入客服名称，再添加旺旺图标，如图8-103所示。

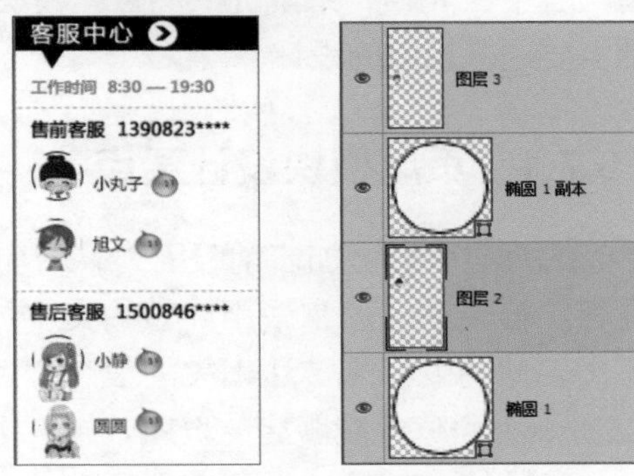


图8-103 添加并编辑素材

**步骤 04** 分别选择头像图层，单击鼠标右键，在弹出的快捷菜单中选择“创建剪切蒙版”命令，将头像载入到下层的圆中，保存文件，效果如图8-104所示（配套资源:\效果文件\第8章\客服区.psd）。

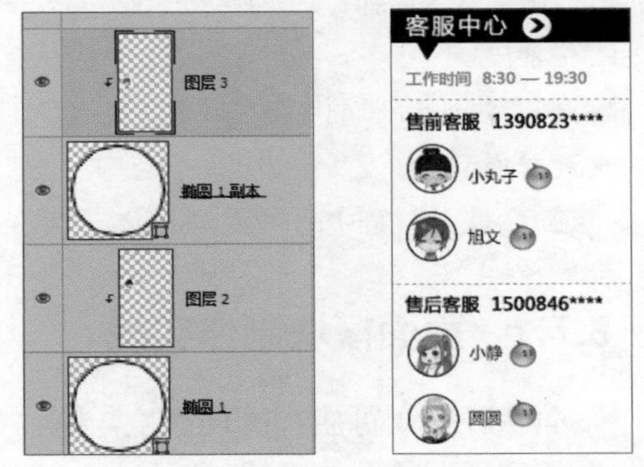


图8-104 创建剪切蒙版并查看完成后的效果

## 新手试练

收藏区与客服模块是店铺中不可缺少的模块，现要求读者对某家纺店铺的收藏区与客服区模块进行制作，该店铺的风格可参考“北极绒”的淘宝官方店铺，采用纯度较高的黄色、紫色、绿色与瑰红等，热情四射，因此在设计时需要这两个模块也比较鲜亮。

# 8.7 设计页尾模块

页尾位于店铺的最后一屏，一般用于放置店铺的收藏区、手机店铺的二维码、礼品或一些抽奖活动、购物须知和店铺公告等内容，其目的在于加强品牌记忆，给顾客购物安全感，希望顾客下次光临，系统提供的页尾模块过于普通，为了使页尾的作用发挥到极致，可根据店铺需要进行相应的设计。

## 8.7.1 页尾模块设计要点

好的页尾可以增加店铺吸引力，增加店铺收藏率，进而达到提高店铺销量的目的。页尾的内容比较灵活，通常采用简短的文字、具有代表性的图标来传达相关的信息，图8-105所示为稻草人旗舰店的页尾效果，主要包含了导航、Logo、返回首页顶端、搜索与收藏等内容。一款具有代表性的页尾设计一般包含以下5点内容。

图8-105　天猫稻草人女包的页尾

- **店铺底部导航**：包括产品的分类，便于消费者再次浏览网页。
- **返回顶部的文字或按钮**：当店铺首页过长时，添加返回顶部的文字或按钮可快速跳转到页面顶部，从而方便用户反复浏览网页，选择合适的商品。
- **收藏、分享店铺**：在页尾添加收藏与分享店铺的链接，可以方便用户快速收藏或分享店铺，尽量留住客户。
- **旺旺客服**：便于顾客存在疑虑时快速咨询旺旺客服。
- **温馨提示**：如发货须知、关于色差、关于退换货、关于快速和购物流程等信息，以便于帮助顾客快速解决购物过程中的问题，从而减少顾客对客服的咨询量，减轻旺旺客服的工作负担。

## 8.7.2 页面模块制作实战

下面从顾客浏览店铺的便利度与购物常见问题出发，对女包店铺的页尾模块进行设计，设计时将应用到前面的虚线与矩形块，参考效果如图8-106所示。

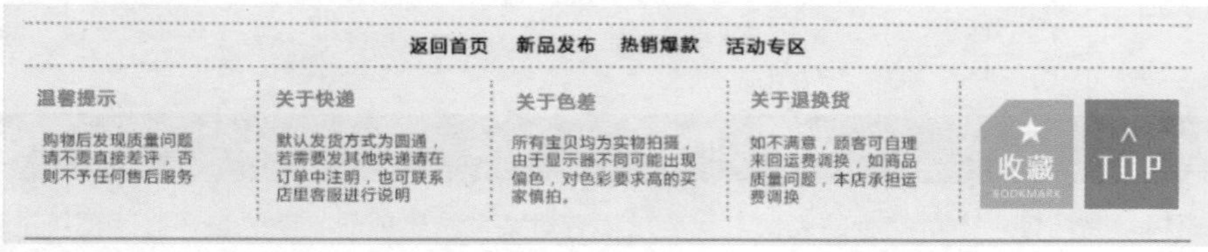

图8-106　页尾模块

制作时通过虚线分割布局页尾模块与其他模块，将导航与其他内容分两行显示，其具体操作如下。

**步骤 01** 新建大小为950像素×200像素，分辨率为72像素/英寸，名为“页尾”的文件。将背景填充为“#f6f6f6”，选择“直线工具”，在工具属性栏中设置描边颜色为“#a0a0a0”，描边粗细为“2点”，线条粗细为“1.5像素”，选择如图8-107所示的虚线样式，单击更多选项...按钮。

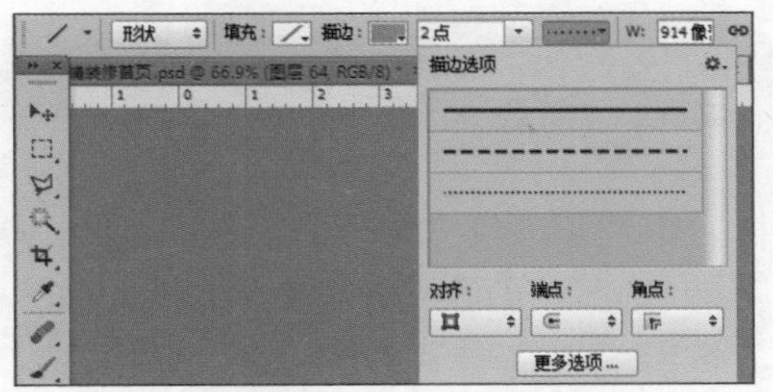

图8-107　设置直线

**步骤 02** 在打开的“描边”对话框中设置间距为“2.7”，单击确定按钮，按住“Shift”键绘制水平或垂直虚线，虚线绘制完成后，在工具属性栏更改为实线，更改填充色为“#898989”，绘制下方的实线，效果如图8-108所示。

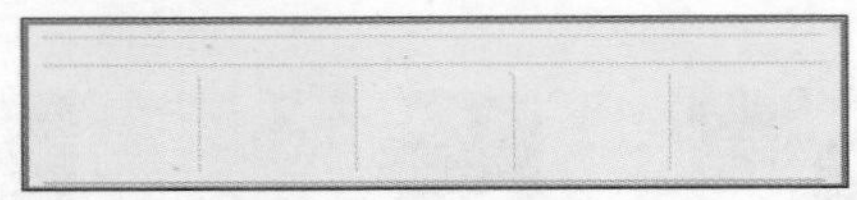

图8-108　绘制虚线

**步骤 03** 选择“横排文字工具”，设置字体格式为“微软雅黑”，依次输入导航与温馨提示等文本，分别设置文本的大小、颜色、加粗与对齐方式，如图8-109所示。

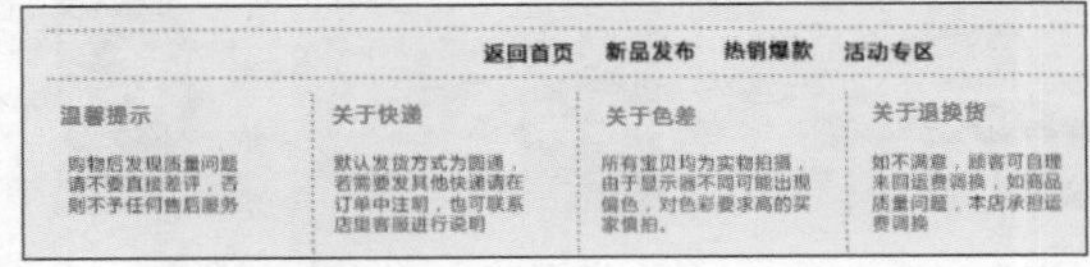


图8-109　输入文本

**步骤 04** 选择“矩形工具”，设置填充色为“#c5c5c5”，取消描边，绘制矩形并复制该矩形，更改颜色为“#ff0200”，通过鼠标右键栅格化灰色矩形，在右上角创建选区，按“Delete”键删除一角，如图8-110所示。

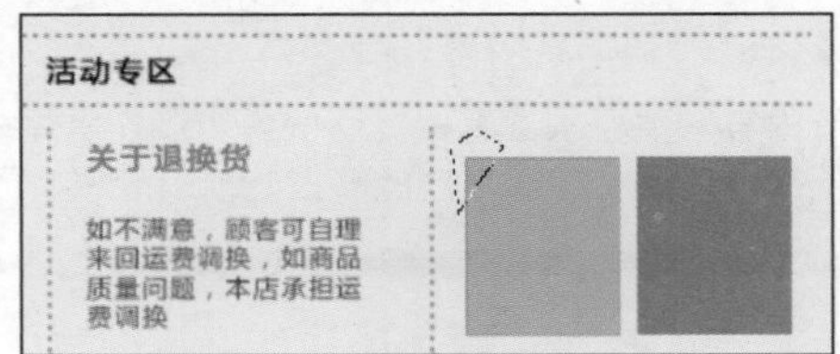


图8-110　绘制并编辑矩形

**步骤 05** 选择“多边形工具”，在工具属性栏设置填充色为白色，无描边，边为“5”，单击选中“星形”复选框，设置缩进边距为“50%”，如图8-111所示。拖动鼠标在灰色图形上方绘制形状。

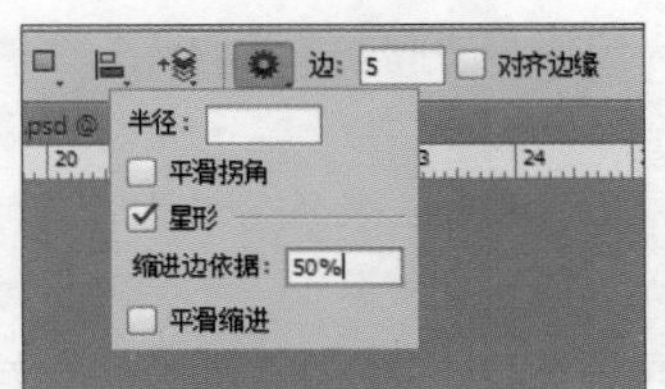

图8-111　设置并绘制星形

**步骤 06** 将前景色设置为白色，选择“横排文字工具”，输入文本，加粗“收藏”文本，将“TOP”字体更改为“Agency FB、加粗”，调整文本大小，输入“>”并将其旋转“-90°”，如图8-112所示。保存文件完成页尾的制作（配套资源:\效果文件\第8章\页尾.psd）。

图8-112　绘制并编辑矩形

**新手试练**

某家经营28~55岁男士西装、夹克、大衣等类目的店铺正在进行首页的装修，为了得到更好的体验效果，最大限度留住顾客，店主决定在页尾放置返回首页、返回顶部、品牌Logo、产品分类、产品搜索等内容，现要求读者根据这些内容制作页尾模块。为了满足店主的要求，制作的模块不但需要美观、上档次，还要文字清晰，能够很好地引导顾客浏览网页并进行消费。

# 8.8 扩展阅读——首页背景的应用

背景是构成店铺风格的一部分，背景可以是纯色，也可以是渐变填充、图案填充，或是其他别具一格的图像。纯色填充可以直接通过在“店铺装修”页面中单击左侧的“页面”图标进行设置，其他背景需要买家做好后上传到店铺。首页的页面背景分为全屏固定背景、全屏铺背景和纵向平铺背景3种，不同页面背景所适用的设计方式与设计风格也有所不同，下面分别进行介绍。

- **全屏固定背景：**将图像作为背景使图像覆盖于整个屏幕，图像中可以添加促销文字或装饰图形，背景始终固定在屏幕上，不会随着页面的拉动而改变，如图8-113所示。
- **全屏铺背景：**将图像横向或纵向排列成多行或多列，使其铺满整个背景，常用于将花纹、砖墙、水珠、材质、面料等简洁整齐的纹理制作成背景，如图8-114所示。
- **纵向平铺背景：**将花纹或边框等背景元素纵向平铺到页面的两边，常用于制作浪漫温馨、俏皮可爱的店铺页面或圣诞等专题页面，如图8-115所示。

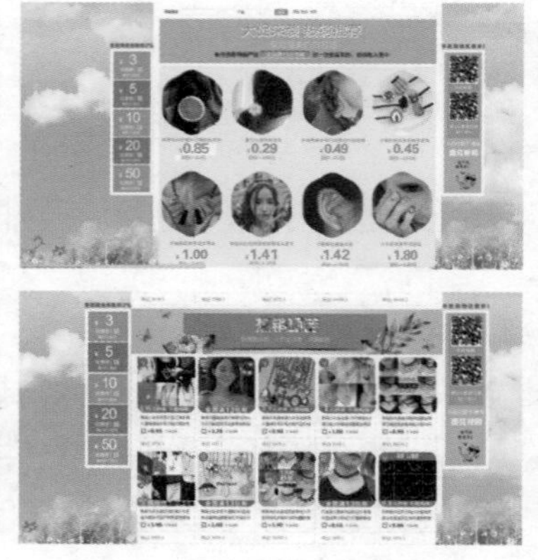

图8-113　全屏固定背景

图8-114　全屏铺背景

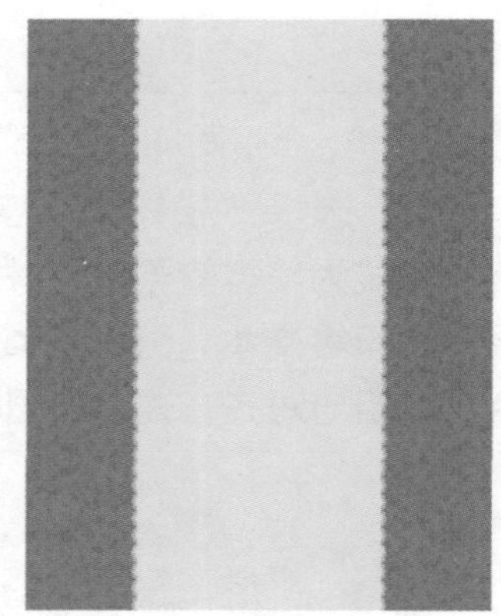

图8-115　纵向平铺背景

# 8.9 高手进阶

新建名为“婚纱店铺首页”的文件，利用搜集的婚纱素材（配套资源:\素材文件\第8章\练习）制作店招、海报，添加新品、婚纱、礼服和小礼服的分类条，将不同风格的婚纱分栏排列，采用浅黄色的主色调，整体风格甜美、浪漫，制作后的效果如图8-116所示（配套资源:\效果文件\第8章\练习）。

图8-116　婚纱店铺首页效果

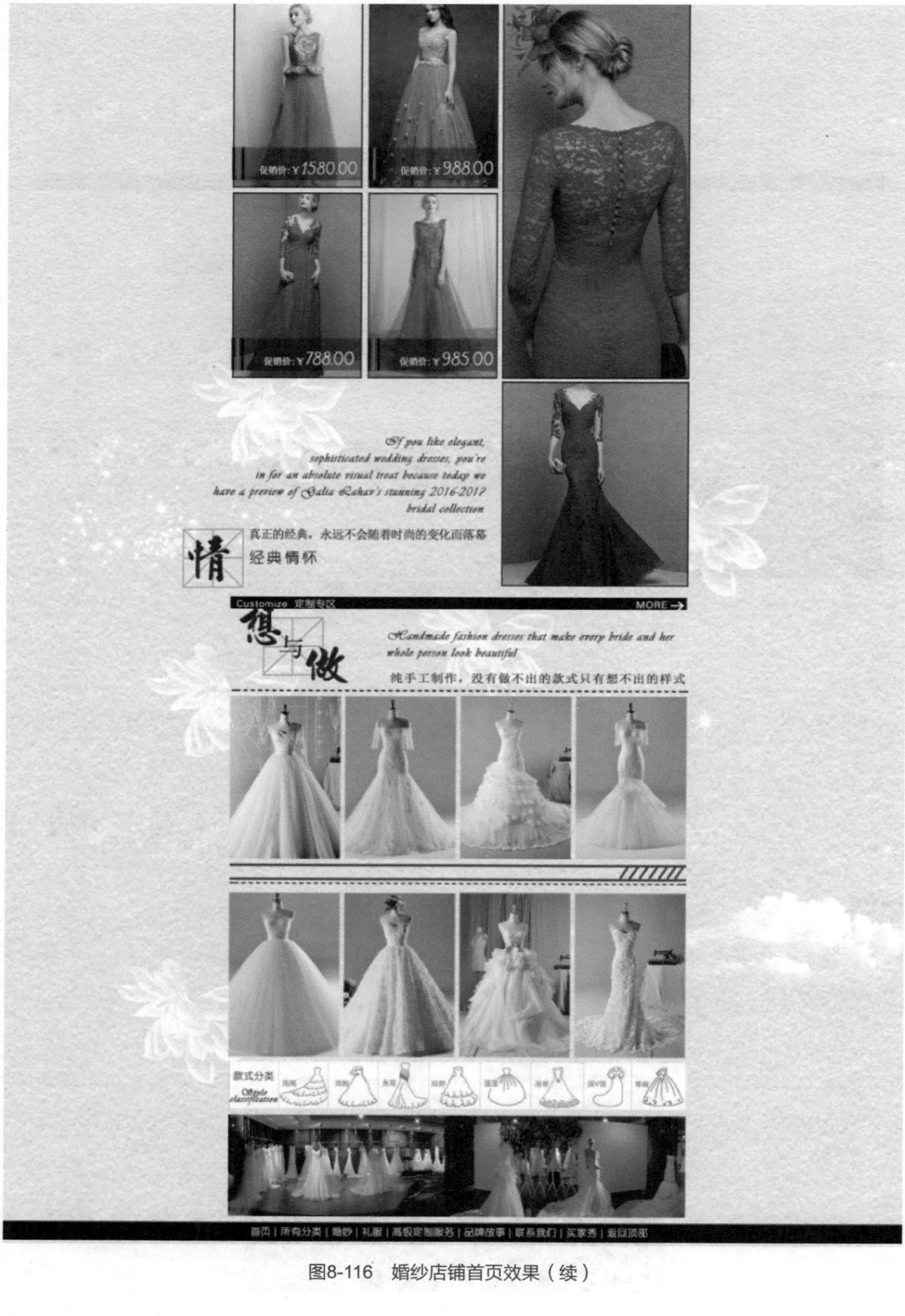

促销价：¥1580.00
促销价：¥988.00
促销价：¥788.00
促销价：¥985.00

*If you like elegant, sophisticated wedding dresses, you're in for an absolute visual treat because today we have a preview of Galia Lahav's stunning 2016-2017 bridal collection*

情
真正的经典，永远不会随着时尚的变化而落幕
经典情怀

Customize 定制专区 MORE →

想与做
*Handmade fashion dresses that make every bride and her whole person look beautiful*
纯手工制作，没有做不出的款式只有想不出的样式

款式分类
*Style classification*

首页 | 所有分类 | 婚纱 | 礼服 | 高级定制服务 | 品牌故事 | 联系我们 | 买家秀 | 返回顶部

图8-116 婚纱店铺首页效果（续）

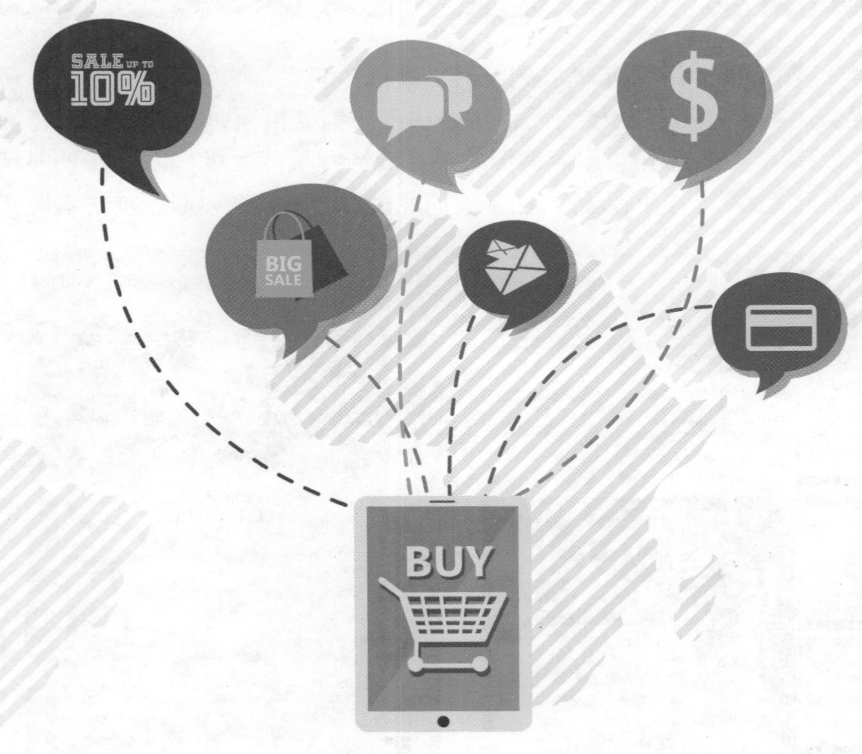


# 第9章 商品详情页视觉设计

买家在淘宝首页搜索并浏览商品的主图时，一般会直接进入商品详情页。据统计，约99%的顾客是在查看详情页后生成订单的，详情页设计的好坏直接影响了该笔订单是否生成。由此可知，商品详情页的装修在店铺装修中至关重要，只有做好详情页，才能进一步提高成交量与转化率。本章将对详情页中常见的模块与模块的设计方法进行介绍，以帮助用户提高详情页的制作水平。

# 9.1 了解商品详情页

商品详情页不仅能向顾客展示商品的规格、颜色、细节、材质等具体信息，还能向顾客展示商品的优势。顾客是否喜欢该商品，常取决于店铺详情页是否能深入人心，打动消费者，图9-1所示为紫罗兰的部分商品详情页效果，设计师从四大优势以及情景展示、细节展示等方面入手进行商品详情页的设计，诠释了商品精良的品质，以吸引消费者购买。

图9-1　紫罗兰商品详情页

## 9.1.1 了解商品详情页的模块

商品详情页的模块按功能大致分为左侧模块和右侧模块，左侧的模块包括搜索模块、商品分类模块、商品排行模块、收藏模块和商品推荐模块等。右侧模块包括商品基础信息模块、商品描述信息模块，以及自定义模块。商品基础信息模块一般不需要设计。重点设计的是自定义模块，包括商品展示模块、商品细节模块、产品规格模块、功能展示模块等，这些模块对打动买家起着十分关键的作用，下面分别进行介绍。

- **商品展示模块：**将商品巧妙的摆拍或为商品添加吸引人的场景，让店铺的商品看起来更诱人，能更好地展示出店铺商品自身的优势，配合广告文案，使消费者充分了解商品。注意场景不能影响商品的展示。
- **商品细节模块：**商品的细节模块是顾客深入了解商品的主要途径，在制作商品详情页时，最大限度地把商品的优势细节展示出来，可以促成订单。
- **商品规格模块：**某些商品对规格尺寸的要求比较严格，如一些机器配件、鞋子等。顾客通过商品图片并不能准确地把握商品的大小，此时加入商品规格参数模块就能很好地解决该问题。
- **功能展示模块：**若顾客购买商品重视的是它的功能性，那么在进行店铺装修时需要添加功能展示模块，将店铺商品的各个功能进行详细解析。
- **搭配展示模块：**很多顾客在购买单品时不懂得搭配知识，此时通过搭配展示可以为其提供专业的搭配意见。此外，搭配展示还可以让顾客一次性购买更多的商品，提升店铺销售业绩，提高店铺购买转化率。
- **包装展示模块：**精美的包装是体现产品服务质量的重要部分，是店铺营销实力的体现，对包装进行展示能够给顾客放心、提升购物体验。
- **促销活动模块：**促销活动可以适当让利给顾客，以获得更多流量和订单，最终获得更大的利益。在详情页中添加商品促销信息，能够在商品决策中起到临门一脚的作用。
- **关联营销模块：**关联营销模块主要用于推荐搭配的商品或推荐类似的商品。推荐搭配的商品可以增加客单价，而推荐类似的商品，可以在客户不满意当前商品时给出更多产品的选择，尽可能地留住客户，提高店铺的流量转化。
- **会员营销模块：**会员营销模块可以促进消费者二次甚至更多次的消费，同时会员制也可以带来间接的客源，增加店铺的订单。会员营销常见的手段是组建粉丝群、开始各种会员活动、会员折扣等，这些都可通过营销模块进行体现，以扩大自己粉丝群。
- **证书保证：**提到网购，质量是很多顾客比较担心的问题。通过质检合格证书、晒好评，以及三包服务可以打消顾客这一顾虑。
- **买家须知：**买家须知模块可以规避在购买时的不必要误会，减少很多售后问题。

## 9.1.2 商品详情页的内容分析与策划要点

商品详情页的模块需要根据产品进行策划。例如，数码产品等标准化产品，用户大多是基于理性购买，关注的重点是功能性，此时就需要涉及细节展示、商品参数、功能展示等模块；对于非标准化产品，如女装、手包、珠宝饰品等，用户更多的是基于冲动，此时商品的展示、场景的烘托等就显得尤为重要。总之，商品详情页的内容要引发消费者的兴趣，在策划模块时需要把握以下3点。

- **引发兴趣、激发潜在需求：**在商品描述页面可以利用创意性的焦点图来吸引顾客眼球，兴趣点可以是产品的销量优势、产品的功能特点、产品的目标消费群、营销等，激发顾客的潜在需求，图9-2所示为展示产品功能的焦点图。

图9-2　产品功能焦点图

- **赢得消费者信任：**赢得消费者信任可从商品细节的完善、买家痛点和产品卖点的挖掘、同类商品对比、第三方评价、品牌附加值、消费者情感、塑造拥有后的感觉等方面入手。图9-3所示为通过对比使用BB霜前后的效果，说服客户掏钱购买。
- **替顾客做决定：**通过品牌介绍、提高客单价、数量有限、库存紧张、预购从速等手段号召犹豫不决的顾客快速下单。若浏览者整个描述页后仍然没有下单，可通过相关推荐模块进行商品推荐。图9-4所示为通过限制时间来号召犹豫不决的顾客快速下单。

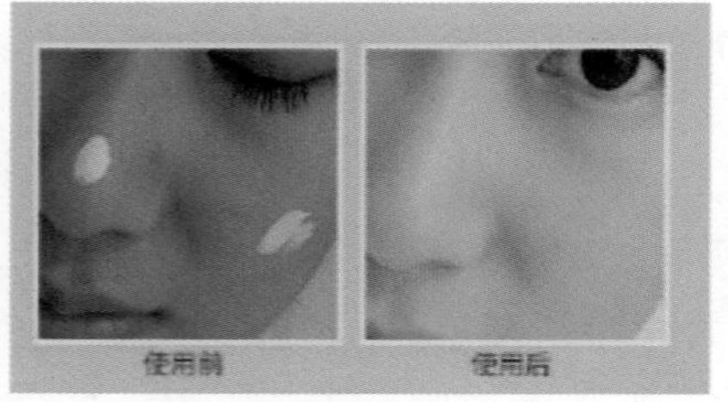


图9-3　塑造拥有后的感觉

图9-4　详情页的焦点图

## 9.1.3　商品详情页布局实战

下面将搭建女包店铺自定义区商品详情页的结构框架，在搭建时以常规的详情页模块为出发点进行详情页的规划，主要分为7个部分，包括焦点图、建议搭配、亮点分析、商品参数、实物对比参照拍摄、商品全方位展示和商品细节展示，其具体操作如下。

**步骤 01** 新建大小为750像素×800像素，分辨率为72像素/英寸，名为“女包详情页框架”的文件，绘制灰色矩形并输入文本，布局框架，效果如图9-5所示。

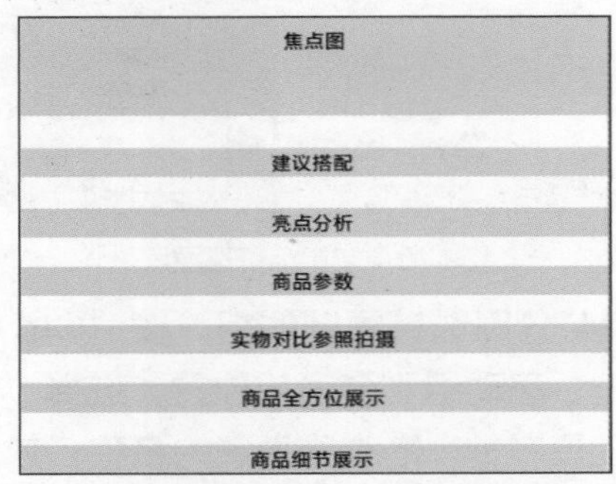


图9-5　搭建详情页自定义区的框架

**步骤 02** 登录淘宝网，进入“卖家中心”页面，单击左侧栏中的“店铺装修”超链接进入店铺装修页面，在页面左上角的下拉列表框中选择“宝贝详情页”选项，进入宝贝详情页，如图9-6所示。

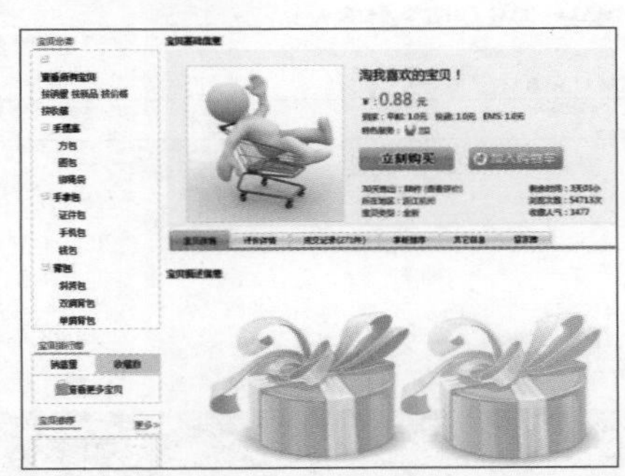

图9-6　进入宝贝详情页

**步骤 03** 在“店铺装修”页面单击顶端的“布局管理”超链接，进入“布局管理”界面，选择“自定义区”模块，拖动模块到自定义内容区下方，使用相同的方法再添加4个自定义区模块，布局如图9-7所示。

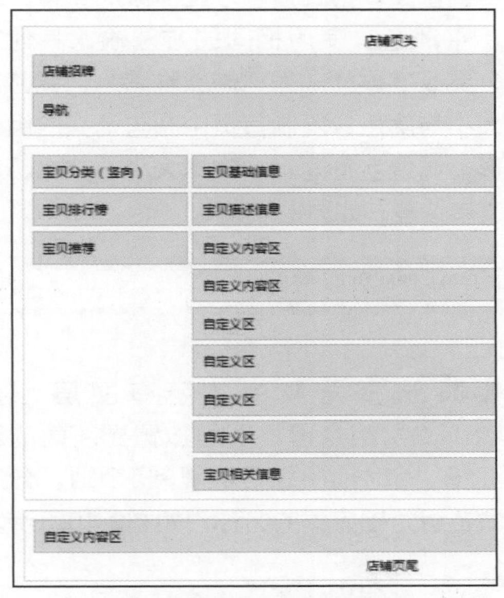


图9-7　店铺详情页布局效果

网页布局也可先按照构思进行网页设计，设计完成后根据需要到“布局管理”界面中进行布局。

## 9.1.4　商品详情分类条制作实战

根据前面的规划，下面将把商品详情页分为6个部分进行展示，各部分之间需要设计一个分类条，从而让商品描述页的结构更加清晰。在进行设计时，字体、颜色的应用需要考虑与首页的风格一致，其具体操作如下。

**步骤 01** 新建大小为750像素×60像素，分辨率为72像素/英寸，名为“详情分类条”的文件。选择“直线工具”，在工具属性栏中设置直线粗细为“2像素”，填充颜色为“#626262”，按“Shift”键绘制横向直线，继续在工具属性栏中设置线条粗细为“1.5像素”，填充颜色为“#cdcdcd”，按“Shift”键绘制竖向直线，如图9-8所示。

图9-8　绘制直线

**步骤 02** 选择“横排文字工具”T，在线条上方输入“FEMALE BAG”，在工具属性栏中设置文本格式为“方正小标宋简体、24点、平滑”。使用相同的方法输入其他文本，更改字体样式为“微软雅黑”，调整文本大小与颜色，复制首页中圆与箭头的组合图形，调整字符间距、文本大小、文本颜色与文本位置，如图9-9所示。

图9-9　输入文本

**步骤 03** 选择背景外的所有图层，按“Ctrl+G”组合键将图层放置到新建的组中，按“Ctrl+J”组合键复制5个组，分别重命名组为相应类的名称，如图9-10所示。

**经验之谈**

选择多个图层后单击鼠标右键，在弹出的快捷菜单中选择“链接图层”命令，可将多个图层链接在一起，方便同时进行操作。

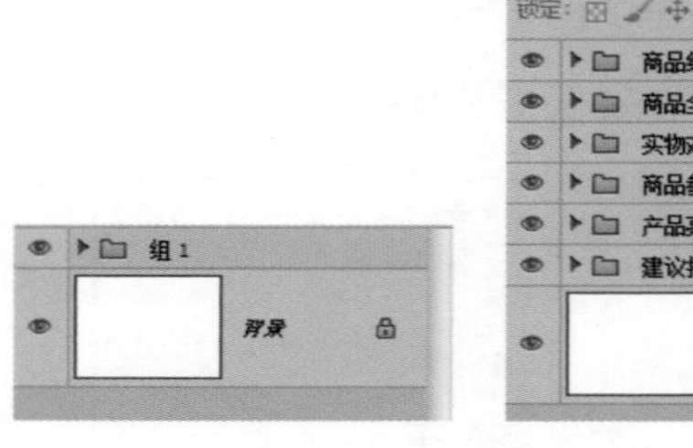


图9-10　使用组管理图层

**步骤 04** 分别选择复制的组，按“Ctrl+T”组合键，移动组到合适的位置，选择“横排文字工具”T，修改分类条的名称，效果如图9-11所示。

图9-11　分类条效果

**新手试练**

根据前面制作的首页设计商品的详情页框架，需要注意的是，搭建的详情页框架时要符合产品的特征，能够全面地阐述商品的卖点。

# 9.2 详情页首页焦点图设计

详情页的首页焦点图一般位于商品基础信息的下方，是为推广该款商品而设计的海报，由产品、主题与卖点3部分组成，目的在于吸引消费者购买该产品，其设计方法与首页的海报的设计方法相似。

### 9.2.1 详情页首页焦点图设计要点

详情页首页焦点设计一般有两个目的：明确产品主体，突出产品优势；承上启下，做好产品信息的过渡。基本上，所有的卖点都是俗气的，如何点出自己产品的优势，在文案与与图片的设计上要讲究创意，通过突出产品的特色以及放大产品的优势，或通过优劣产品进行对比，将产品的优势展现出来，则变得尤为重要。众所周知，详情页一般是通过主图引进的，因此在商品卖点、特点等要相互衔接。图9-12所示为淘宝上吹风机的主图与详情页焦点图，可以看出详情页对主图的信息进行延伸。

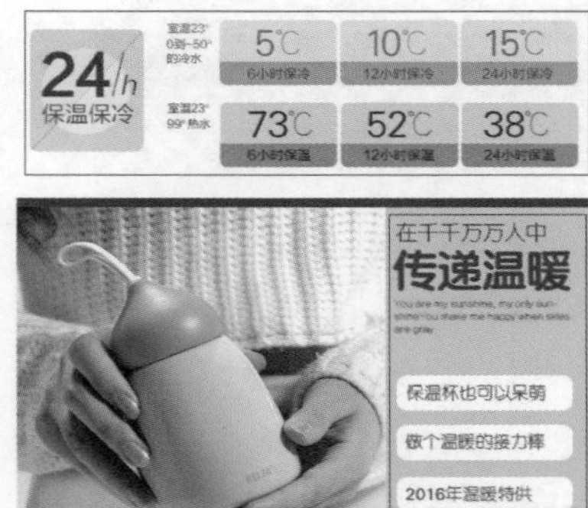


图9-12 主图与详情页焦点图

### 9.2.2 详情页首页焦点图制作实战

下面为女包设计焦点图，在设计时，需要从产品的形状进行构图、以产品的颜色来搭配背景的颜色，并以“时尚百搭小包”文案从百搭的角度打动消费者，设计后的首页焦点图效果如图9-13所示。

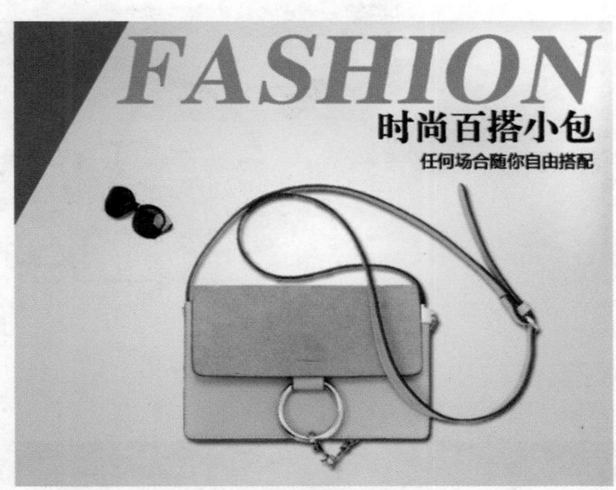

图9-13 详情页首页焦点图

下面进行女包详情页的首页焦点图制作，采用灰色背景来配合首页简洁大气的风格，并添加简单的矩形，使其更加完整，其具体操作如下。

**步骤 01** 新建大小为750像素×600像素，分辨率为72像素，名为“详情页首页焦点图”的文件。新建图层，选择“渐变填充工具”，在工具属性栏中设置白到灰的渐变，单击“径向渐变”按钮，从图像中心向外拖动鼠标创建渐变填充效果，如图9-14所示。

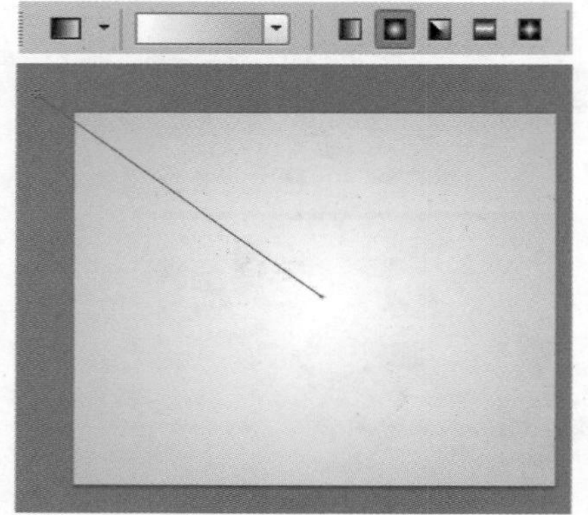

图9-14 径向渐变填充背景

**步骤 02** 设置前景色为“#485a72”，选择“多边形套索工具”，在左上角绘制三角形选区，按“Alt+Delete”组合键为三角形选区填充前景色，如图9-15所示。

图9-15 创建填充选区

**步骤 03** 打开“详情页素材”文件（配套资源:\素材文件\第9章\详情页素材.psd），将其中的包和眼镜素材拖动到当前文件中，调整素材的位置和大小，为包所在的图层添加投影图层样式，如图9-16所示。

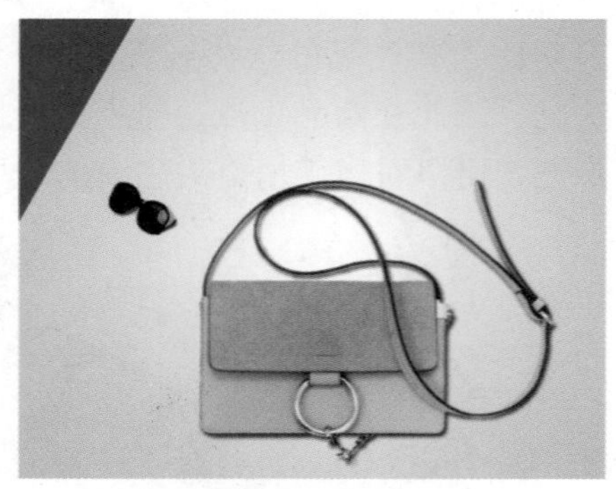

图9-16 添加素材

**步骤 04** 设置前景色为黑色，选择“横排文字工具”，设置文本样式为“方正小标宋简体、加黑”，输入文本，调整文本大小与位置，更改第一排文本的颜色为“#9c9a9b”，字形为“倾斜”，更改第三排文本的字体为“微软雅黑”，如图9-17所示。保存文件，完成制作（配套资源:\效果文件\第9章\详情页首页焦点图.psd）。

图9-17 添加文本

## 新手试练

根据店铺商品的主图，产品的功能、优势，以及店铺的风格制作详情页首页焦点图，制作的图片要符合店铺的装修风格。

# 9.3 搭配建议模块设计

在购买服装、箱包、鞋、帽子等商品时，搭配成为消费者关注的重点。一些消费者具有自己的审美观，讲究品味，在购买商品时，能否很好的搭配成为其购物的影响因素之一，作为卖家，更要掌握一些商品的搭配知识。几款不同的风格搭配，可能会给人眼前一亮的感觉，最终促成订单，提高店铺的销量。

## 9.3.1 搭配建议模块设计要点

服装、箱包、鞋帽等商品的搭配建议形式并不是固定的，但无论怎样变化，一般以3种方式呈现：一种是使用单品进行陈列展示；另一种是使用模特进行展示；还有一种就是模特与单品的组合陈列，如图9-18所示。

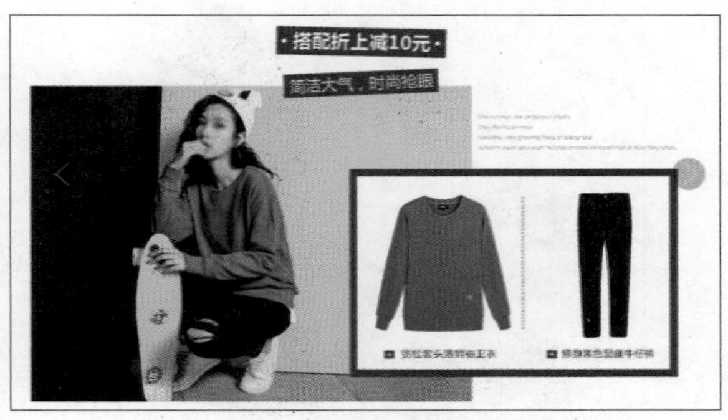


图9-18 模特与单品的组合展示

## 9.3.2 搭配建议模块制作实战

下面为首页焦点图中的商品搭配衣服、鞋子与首饰，使其更显档次，制作后的效果如图9-19所示。

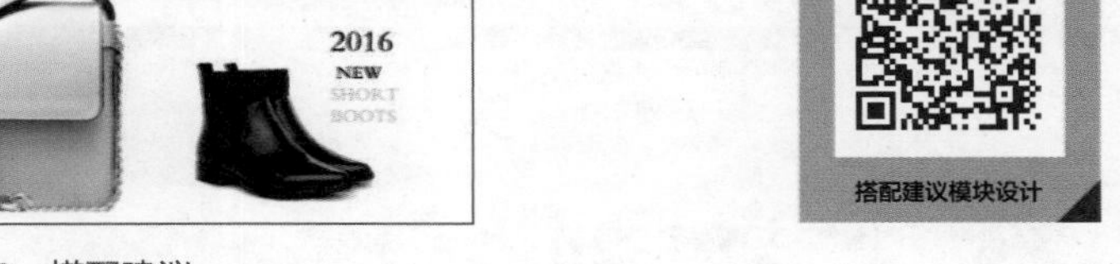


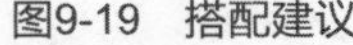

图9-19 搭配建议

下面使用单品来搭配女包，衬托出女包的高档与质感，并在其上输入文本装饰画面，其具体操作如下。

**步骤 01** 新建大小为750像素×800像素，分辨率为72像素，名为“建议搭配图”的文件，将制作的分类条移动到文档中，打开“详情页素材.psd”文件（配套资源:\素材文件\第9章\详情页素材.psd），将其中的素材拖动到当前文件中，调整素材的位置和大小，如图9-20所示。

图9-20 添加素材

**步骤 02** 设置前景色为黑色，选择“横排文字工具” T，设置文本样式为“方正宋一简体、加黑”，输入文本，调整文本颜色、大小与位置，如图9-21所示。保存文件，完成制作（配套资源:\效果文件\第9章\搭配推荐图.psd）。

图9-21 输入文本

**新手试练**

在服装、箱包、鞋、帽子等商品中选择一款商品，根据其特点为其搭配对应的单品，制作建议搭配模块，要求色彩与元素的搭配要符合审美观。图 9-22 所示为参考的效果。

图9-22 搭配参考效果

## 9.4 商品亮点设计

商品的亮点实质为商品卖点的表达形式之一。商品的亮点可以理解为商品具备的前所未有、别出心裁或与众不同的特点。

### 9.4.1 卖点的特征

商品卖点是吸引消费者购买产品或者服务的理由。卖点一般具有以下3个特点。

- 卖点独特，共性的产品特性能被第一个说出来，而且能影响购买，如农夫山泉的“有点甜”。
- 有足够的说服力，能打动顾客购买，就要求卖点与消费者核心利益息息相关，如空调的“变频”与“回流”，面膜的抗衰美白补水的功效。
- 长期传播的价值及品牌辨识度。

### 9.4.2 卖点提炼的原则与方法

卖点的提炼方法很多，可以从产品概念、市场地位、产品线、服务、价格、时间、售后、品质和风格等方面入手，下面介绍提炼卖点的原则与方法。

- **FAB法则：** F指属性或功效（Feature or Fact），即自己产品的特点和属性；A是优点或优势（Advantage），即自己与竞争对手的不同之处；B是客户利益与价值（Benefit），指这一特点或优点带给顾客的利益。
- **从产品概念提炼：** 一个完整的产品概念是立体的，包括核心产品、形式产品、延伸产品3个层次。核心产品是指产品使用价值；形式产品是指产品的外在表观，如原料、技术、外型、品质、重量、体积、视觉、手感、包装等；延伸产品是指产品的附加价值，如服务、承诺、身份、荣誉等。
- **从更高层次的需求提炼：** 从情感、时尚、热点、公益、梦想等更高级别的需求角度提炼卖点。若以情感为诉求，可以适当加深人们对产品的好感，如雕牌洗衣粉的“妈妈，我可以帮你干活了”，以孩子对母亲的理解和支持来突出卖点。

### 9.4.3 商品亮点制作实战

本例将对包的3个亮点进行展示，即“时尚新宠、时尚肩带、时尚收纳”，完成后的效果如图9-23所示。

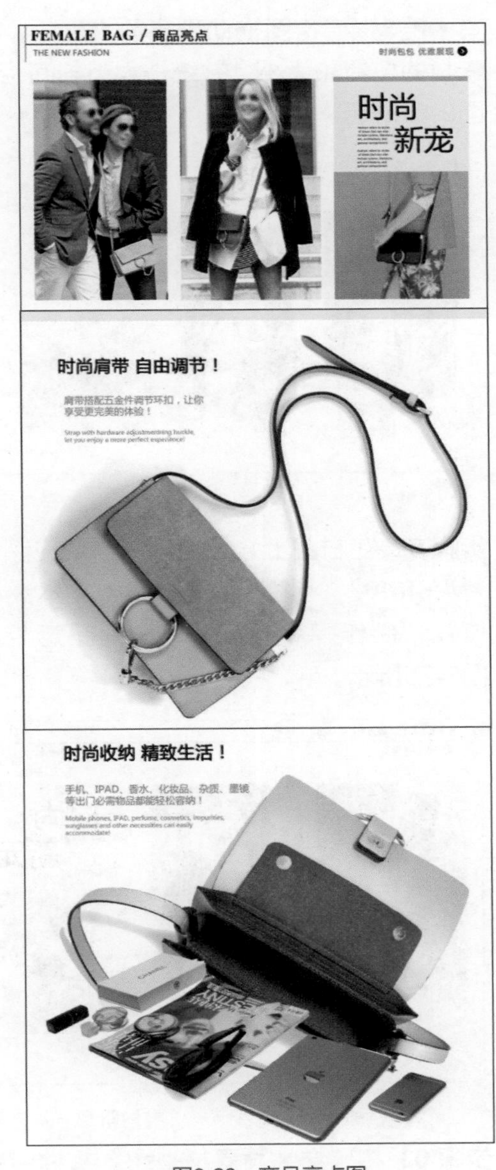


图9-23 商品亮点图

制作时首先需要添加合适的素材，调整素材的大小与位置，然后输入相关的内容，提高画面的美感。在文本的组合方面应注意通过大小对比、位置错位与文本的对齐来提高层次感。其具体操作如下。

商品亮点设计

**步骤 01** 新建大小为750像素×2043像素，分辨率为72像素/英寸，名为“商品亮点图”的文件。将制作的分类条移动到文档中，打开“详情页素材.psd”文件（配套资源:\素材文件\第9章\详情页素材.psd），将其中的3张模特图拖动到当前文件中，调整素材的位置和大小，并统一大小与间距，如图9-24所示。

图9-24　添加素材

**步骤 02** 在右图上方绘制矩形，填充颜色为“#f6f6f6”，输入文本，调整文本大小与位置，制作亮点一——“时尚新宠”，如图9-25所示。

图9-25　亮点一——时尚新宠

**步骤 03** 将“详情页素材.psd”文件中肩带较长的包拖动到当前文件中，在其左上角输入亮点二的文本，调整文本大小与位置，效果如图9-26所示。

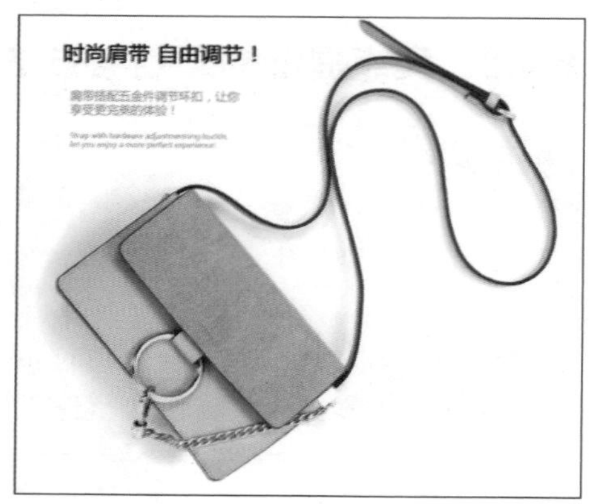


图9-26　亮点二——时尚肩带自由调节

**步骤 04** 将“详情页素材.psd”文件中能看见包内部结构的素材拖动到当前文件中，继续将物品文件拖动到包的上层，移动到包口位置，调整素材的大小与位置，在其左上角输入亮点三的文本，如图9-27所示。保存文件，完成制作（配套资源:\效果文件\第9章\商品亮点图.psd）。

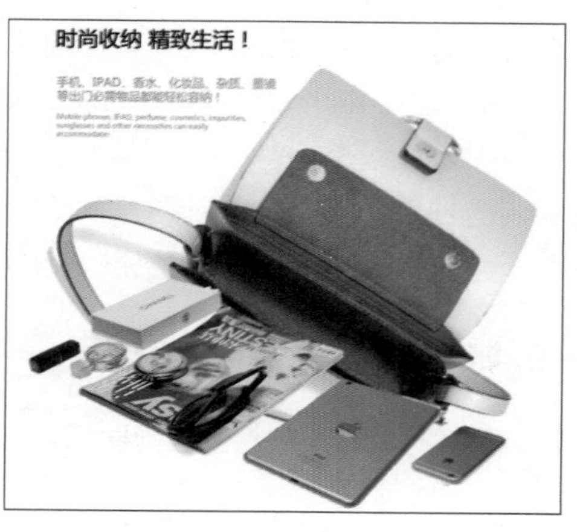


图9-27　亮点三——时尚收纳 精致生活

**新手试练**

由于不同商品所具备的卖点也不同，现要求读者根据商品的不同特点来制作商品的亮点图。图 9-28 所示为香薰的卖点图，设计师从消费者利益的角度来阐述香薰的功能，以自问自答的方式表达卖点，从而吸引消费者购买。为商品设计卖点，要求卖点不要太多，要精炼，卖点不能违背正确的价值观，能够快速打动消费者。

图9-28　香薰卖点设计

# 9.5 商品信息展示设计

商品信息展示可以细分为参数说明、实物拍摄展示、颜色展示、全方位展示等，通过实物拍摄、颜色展示、全方位展示可以使消费者更直观的查看商品，但对于一些具体参数，如材质、硬度、品质和厚薄等仍然无法通过肉眼获取准确的信息。此时，就需要为商品添加参数说明，让顾客对产品有更客观的了解。

## 9.5.1 商品参数的常用表达方式

在网店中，商品参数的表达方式多种多样，我们可以根据商品参数的多少与商品的特征进行灵活设计，常用的商品参数表达方式有以下4种。

- **商品参数的直接输入：** 自由排列输入的商品参数，一般需要使用文本框来统一文本的行间距。
- **通栏排参数：** 使用文本框直接输入参数，添加形状或线条来修饰参数模块；使用商品参数表输入参数，商品参数表可以比较全面地反映出商品的特性、功能和规格等，在尺码方面应用的尤为广泛，图9-29所示为男装的尺码参数表。在使用商品参数表时，可以通过设置表格行高、列宽、边框、底纹、文本格式来美化表格，以匹配店铺的风格。
- **参数与商品两栏排：** 当商品参数比较少时，可通过左表右图或左图右表的方式排列商品参数模块。对于有尺寸规格的产品，还可在商品图上添加尺寸标注，如图9-30所示。
- **商品参数与商品图片的自由组合：** 可以直接将商品的参数输入到商品图片上，也可以将商品参数细化到不同的商品图片中进行显示。

| 尺码型号 | 衣长 | 肩宽 | 胸围 | 袖长 |
| --- | --- | --- | --- | --- |
| L | 76cm | 46cm | 106cm | 62cm |
| XL | 77.5cm | 47cm | 110cm | 63cm |
| XXL | 79cm | 48cm | 114cm | 64cm |
| XXXL | 80.5cm | 49cm | 118cm | 65cm |
| XXXXL | 82cm | 50cm | 122cm | 66cm |

备注：手工测量存在误差，具体以实物为准。

图9-29 尺码参数表

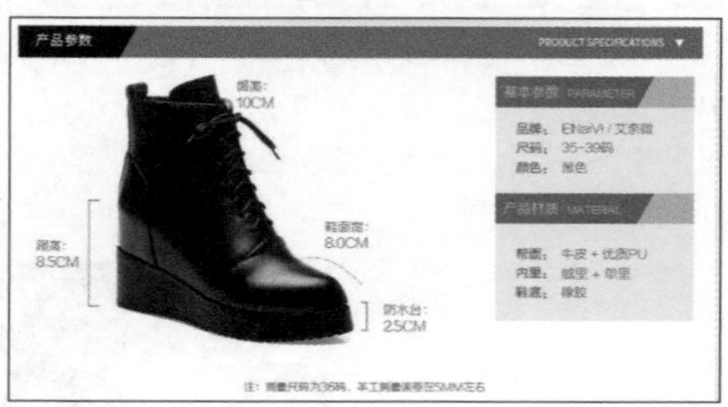


图9-30 参数与商品两栏排

## 9.5.2 对比图的制作

对比图不限于展示商品的实际大小，在网店中，对比图往往还被用于展示商品的材质、款式、细节或功能优势。如图9-31所示，以对比图的方式展现使用护发素前后的效果，以及1瓶抵5瓶的省钱效果。需要注意的是，在制作对比图时，切记在宣传中不要将自己的商品与他人商品进行对比，这种贬低了其他经营者的商品或服务行为的对比将违反新广告法中的规定。

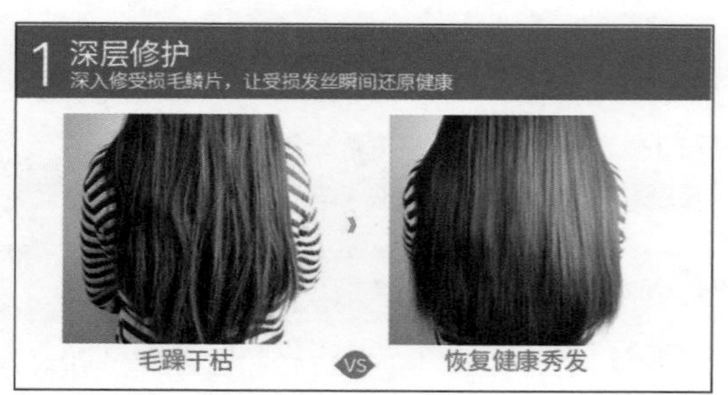


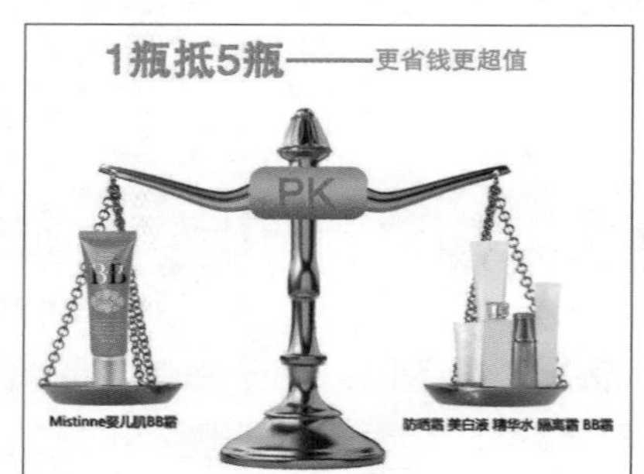


图9-31 对比图的表现方式

## 9.5.3 商品信息的展示方式

由于网上看到的商品是虚拟的，因此尽可能展示商品信息才能让消费者充分了解该商品。除了基本参数外，卖家通常还需要对商品的颜色和角度进行展示，图9-32所示为展示衣服和吉他的不同颜色。

图9-32 商品颜色的展示

## 9.5.4　商品参数模块制作实战

下面为女包设计商品信息展示相关模块，由于包的消费者重点关注的是包的材质、款式、尺寸、结构、颜色、容量等信息，因此在制作时，将从这些参数入手。在制作实物拍摄对比模块时，将同平板进行对比，突出包的大小，添加尺寸标注让包的大小更直观，制作后的参考效果如图9-33所示。

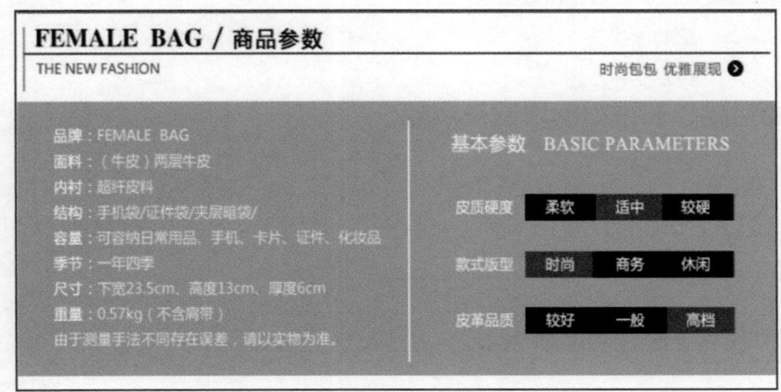


图9-33　商品信息展示设计

下面对包的参数模块进行设计，首先需要填充背景，输入参数，并绘制装饰矩形，其具体操作如下。

**步骤 01** 新建大小为750像素×360像素，分辨率为72像素/英寸，名为“商品参数图”的文件。将制作的分类条移动到文档中，选择“矩形工具”，绘制灰色矩形，填充为“#bebdbd”，如图9-34所示。

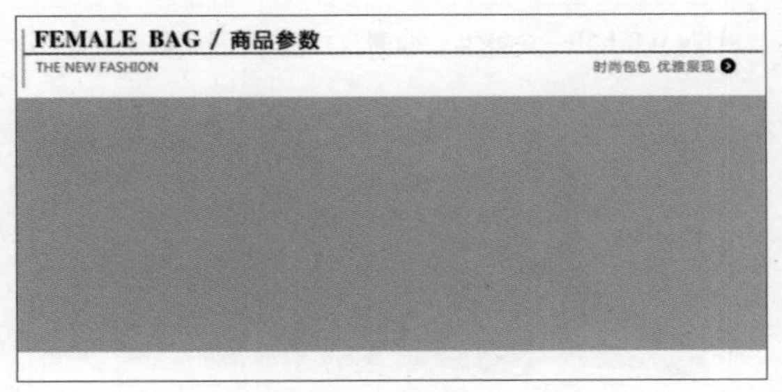


图9-34　绘制矩形

**步骤 02** 选择“横排文字工具”，在工具属性栏中设置字体样式为“微软雅黑、14、白色”，拖动鼠标绘制文本框，输入参数文本，加粗冒号前面的文本，在工具属性栏中单击“打开字符与段落面板”按钮，设置行间距为“24点”，如图9-35所示。

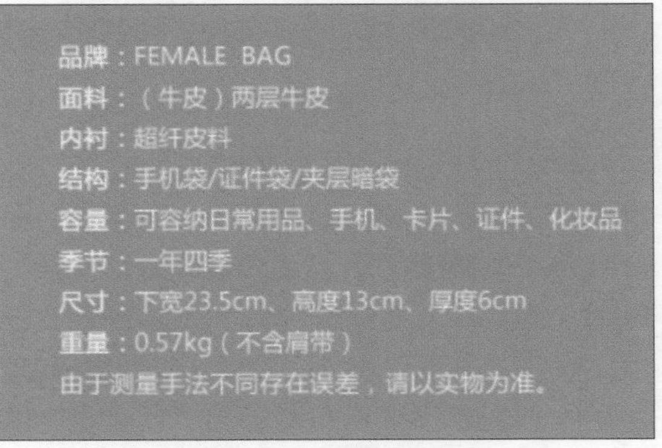


图9-35　输入段落文本

**步骤 03** 在段落文本右侧绘制白色线条分隔文字，继续输入其他参数，并设置英文字体为“Times New Roman”，在参数下方绘制黑色和灰色矩形填充为“#585757”，其中灰色矩形表示选中的选项，效果如图9-36所示。保存文件，完成制作（配套资源:\效果文件\第9章\商品参数图.psd）。

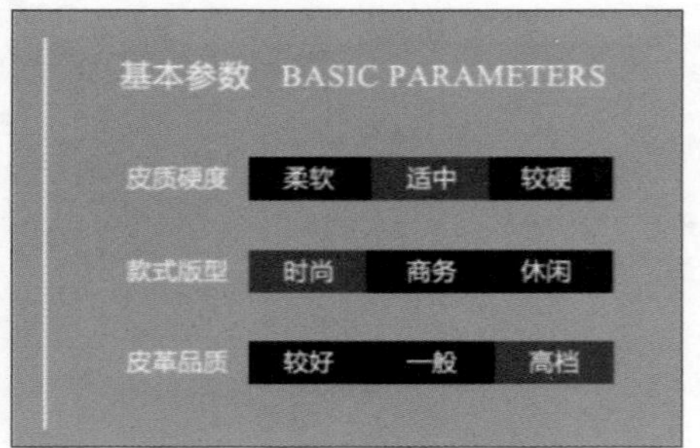


图9-36　绘制形状

**经验之谈**

在添加一些材质、尺寸等重要参数时应尽量准确，以避免销售后期产生不必要的麻烦。

## 9.5.5　实物对比参照拍摄模块制作实战

该模块的拍摄图十分重要，既要突出产品的美观，又要用其他产品来对比展示商品的大小。选择拍摄图后，只需将分类条与素材拼凑在一起即可，本例将在拍摄图上添加尺寸标注，更加详细地展示商品的大小，其效果如图9-37所示。

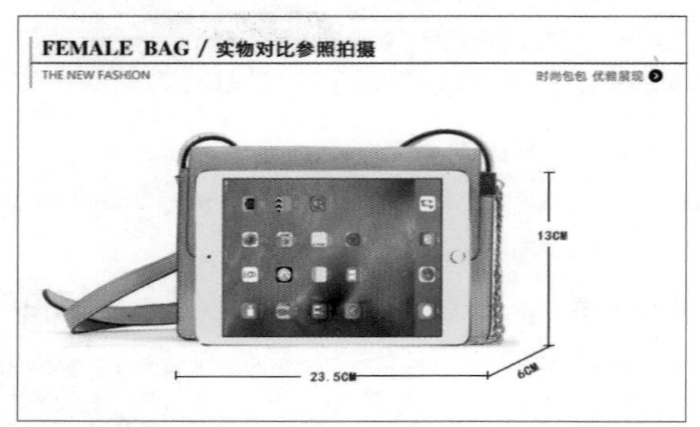

图9-37　实物对比参照拍摄模块效果

下面进行实物对比参照模块的制作，其具体操作如下。

**步骤 01** 新建大小为750像素×475像素，分辨率为72像素/英寸，名为“实物对比参照拍摄图”的文件。将制作的分类条移动到文档中，打开“详情页素材”文件（配套资源:\素材文件\第9章\详情页素材.psd），将其中的实物对比参照拍摄图拖动到当前文件中，调整素材的位置和大小，如图9-38所示。

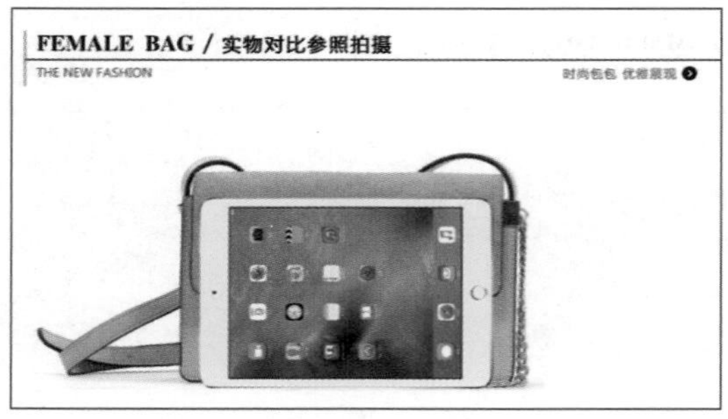


图9-38　添加素材

**经验之谈**

用于进行参照的物体，可根据实际需要进行选择，这里选择 iPad 是因为大部分买家都比较关心包的容量是否能装下该物品。

**步骤 02** 创建辅助线，选择“直线工具”，在工具属性栏中设置填充颜色为“黑色”，粗细为“1像素”，取消描边，按住“Shift”键拖动鼠标绘制标注线；选择“横排文字工具”T，在工具属性栏中设置字体样式为“黑体、15、黑色”，输入标注文本，如图9-39所示。保存文件，完成制作（配套资源:\效果文件\第9章\实物对比参照拍摄.psd）。

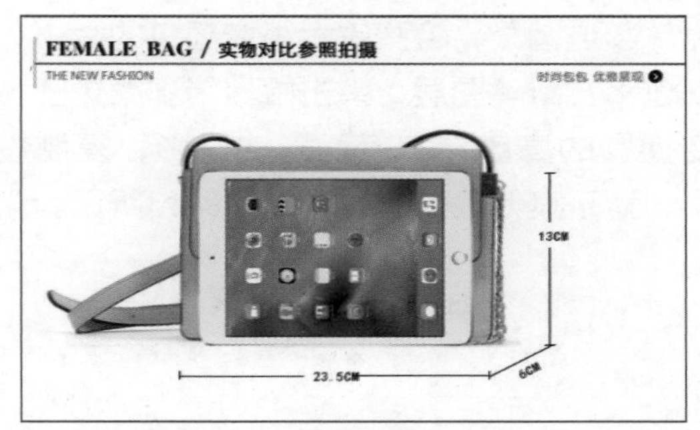


图9-39 添加尺寸标注

## 9.5.6 颜色展示图制作实战

许多商品都有多种颜色供消费者选择，不同消费者喜欢的商品颜色有所不同，因此陈列不同颜色的商品效果是有必要的，图9-40所示为制作的颜色展示图效果。

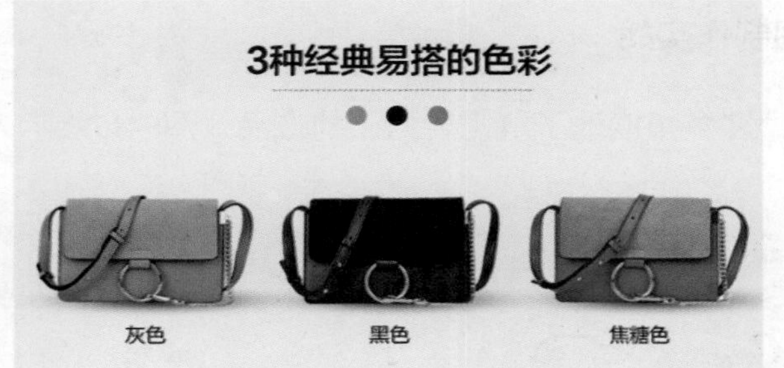

图9-40 颜色展示图效果

下面进行商品不同颜色的展示制作，其具体操作如下。

**步骤 01** 新建大小为750像素×360像素，分辨率为72像素/英寸，名为“颜色展示图”的文件。选择“横排文字工具”T，设置字体样式为“反正兰亭中黑_GBK”，在页面中上方输入文本，调整字体大小。选择“直线工具”，在工具属性栏中设置描边颜色为“#aba9ac”，粗细为“2.65”，描边样式为“虚线”，按住“Shift”键拖动鼠标绘制虚线装饰文本，如图9-41所示。

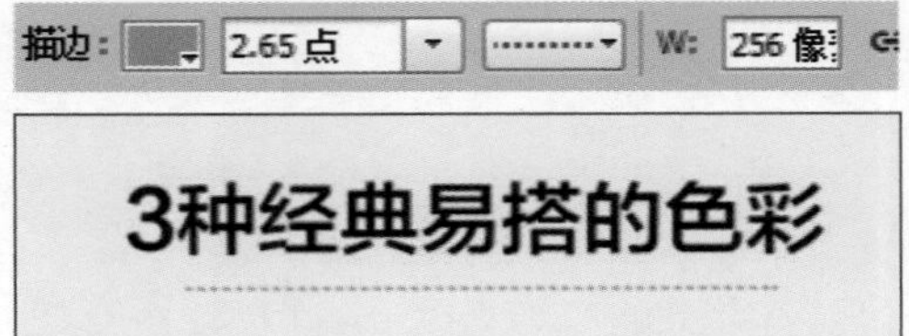


图9-41 输入文本并绘制直线

**步骤 02** 选择“椭圆工具”，按住“Shift”键拖动鼠标绘制圆，再复制两个圆，分别填充颜色为“#aba9ac”“#111114”“#e67a33”，以相同的间距排列成行，如图9-42所示。

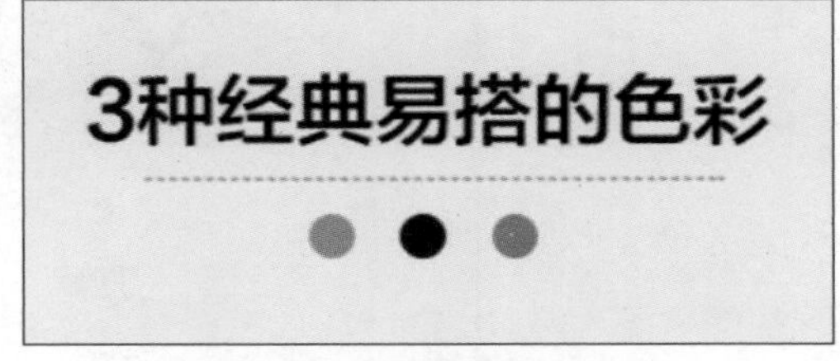


图9-42 绘制并复制圆

**步骤 03** 打开“详情页素材”文件（配套资源:\素材文件\第9章\详情页素材.psd），将3款不同颜色的展示图拖动到当前文件中，调整素材的位置和大小，注意统一间距与大小，选择“画笔工具”，调整画笔样式为“柔边圆”，将画笔大小增至包的大小，在包下方新建图层，单击鼠标得到柔边圆，变换圆的高度与宽度，形成投影，复制投影，置于其他包的底层，如图9-43所示。

**步骤 04** 更改文本样式为“微软雅黑、20点”，在包下方输入颜色的相关文本，如图9-44所示。保存文件，完成制作（配套资源:\效果文件\第9章\颜色展示图.psd）。

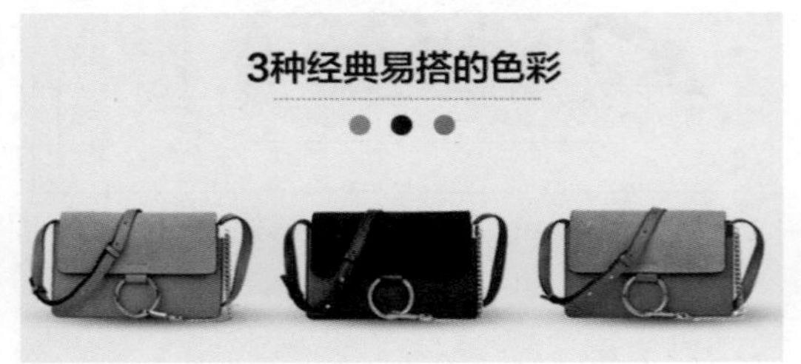


图9-43 添加素材与投影

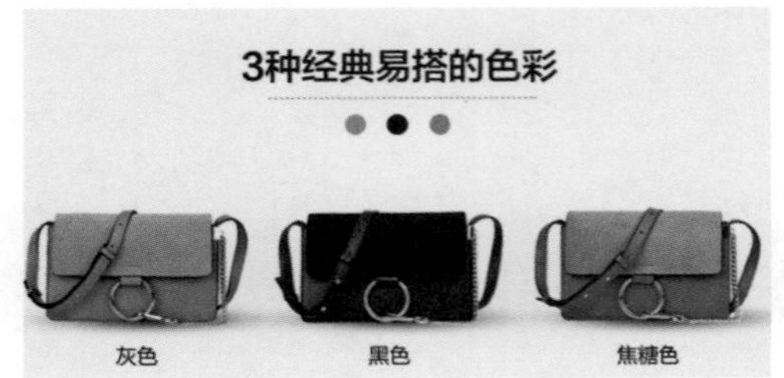


图9-44 添加颜色文本

### 9.5.7 商品全方位展示图制作实战

全方位展示商品图可以让顾客多角度地了解需要购买的产品，图9-45所示为制作的商品全方位展示图。

图9-45 商品全方位展示图

下面将从正面、侧面、背面来展示包的外形，其具体操作如下。

**步骤 01** 新建大小为750像素×360像素，分辨率为72像素/英寸，名为“商品全方位展示图”的文件。添加分类条，添加“详情页素材”文件（配套资源:\素材文件\第9章\详情页素材.psd）中的全面方位展示图，竖向排列包素材，并为第二张侧面包素材添加灰色矩形作为背景，如图9-46所示。

图9-46　添加素材

**步骤 02** 选择“画笔工具”，调整画笔样式为“柔边圆”，将画笔大小增至包大小，在包下方新建图层，单击鼠标得到柔边圆，变换圆的高度与宽度，形成投影，复制投影，置于其他包的底层，如图9-47所示。

图9-47　添加投影

**步骤 03** 选择“横排文字工具”，在工具属性栏中设置字体样式为“微软雅黑、20、#444343”，输入展示角度的文本；缩小英文单词的字号，选择“直线工具”，在工具属性栏中设置描边颜色为“#aba9ac”，粗细为“2.65”，描边样式为“虚线”，按住“Shift”键在文本左右两侧拖动鼠标绘制虚线装饰文本，如图9-48所示。

图9-48　输入文本并绘制虚线

**步骤 04** 使用相同的方法制作其他展示图的投影、文本与虚线，如图9-49所示。保存文件，完成商品全方位展示图的制作（配套资源:\效果文件\第9章\商品全方位展示图.psd）。

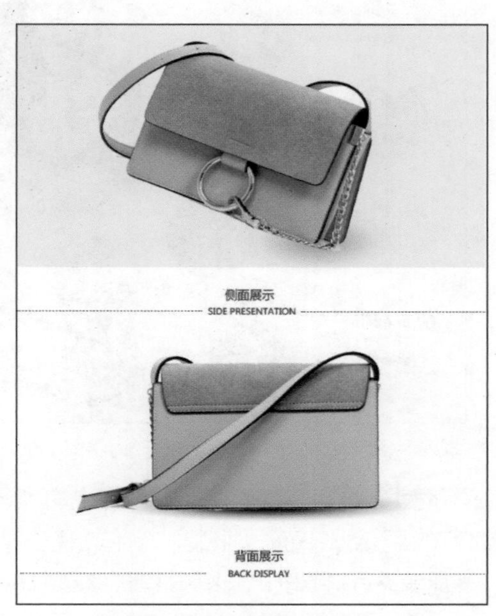


图9-49　商品全方位展示图

**新手试练**

不同商品，需要展示的信息也有所不同，根据前面的商品，搜集相关的素材进行商品信息的展示设计。在设计商品信息的展示时，需要注意展示的内容是否是消费者所想看到的，切忌展示一些无关紧要的信息。

# 9.6 商品细节设计

一张光彩夺目的商品图片能够起到抛砖引玉的作用，将顾客吸引到店铺中。而是否能留住顾客并成功交易，细节图就成了制胜的关键。细节图能够达到近距离观察的细腻真实的效果，让买家对商品本身的品质有零距离的触摸感。

## 9.6.1 商品细节设计要点

在制作细节图时，细节照片的选择对于细节的展示十分重要，细节照片一定要清晰明了、尽量避免偏色。此外，还要逻辑性强，做到有条不紊，才能带着买家按照卖家的思路，完整的浏览一遍商品。细节图的样式一般分为两种，一种是同时放置商品或细节图，将细节图指向商品的具体位置；还有一种就是单独的进行细节的展示，在排列布局上，可根据个人喜好与店铺的整体风格进行设计，图9-50所示为不同细节图的展示方式。

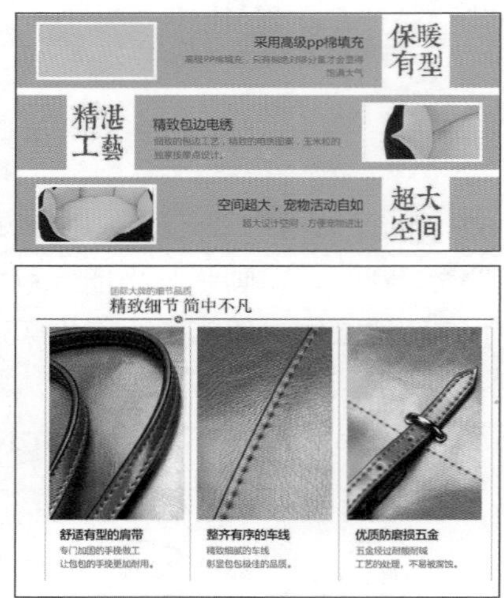


图9-50 细节图的展示方式

不同类目的商品的细节图内容也有所不同，卖家可根据商品本身的特点、卖点和优势进行细节的展示。下面以服装、箱包和鞋子类目为例，对细节展示的内容进行介绍。

- **服装类目细节图：**服装类目细节图一般包括款式细节（领口、门襟、袖口、裙摆、褶皱、腰带、帽子等）、做工细节（走线、针距、线粗、内衬锁边、褶皱、裁剪方式、熨烫平整等）、面料细节

（面料材质、颜色、面料纹路、面料花纹等）、辅料细节（里料、拉链、纽扣、订珠、蕾丝等）。

- **箱包类目细节图：**箱包的细节展示包括一般款式细节（袋口、包扣、拉链、肩带、褶皱等）、做工细节（滚边、走线、铆钉等）、材质细节（微距拍摄面料、颜色、花纹、厚薄，以及里料的展示）、配件细节（拉链、包扣、肩带、质感五金等）
- **鞋类目细节图：**鞋类目的细节展示一般包括款式细节（全貌、帮面、后帮、鞋跟、鞋底等）、材质细节（材质、纹路、花色等）、辅料细节（拉链、配件、流行元素、洗麦等）。

## 9.6.2 商品细节制作实战

女包细节图可以展示包的牛皮面料、工艺、暗扣和五金件，以突出包的质量好、做工精良、配件精致等优点，图9-51所示为制作的效果。

图9-51 商品细节设计

下面制作包的细节展示图，通过将包的细节放大，来展示包的制作工艺、材质、五金件等内容，完成后添加文案增加说服力，其具体操作如下。

**步骤 01** 新建宽度750像素×1190像素，分辨率为72像素/英寸，名为“商品细节展示图”的文件。添加分类条，添加“详情页素材.psd”文件（配套资源:\素材文件\第9章\详情页素材.psd）中的细节展示图，将材质图移动到页面右侧，新建图层，使用钢笔工具绘制图9-52所示的箭头图形，将前景色设置为黑色，在“路径”面板中单击“用前景色填充路径”按钮●填充为黑色。

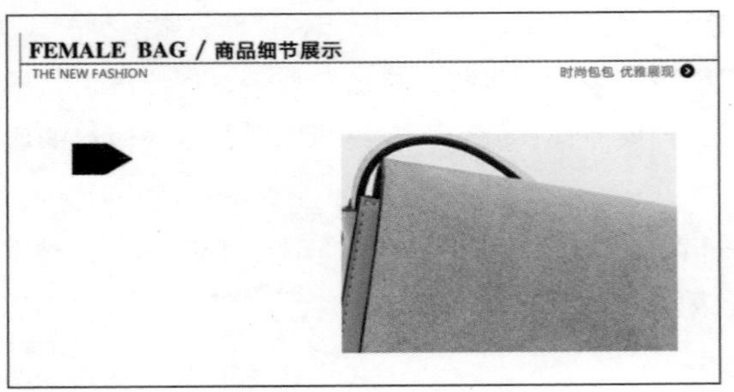


图9-52　绘制箭头

**步骤 02** 选择"横排文字工具" T，输入面料的说明信息，调整文本的大小与颜色，进行文本的大小对比，突出重点信息"牛皮面料"，设置数字"01"的字体为"Impact"，如图9-53所示。

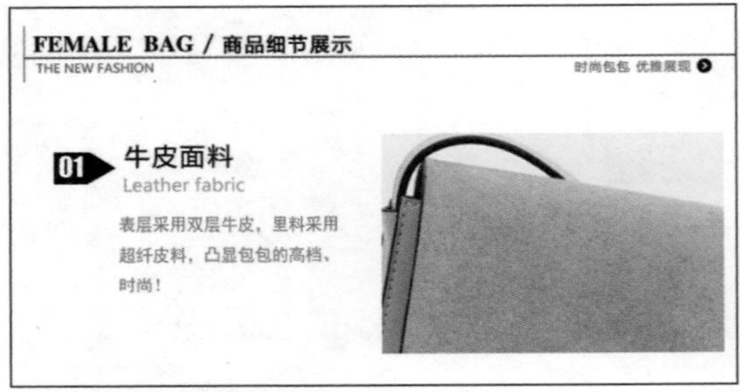


图9-53　输入文本

**步骤 03** 将缝纫细节图移至左侧，与第一张图形成对角，按"Ctrl+J"组合键复制箭头，按"Ctrl+T"组合键变换，选择【编辑】/【变换】/【水平翻转】菜单命令进行翻转，输入缝线相关的信息，注意统一页边距、文本与图片的距离，如图9-54所示。

图9-54　添加细节2

**步骤 04** 使用相同的方法制作细节3与细节4，制作后的效果如图9-55所示。保存文件，完成制作（配套资源:\效果文件\第9章\商品亮点图.psd）。

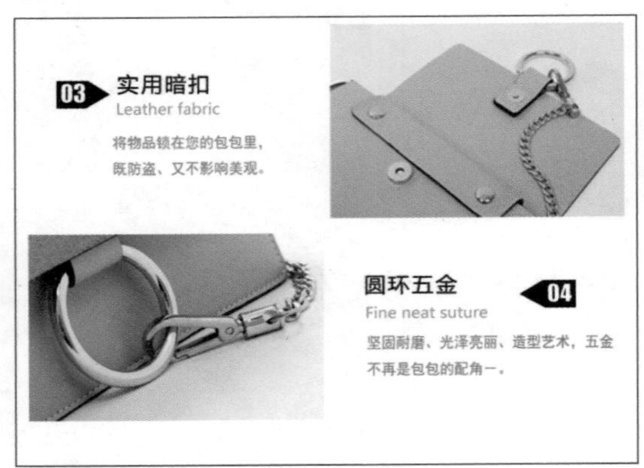


图9-55　细节3与细节4的效果

**新手试练**

搜索商品的细节信息与相关拍摄图，通过文本、形状和细节图片的组合进行商品细节图的制作。

# 9.7 扩展阅读——如何抓住详情页设计的重点

在设计详情页时，店家往往会通过各种方式来加强客户的购买欲望，如宣传品牌、皮质、优化服务、提高性价比、展示差异化优势、热销盛况、展示好评等。然而针对不同的商品，在详情页中需要呈现的重点也是有所不同的，下面将根据运营状况，将店铺中的商品划分为新品、热卖单品、促销商品、常规商品，并将这4种不同商品的详情页设计重点进行阐述。

- **新品详情页设计重点：**首先在传达设计理念的同时强调品牌、款式与品质，将新品介绍给买家；其次是将商品的某一特点做到极致，以突出商品的差异化优势；再次对销量低的新品可以通过新品打折、满减等营销方式积累一定的基础销量，图9-56所示为通过送棉拖鞋的方式营销新品。

图9-56　新品打折的营销方式

- **热卖单品详情页设计重点：**这类商品具有良好的销量，在详情页突出展示热销盛况、好评，在编写过程中可以暗示客户商品被大众认同，打消消费者的疑虑，然后通过展示商品优势来佐证其热销的原因，让消费者相信该款商品是正确的选择，如图9-57所示。

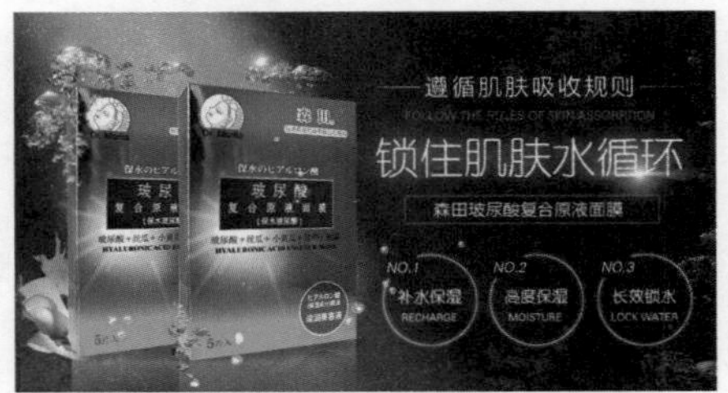


图9-57　热卖单品详情页设计重点

- **促销商品详情页设计重点：**在设计这类商品的详情页时，首先需要突出活动力度，让买家关注并对其产生兴趣，再通过性价比的优势与功能的介绍吸引顾客下单，如图9-58所示。

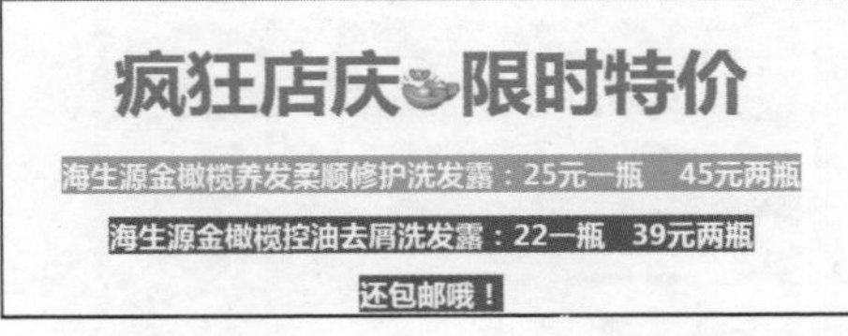

图9-58　促销商品详情页设计重点

- **常规商品详情页设计重点：**在设计这类商品的详情页时，首先需要给出足够的购买理由，通常是展示其优势、功能、性价比，或通过营销活动让买家产生购买的兴趣。

## 9.8　高手进阶

本练习将利用搜集的素材（配套资源:\素材文件\第9章\练习）制作登山包的详情页，根据登山包的风格，采用橄榄色和深绿色作为店铺的颜色，给人户外登山的清新感。在模块选择上，展示了产品设计理念、产品信息、产品细节卖点、快递与售后模块，制作后的效果如图9-59所示（配套资源:\效果文件\第9章\练习）。

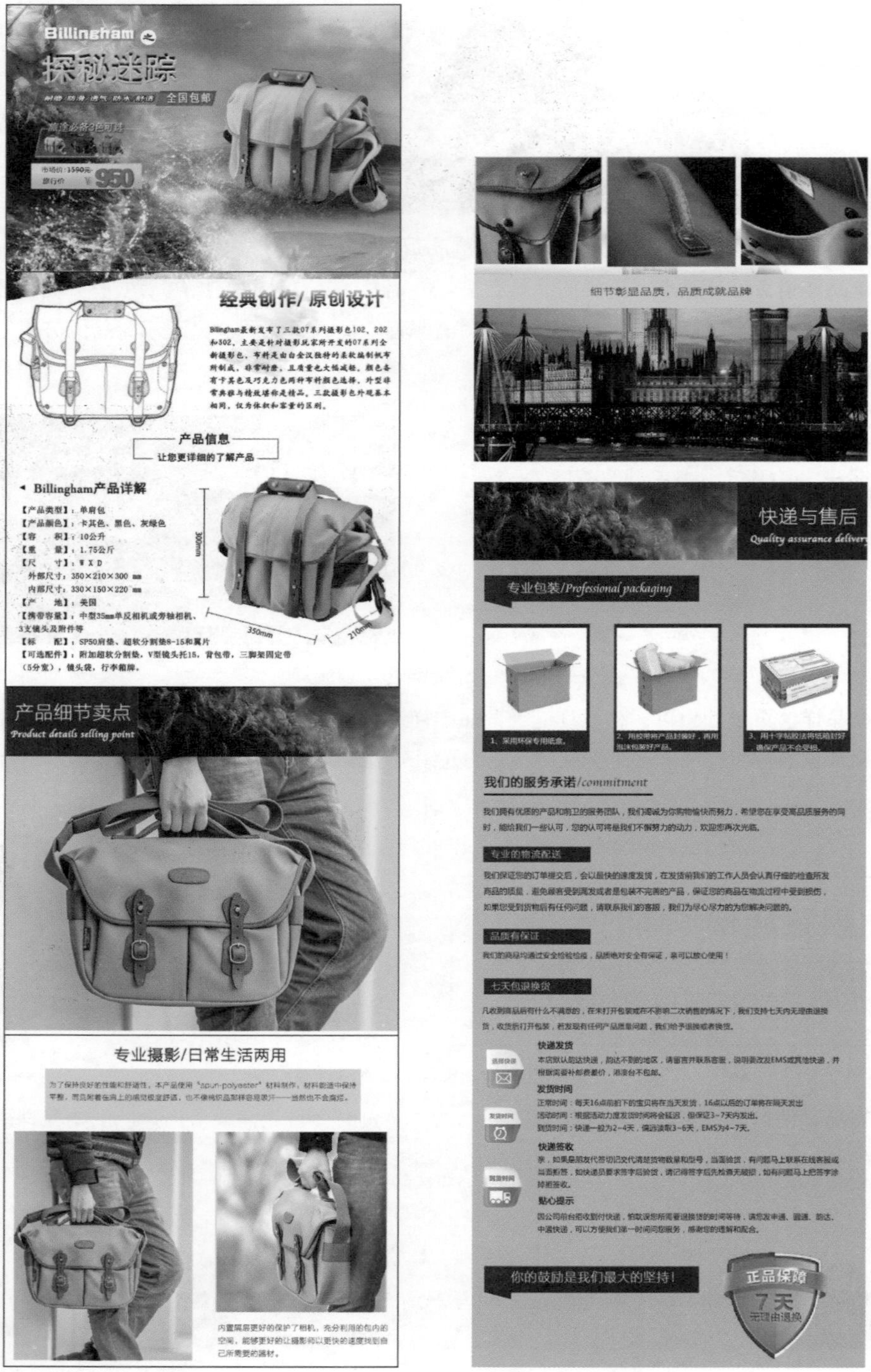

图9-59　登山包详情页效果

# 第4篇　无线店铺装修设计

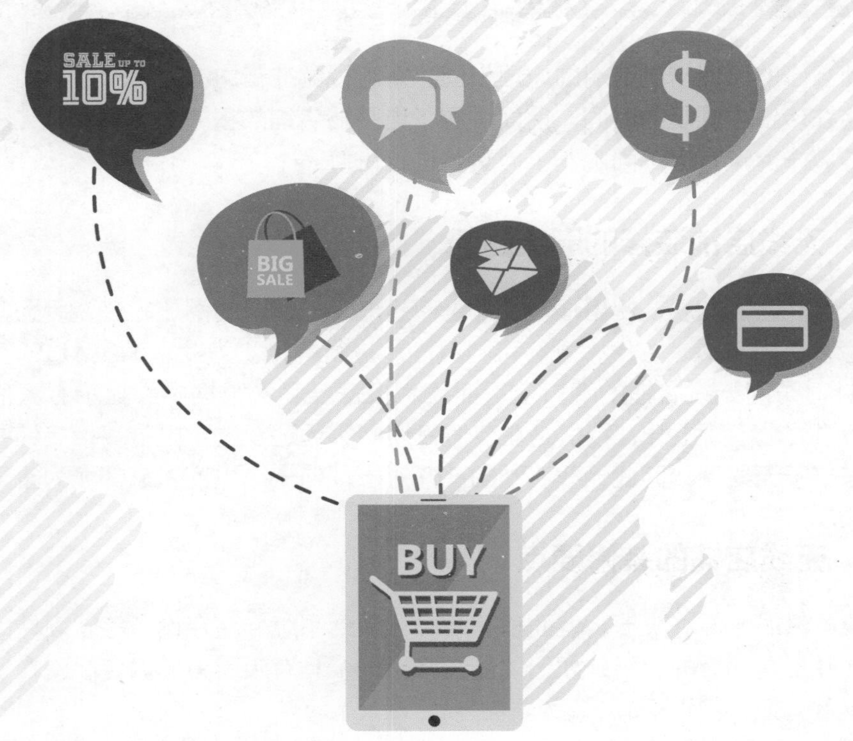


# 第10章 无线店铺装修设计

随着移动网络的发展，越来越多的人喜欢用手机上网购物，手机购物已经成为当前的购物趋势。由于受到手机屏幕大小的限制，直接将店铺电脑端的装修模式搬到手机无线店铺来会出现许多问题，如显示效果不好、体验不佳，最终影响店铺的销售额，因此手机无线店铺的优化是淘宝、天猫网店商家刻不容缓的工作。

# 10.1 了解无线店铺装修要点

无线店铺装修的原理与电脑端的原理相同，富有视觉冲击力的店铺更能吸引顾客的注意力，延长顾客在店铺中驻足的时间。前面讲解了电脑端店铺的相关知识，那么无线店铺装修与电脑端店铺装修究竟有何不同呢？下面具体进行讲解。

## 10.1.1 无线店铺装修的潮流趋势

随着无线互联网的发展，使用移动设备逛网店成为一种新的潮流趋势，因为其体积、屏幕等特点的缘故更为灵活、方便，顾客可随时随地进行购物。为此，淘宝APP、天猫APP、WAP端口等针对访问无线店铺的端口应运而生。根据互联网数据中心显示，人们通过移动设备访问Web的数量不断上升，特别是在节假日期间，远远超过了电脑端，店铺中很大一部分的流量都来自于无线端，因此无线店铺的装修对于任何一个电商卖家都尤为重要。

## 10.1.2 无线店铺的装修要点

无线店铺虽然很方便、快捷，但面积有限，且受到系统、储存设备等软硬件的限制，所以装修起来，并不是那么的容易，如何才能装修出一个具有吸引力的网店呢？在实际装修设计过程中，应首先把握好以下5点。

- **目标明确，内容简洁：**无线端淘宝的面积空间有限，若页面中放置的内容太多，将显得繁琐、杂乱，进而影响消费者的浏览体验，这就要求内容要精简，并且突出重点。
- **图片不要太大：**为了达到顺利、快速浏览页面的体验，应在尽量确保图片清晰的前提之下用一些压缩工具将图片进行压缩。
- **页面色调简洁而统一：**手机APP界面设计中，色彩是很重要的一个UI设计元素。合理、舒适的色彩搭配可以为店铺加分。由于手机界面屏幕规格有限，简洁整齐、条理清晰的页面更容易让浏览者一目了然，避免视觉疲劳要求，因此在颜色选择上也要做到色调简洁而统一，尽量使用纯色或者浅色的图片来做背景，尽量少使用类别不同的颜色，以免眼花缭乱，反而让整个页面混乱；杜绝使用对比强烈，让人产生憎恶感的颜色。
- **颜色不宜太暗淡：**尽量调高图片的亮度和纯度，增加宝贝图片的通透性，确保浏览者可以在各种条件下（省电模式、光线过强等）都能清晰地查看页面和宝贝。
- **重视首页的视觉传达：**店铺的商品分类、促销活动和优惠信息等顾客重点关注的信息要重点展示。

## 10.1.3 无线店铺与电脑端店铺对比分析

可从尺寸、布局、详情、分类和颜色方面对电脑端与手机端店铺页面进行对比，图10-1所示为“妖精口袋”天猫店铺手机端与电脑端的首页效果。

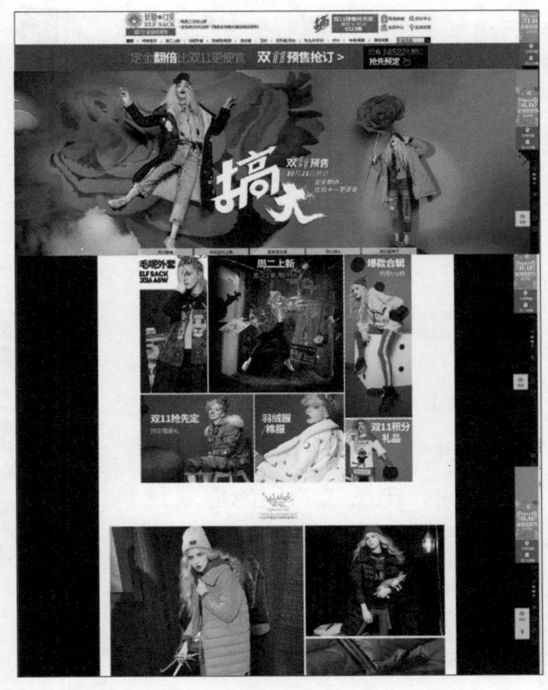

图10-1　手机端淘宝店铺与电脑端淘宝店铺

下面将从尺寸、布局、详情、分类和颜色方面对页面进行对比，帮助用户了解两者的区别，以便能合理地进行无线端店铺的装修设计。其具体操作如下。

**步骤 01** 就尺寸而言，手机端显示的宽度为608像素，而电脑端的显示宽度一般为950像素，若照搬电脑端店铺的图片到手机店铺，容易导致尺寸不适应手机屏幕的大小而造成显示不全、界面混乱、浏览不佳的问题。

**步骤 02** 就布局而言，手机端更注重浏览体验，省略了边角的活动模块，以及详细的广告文案，将电脑端的3栏图片精简展示到两栏，并将海报中的文案、价格等信息通过字号加大、颜色调整突出显示出来，使其更适合手机端阅读，如图10-2所示。

图10-2　布局对比

图10-2　布局对比（续）

**步骤 03** 就详情而言，电脑端会通过较多文字说明产品的卖点、促销信息、优惠信息等，而手机端文字则更为精简，图10-3所示为手机端的部分详情展示，电脑端的活动文案、分类信息都比手机端丰富。

图10-3　详情对比

**步骤 04** 就分类而言，手机端的分类模块比较简洁、清晰，使用了分类图标，而电脑端的分类信息更详细，如图10-4所示。手机端的字体明显较粗、识别性更强。

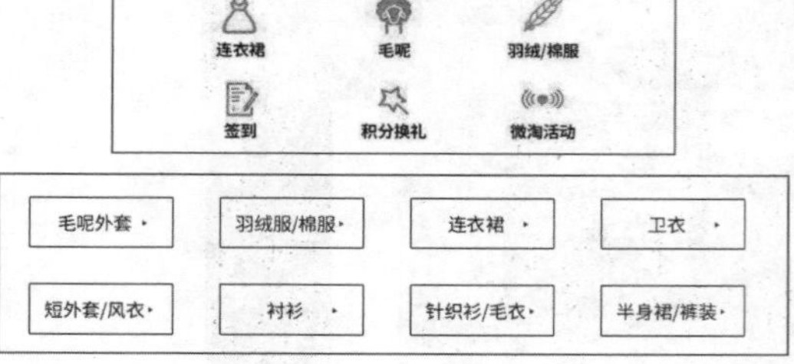


图10-4　分类对比

**步骤 05** 就颜色而言，电脑端的用色更深，如使用了黑色的背景渲染店铺个性夸张的风格，而手机端的店铺增加了白色的空隙，以实现鲜亮颜色的自然过渡，整体鲜亮而不失整洁，而如图10-5所示。

图10-5　用色对比

**新手试练**

为了让读者在电脑端店铺装修设计的基础上举一反三，学会手机端店铺的装修设计，要求读者对淘宝上比较典型的手机端店铺与电脑端店铺的区别进行讨论。要求发散思维，从各个角度、细节进行赏析、对比，总结对比结果，将之前制作的店铺首页更改为手机端的店铺首页。

# 10.2 无线店铺首页装修

电脑端的首页一般展示的是品牌形象、店铺活动等信息，访问首页的方式也多为商品详情页直接跳转到店铺首页，直接访问店铺首页的情况并不多，而手机端访问店铺的方式比较灵活，如扫描店铺的二维码，店铺微淘、搜索店铺、详情页跳转等，因此手机端的首页与电脑端的首页具有不同的客户访问特征，无线店铺的首页起的作用比电脑端首页更大。因此，在设计手机店铺首页时，要更加注意风格的定位、商品的选择与模块的构成。

## 10.2.1　无线店铺装修入口及后台操作

登录淘宝账号，进入卖家中心，选择手机店铺装修或直接进入无线运营中心，即可进入无线店铺的后台装修页面。依次点击“立即装修”和“店铺装修”超链接，选择店铺首页，进入店铺首页装修页面，可看到淘宝提供了商品分类、图文类模块、营销互动类和智能类模块，如图10-6所示，拖动相应的模块到装修页面即可添加对应的模块，其操作与电脑端模块的操作方法相同。

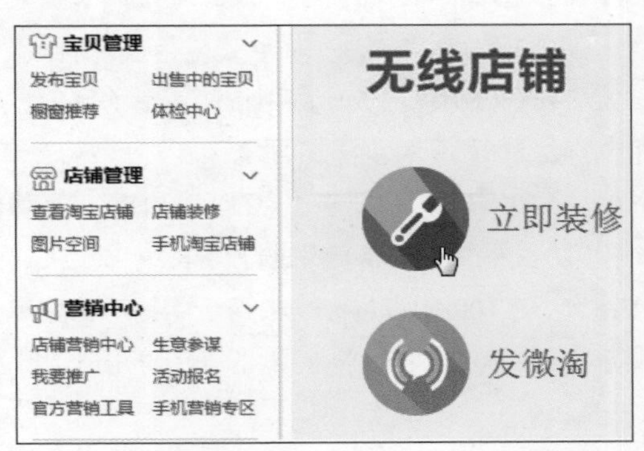

图10-6　进入手机店铺装修模块

## 10.2.2　认识手机端首页的模块组成

从整体内容上看，无线淘宝店铺首页必须承载八大内容，包括店招、会员分享、宝贝、分类、活动、形象、优惠券和微淘，图10-7所示为一个典型的手机店铺首页布局图。

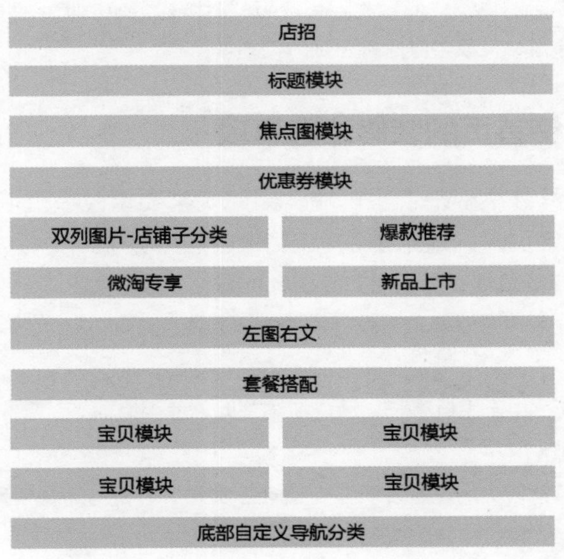


图10-7　手机店铺首页布局图

## 10.2.3　认识手机端首页模块的特点与装修要点

各个模块的特点与装修注意事项分别介绍如下。

- **店招**：手机端的店招大小为640像素×248像素，文件大小在100KB以内，一般包含店铺名称、Logo、收藏与分享按钮、营销亮点、店铺活动、背景图片等内容，由于位于页面的顶端、显示的比例比电脑端大，因此更为抢眼，一般要求主题鲜明、颜色亮丽，以便能在吸引消费者眼球的同时宣传店铺。在设计店招时，可从行业地位、店铺调性、活动主题进行出发。
- **店铺标题模块**：主要用于区分商品类别，展示店铺的优势，品牌的理念等，最多支持12个中文字符，约17磅（1磅≈0.45千克）。
- **焦点图模块**：图片大小为608像素×304像素，文件大小在100KB以内，一般用于店铺活动宣传、店铺产品宣传、店铺形象宣传等。在制作轮播焦点图时，轮播图最多可以添加4张。
- **优惠券模块**：图片大小为248像素×146像素，文件大小在50KB以内，要求重点醒目、清晰、互动性强，具有分隔空间、活跃页面的效果。可以使用多图模块、左文右图等模块进行制作。
- **左文右图模块**：图片大小为608像素×106像素，文件大小在100KB以内，一般用于店铺活动宣传、店铺王牌商品展示、店铺文化介绍等。制作时，要求清晰准确，在其中有一些引导按钮引导用户点击。
- **套餐搭配模块**：告知顾客店铺搭配套餐，以提高成交量。
- **文本模块**：最多支持50个中文字符，约12磅（1磅≈0.45千克），作为商品与商品之间的分割，是对商品的特别说明。
- **商品模块**：用于对店铺的商品进行展示，在注意布局的同时应尽量将主营的商品全部覆盖，展示时，应将王牌商品、热销商品进行重点突出，可通过色相对比吸引用户眼球，或添加相应元素引导消费者。
- **底部自定义导航模块**：引导分类商品，有效促进客户分流。
- **微淘**：微淘是阿里集团的重要产品之一，在移动互联时代，微淘是移动消费的重要入口。卖家在微淘上可以更好地经营客户，跟客户保持更好的沟通。

### 10.2.4 无线店铺首页的装修注意事项

由于大多数的流量及订单都来于手机端，因此卖家要重视手机端的运营，尤其是店铺首页的优化。在设计店铺首页时，通常都注意以下4方面事宜。

- **注重感官的习惯性与舒适性**：从买家的购物习惯出发，图片上的清晰度和大小都要适应手机的尺度，以大图为主、分类清晰明确；搭配舒适的店铺颜色；产品的细节清晰、美观，给人零距离舒适的体验。
- **合理控制页面的长度**：由于手机狭长，用户在浏览时一般至上而下，要求信息不必太多，一般以6个屏幕以内为最佳。
- **页面整体内容的把握**：店铺的主营宝贝与定位理念突出，要充分考虑互动性、趣味性、专业性与基调定位，能够精准定位客户，并快速吸引眼球。
- **与电脑端的视觉统一**：手机端的内容与电脑端的内容相互呼应，具有相通的视觉符号，提高店铺品牌的关联性。

### 10.2.5 手机端店招制作实战

下面将制作具有中国特色的小吃店铺的手机端店招，在制作时，由于左侧需要添加店标和店名，因此左侧不宜放置文案，制作时为了突出中国风，将添加一些图章、图纹元素，效果如图10-8所示。

图10-8 无线店铺首页装修效果

手机端店招设计

下面进行店招的制作，其具体操作下。

**步骤 01** 新建大小为640像素×200像素，分辨率为72像素，名为“手机端店招”的文件。打开“店招素材”文件（配套资源:\素材文件\第10章\店招素材），将其中的背景、图样、灯笼分别拖动到文件中，调整各素材的位置和大小，效果如图10-9所示。

图10-9 搭建背景图片

**步骤 02** 选择花纹所在图层，在“图层”面板将混合模式更改为“滤色”，效果如图10-10所示。

图10-10 设置图层混合模式

**步骤 03** 选择“椭圆工具”，在工具属性栏中设置填充颜色为“#422121”，按“Shift”键绘制正圆，按“Ctrl+J”组合键复制圆，排列的效果如图10-11所示。

图10-11 绘制与复制圆

**步骤 04** 选择“横排文字工具” T，设置字体样式为“方正剪纸简体、54.37点、锐利、白色”，在圆上输入文本，如图10-12所示。

图10-12 输入文本

**步骤 05** 继续输入其他文本，设置字体样式为“微软雅黑”，字体颜色为“#f1e3bc、#e52519”，调整大小与位置，如图10-13所示。

图10-13 输入文本

**步骤 06** 添加“店招素材”文件中的图章到“吃货爆料”右下角，调整大小，烘托中国风的氛围；在图像下方绘制通栏矩形，填充为“#2f1818”，保存文件完成店招的制作，效果如图10-14所示（配套资源:\效果文件\第10章\手机端店招.jpg）。

图10-14 手机端店招最终效果

## 10.2.6　手机端焦点图制作实战

在设计手机端焦点图时，由于屏幕尺寸较小，因此在构图方式和文本设计方面都要求简洁，下面将采用上下式结构为美食制作焦点图，图10-15所示为制作的效果。

图10-15　手机端焦点图

制作时为了突出特产，将采用棉麻面料背景、毛笔字形与古典的花纹结合，突出“家乡”的味道，其具体操作如下。

**步骤 01** 新建大小为640像素×200像素，分辨率为72像素，名为“手机端首焦”的文件。打开“手机端首焦素材”文件（配套资源:\素材文件\第10章\手机端首焦素材），将其中的背景、图样、美食拖动到文件中，调整素材大小与位置，在金色花纹的下方绘制黑色矩形，效果如图10-16所示。

图10-16　添加素材

**步骤 02** 双击美食所在图层，打开“图层样式”对话框，选择“投影”选项卡，进入投影设置页面，设置投影大小、距离、扩展等参数，具体如图10-17所示。单击确定按钮。

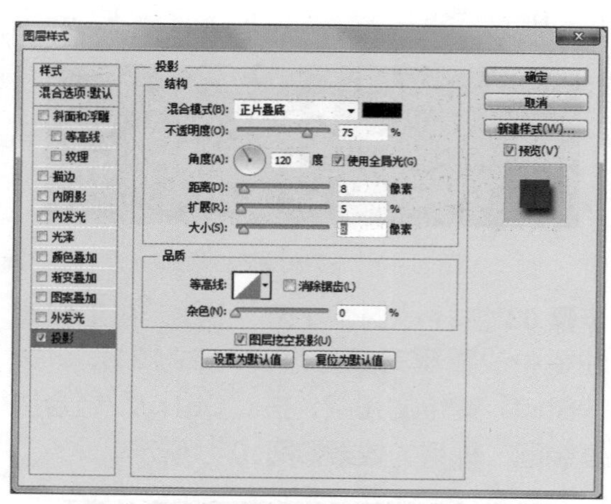


图10-17　添加投影

**步骤 03** 选择“横排文字工具” T，设置字体样式为“叶根友毛笔行书、锐利”，字体颜色为“#0b2a14”，输入文本，注意

“家”与“乡”要分开输入，选择“乡”文本，按“Ctrl+T”组合键将文本拉瘦；在“家乡”文本下方输入英文，设置字体格式为“Aparajita、17点、锐利、#947e76”，完成文本后的效果如图10-18所示。

图10-18　输入文本

**步骤 04** 选择“家乡”图层，单击鼠标右键，在弹出的快捷菜单中选择“栅格化图层”命令栅格化图层；选择“橡皮擦工具”，在工具属性栏中设置画笔的样式为“湿介质画笔-样式39”，调整画笔大小，涂抹“家乡”文本的边缘，形成水墨画的效果，如图10-19所示。

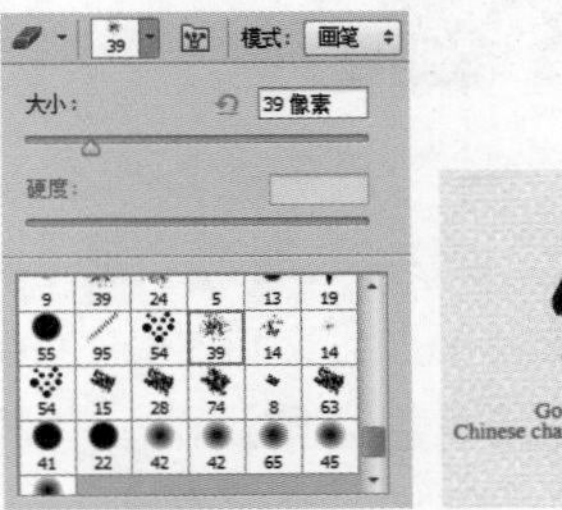


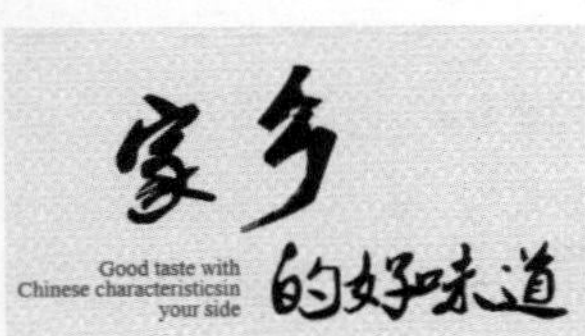


图10-19　调整文本笔刷样式

**经验之谈**

添加“湿介质画笔”等画笔类别时，需要单击画笔样式面板右侧的“设置”按钮，选择添加的类别，在打开的对话框中单击“追加(A)”按钮，即可将该类别的画笔样式添加到画笔样式列表框中。

**步骤 05** 保存文件，完成手机焦点图的制作（配套资源:\效果文件\第10章\手机端焦点图.psd）。

## 10.2.7　优惠券制作实战

手机端的优惠券与电脑端相比，在排列与大小的设置上更加清晰明了，本例将利用前面的花纹素材制作具有中国风的古典优惠券效果，其效果如图10-20所示。

图10-20　优惠券效果

下面进行优惠券的制作，其具体操作如下。

**步骤 01** 新建大小为640像素×220像素，分辨率为72像素，名为“手机端优惠券”的文件。选择“圆角矩形工具”，在页面左侧绘制半径值为“4”像素，长宽均为“190”像素，填充颜色为“#b83837”的圆角矩形，效果如图10-21所示。

图10-21　绘制圆角矩形

**步骤 02** 拖动“花纹”素材（配套资源:\素材文件\第10章\花纹.jpg）到文件中。调整素材大小与位置，使其覆盖圆角矩形，并将图层混合模式设置为“叠加”，不透明度设置为“16%”，如图10-22所示。

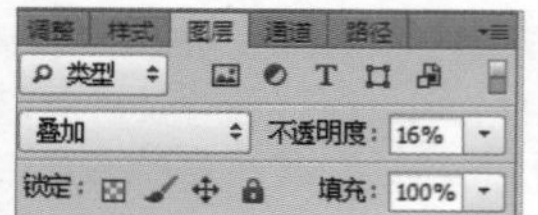


图10-22　设置图层混合模式

**步骤 03** 查看设置混合模式后的效果，选择花纹图层，单击鼠标右键，在弹出的快捷菜单中选择“创建剪切蒙版”命令，将花纹载入到矩形中，如图10-23所示。

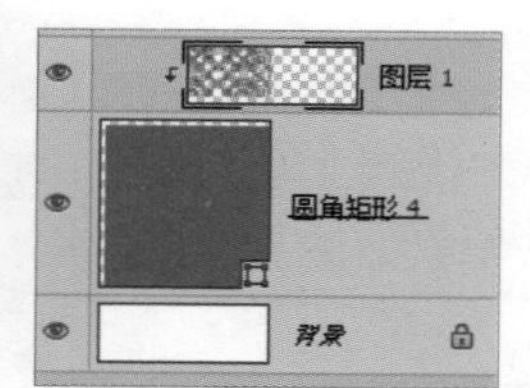


图10-23　创建剪切蒙版

**步骤 04** 选择“横排文字工具” T，设置字体样式为“叶根友毛笔行书、锐利”，字体颜色为“#f6f0cb”，输入“优惠券”文本，更改字体为“宋体”，输入“￥10”，如图10-24所示。

图10-24　输入文本

**步骤 05** 使用圆角矩形工具在金额下面绘制半径为“3”的圆角矩形，设置填充颜色为“#f4a04e”，输入字体为“微软雅黑”的文本，使用多边形工具在文本右侧绘制黑色三角形，完成一张优惠券的制作，如图10-25所示。

图10-25　完成一张优惠券的制作

**步骤 06** 全选优惠券内容，单击“链接”按钮，按“Ctrl+G”组合键将优惠券内容放置到新建的组中，按“Ctrl+J”组合键复制组，移动各组的位置，修改金额，完成其他优惠券的制作，如图10-26所示（配套资源:\效果文件\第10章\手机端优惠券.psd）。

图10-26　最终效果

**经验之谈**

在使用素材时，一般需要将素材的背景删除，为了避免素材的边缘出现锯齿，可在删除背景时使用羽化功能。

## 10.2.8 分类导航的设计与装修实战

下面通过中国风的房屋样式，以及灯笼形状制作具有特色的美食分类图，制作时需要对颜色进行把握，制作后的效果如图10-27所示。

图10-27 分类导航的设计与装修

下面进行分类导航的设计与装修，其具体操作如下。

**步骤 01** 新建大小为640像素×470像素，分辨率为72像素，名为“分类图”的文件。打开“分类导航素材”文件（配套资源:\素材文件\第10章\分类导航素材），将房屋素材拖动到文件中，调整大小与位置，使用矩形工具绘制房屋两侧的柱子，填充颜色为“#320808”，如图10-28所示。

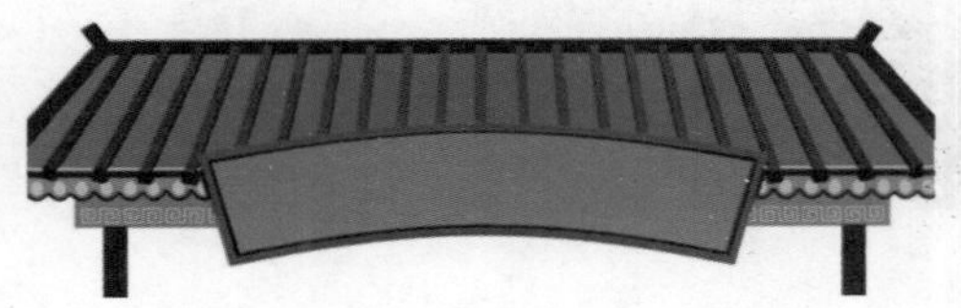

图10-28 添加素材

**步骤 02** 选择“横排文字工具”T，设置字体为“叶根友毛笔行书、锐利”，字体颜色为黑色，输入“美食搜搜”文本，在工具属性栏中单击“变形文字”按钮，打开“变形文字”对话框，设置样式为“扇形”，弯曲为“15%”，单击确定按钮，如图10-29所示。

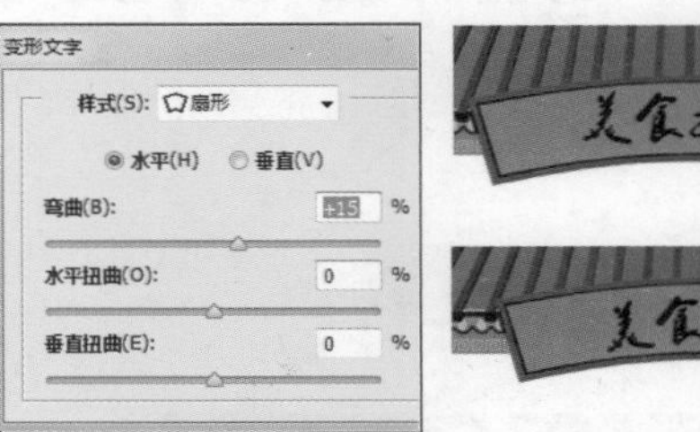


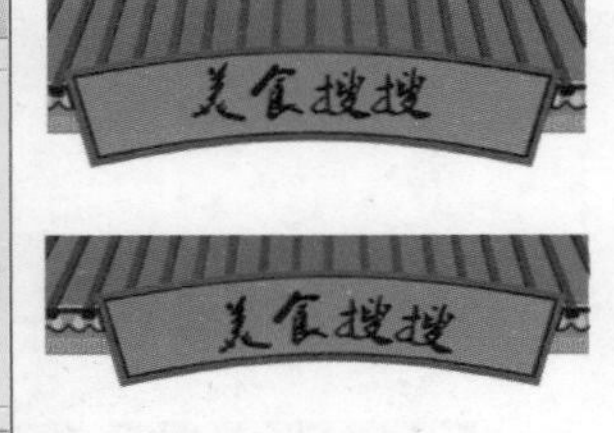


图10-29 文字变形

**步骤 03** 选择矩形工具绘制140像素×190像素的矩形，将颜色填充为“#261415”，将灯笼素材拖动到绘制矩形上，调整其大小与位置；选择“柔边圆”画笔工具，设置前景色为“#e7bb2e”，调整画笔大小至图片大小，新建图层，单击鼠标得到柔边圆形状，将其移至灯笼底层，调整大小与位置，得到发光的效果，如图10-30所示。

图10-30 添加光影

**步骤 04** 设置前景色为黑色，选择“横排文字工具”T，设置字体为“叶根友毛笔行书、锐利”，输入分类文本，单击按钮纵向排列文本；链接分类图片内容，按“Ctrl+G”组合键将分类图片内容放置到新建的组中，如图10-31所示。

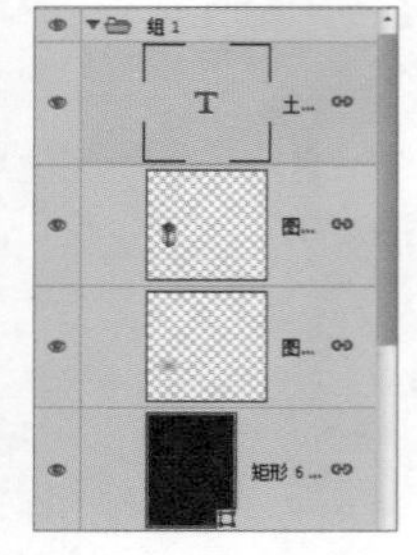


图10-31　新建组

**步骤 05** 按“Ctrl+J”组合键复制组，移动组的位置，排列成一行4个，修改类别文本，完成分类图的制作，如图10-32所示（配套资源:\效果文件\第10章\手机端分类图制作.psd）。

图10-32　最终效果

## 10.2.9　商品列表图制作实战

下面制作“精品上新”与“低价特卖”栏的商品列表图，其效果如图10-33所示。

图10-33　商品列表图

其中“精品上新”采用双列商品的排列方式，“低价特卖”栏采用左图右文的排列方式，其具体操作如下。

**步骤 01** 新建大小为640像素×1200像素，分辨率为72像素，名为“宝贝列表图”的文件。选择“横排文字工具”T，设置字体样式为“叶根友毛笔行书、锐利”，字体颜色为“#3b5040”，输入精品上新相关文本，效果如图10-34所示。

图10-34　输入文本

**步骤 02** 打开“宝贝列表素材”文件（配

套资源:\素材文件\第10章\宝贝列表素材),选择“画笔工具”，设置前景色为“#0b8e4e”，设置画笔样式为“粗糙油墨笔”，画笔大小为“39像素”，绘制图案，在其上输入白色纵向文本，如图10-35所示。

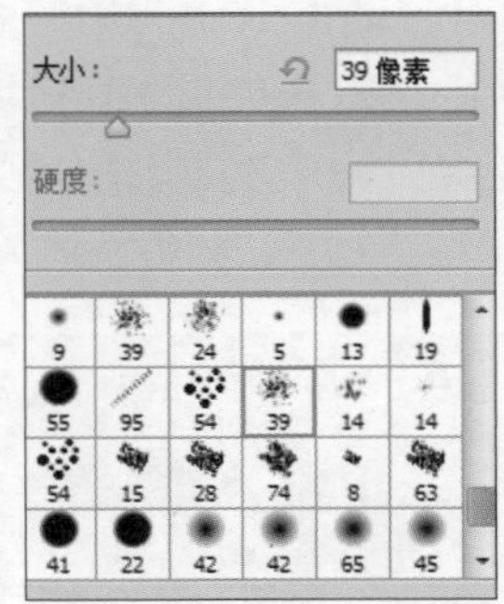

图10-35　添加画笔图案

**步骤 03** 打开“宝贝列表素材”文件（配套资源:\素材文件\第10章\宝贝列表素材），拖动山、莲子与桂圆素材到文件中，调整图片大小，并进行双栏排列，如图10-36所示。

图10-36　添加素材

**步骤 04** 选择“椭圆工具”，设置填充色为“#9a020a”，在图片左上角绘制圆，选择“横排文字工具”，设置字体格式为“楷体、白色”，在圆上输入“好吃不贵”文本，复制圆与文本，添加到另一张图片上，如图10-37所示。

图10-37　添加标签

**步骤 05** 选择“横排文字工具”，设置字体样式为“方正特雅宋_GBK、锐利”，在图片下方输入“精品莲子”等文本；更改字体为“华文细黑”输入“农家特产”等文本，选择原价文本，在“字符”面板中单击按钮为原价添加删除线，如图10-35所示。将前景色设置为“#7d0000”，使用画笔工具在“立即抢购”下方新建图层，绘制图案，如图10-38所示。

图10-38　添加价格信息

**步骤 06** 使用前面的方法制作“低价特卖”标题栏，更改文本颜色为“#40221c”，图章填充颜色为“#a52827”，如图10-39所示。

图10-39　制作“低价特卖”标题

**步骤 07** 选择“矩形工具”，在工具属性栏中设置填充颜色为“#d54543”，描边颜色为“#7d0000”，描边粗细为“2.56pt”，描边样式为“实线”，绘制矩形；新建图层，选择“钢笔工具”，在工具属性栏中设置绘制形状，填充颜色为“#7d0000”，在矩形右上角绘制“特价”标签，如图10-40所示。

图10-40　绘制图形

**步骤 08** 打开“宝贝列表素材”文件（配套资源:\素材文件\第10章\宝贝列表素材）,将牛肉粒图片添加到矩形左侧，调整大小；选择“横排文字工具”，输入文本，调整文本的颜色，注意字体、字号与前面制作的宝贝信息统一；将文本“特价”的字体格式设置为“时尚中黑简体、加粗”，按“Ctrl+T”组合键，拖动四角旋转文本，使其与标签平行，效果如图10-41所示。保存文件，完成宝贝列表的制作（配套资源:\效果文件\第10章\宝贝列表图.psd）。

图10-41　添加文本

**新手试练**

制作首页时，需要根据商品特色、商品功能、设计师喜好来确定店铺的风格，店铺的颜色、元素搭配都影响了店铺的风格。设计师在颜色搭配、图形与字体的选择不同，营造的气氛与风格也不同，有些高冷潮流，有些温馨舒适。为了提高读者设计首页的水平，要求分析淘宝、天猫上的店铺首页，设计几套不同风格的店铺首页，具体要求如下。

- 针对不同的风格，在店铺整体把握上要统一，如以扁平化图形为主的店铺，就需要摒弃一些立体化的图形。
- 店铺颜色搭配和谐，主色调与副主色调尽量不超过3种，文本的字体、字间距、页面的边距等要求统一。

## 10.3 使用“淘宝神笔”模板制作详情页

许多人认为在制作电脑端的详情页后手机店铺也可以显示该商品的详情页，但由于手机端与电脑端对图片尺寸的要求不同，很多商品会出现图片不显示或显示不全、页面排版混乱的情况，因此无线店铺装修的详情页变得尤为重要。

## 10.3.1 无线店铺详情页的特征

详情页决定了店铺流量的转化率，由于越来越多的人选择手机购物，因此手机端的详情页的装修也势在必行。与电脑端的详情页相比，手机端的详情页具有以下5个特征。

- **尺寸更小：**手机端的尺寸往往比较小，宽度一般为620像素，一屏高度不超过960像素，为了能在一屏内展示想看的内容和信息，就需要考虑页面的长度。
- **卖点应该更加精炼：**手机端详情页可以参照电脑端，但是手机端更加注重在最短的时间内，把买家的购买欲望放大到最大，因此手机端详情页的卖点应该更加精炼。
- **场景更加丰富：**由于手机端用户可以在多种场景内进行购物，如车上、床上、步行中等。因此在手机端详情页面添加多种场景可以更加贴和生活，增加客户对产品的了解。
- **页面切换不便：**电脑端可以很方便的通过页面的文字或按钮切换页面，而无线端页面的页面就不是很方便，因此无线端的图片以及图片上的引导文字一定要清晰并且具有吸引力，能够快速打动消费者购买。
- **页面文件的容量更小：**在电脑端浏览Web页面平均需要9MB流量，若直接将电脑端详情页转化为手机端详情页，将导致页面加载缓慢，耗费顾客更多的流量，因此手机端详情页的页面文件更小。

## 10.3.2 无线店铺详情页设计的要点

基于无线店铺详情页的特征，在设计详情页时需要注意以下3点。

- **图片设计要点：**图片的体积不能太大，否则容易出现加载缓慢，影响购物体验，此时应在保证图片清晰度的同时压缩图片。细节图不能太小，尽量保证清晰度，让消费者能够看见细节详情，产生购买欲。
- **文字设计要点：**图片文字、商品信息和商品描述文字都不能太小，否则容易造成诉求不清楚。
- **宝贝重点的设计：**商品重点需要突出，这就要求合理控制页面展示的信息量，省略一些无关紧要的内容，提高购物体验。

## 10.3.3 “淘宝神笔”模板制作实战

下面使用“淘宝神笔”制作女包的详情页，制作时将使用到编辑模块的一些操作，如替换模块的图片，更改文本、添加模块、删除模块、移动模块等，模板与模板应用效果如图10-42所示。

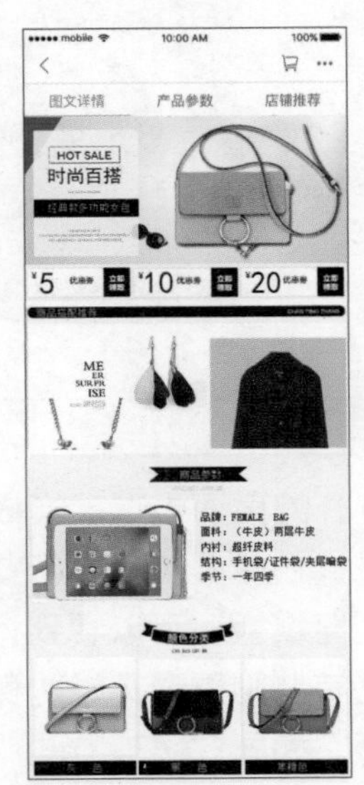


图10-42 使用模板生成的女包详情页效果

下面通过“淘宝神笔”生成女包的模板，其具体操作如下。

**步骤 01** 在“发布宝贝”页面“手机端描述”栏中单击选中“使用神笔模板编辑”菜单选项，单击立即编辑按钮，如图10-43所示。

图10-43　使用神笔模板编辑

**步骤 02** 在打开的对话框中选择需要使用的模板，单击上方的“导入模板”链接，在打开的页面中选择“购买新模板”选项，如图10-44所示。

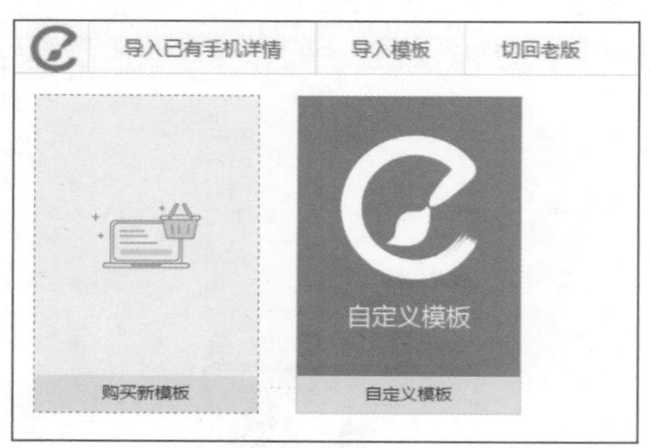


图10-44　购买新模板

**步骤 03** 在打开的页面中选择模板的行业与风格，这里选择“鞋类箱包”行业中的所有风格模板，浏览模板，可以看到有些模板可以直接使用，有些则需要花钱购买，选择一个合适的模板，如图10-45所示。

图10-45　选择模板

**步骤 04** 进入该模板的详情页，可看见提供了“立即购买”与“立即试用”两个按钮，此处单击立即使用按钮，如图10-46所示。

图10-46　使用模板

**步骤 05** 查看应用模板后的效果，界面右侧列出了模板中需要使用的模块，单击选择相应的模块，在右侧查看模块的尺寸信息，图10-47所示为选择查看焦点图模块。

图10-47　查看模板的各个模块

**步骤 06** 打开Potoshop，新建与模块对应尺寸的文件，此处为620像素×291像素，制作焦点图，由于模板中提供了文字样式，此处将留出文本框的位置，不添加文本，如图10-48所示。制作完成后保存为JPG文件格式。

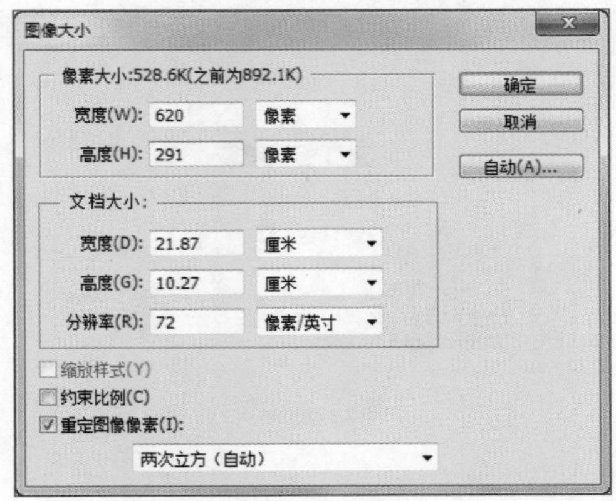


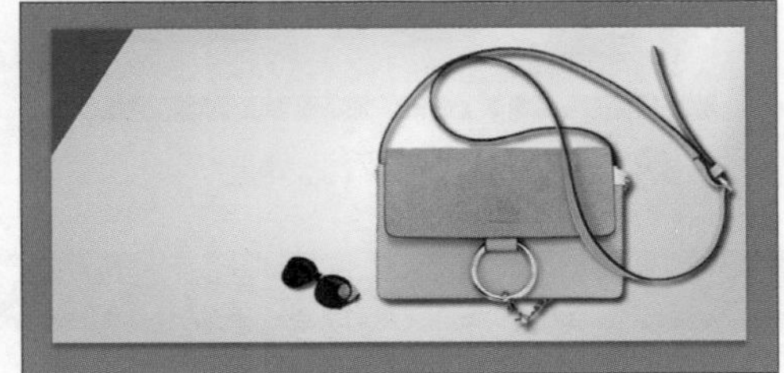

图10-48　制作符合模板要求的焦点图

**步骤 07** 返回模板编辑页面，选择在焦点图模块，左上角将出现工具栏，单击“替换图片”按钮，打开“选择图片”对话框，选择“上传新图片”选项卡，单击点击上传按钮，如图10-49所示。

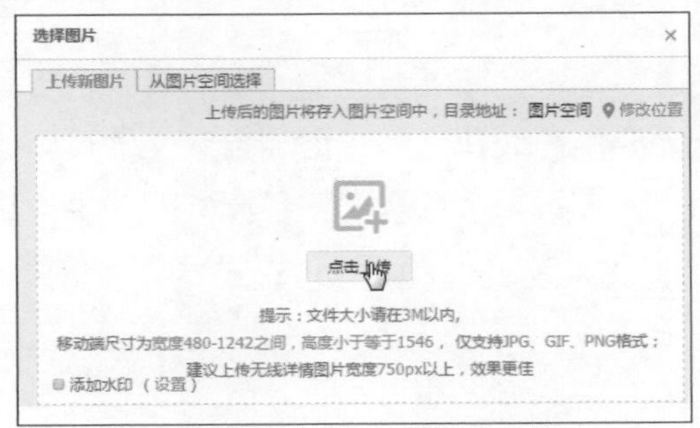


图10-49　替换模板中图片

**步骤 08** 将计算机中制作的手机端详情页焦点图片上传并添加到该模块中，单击文本框插入鼠标插入点，修改文本内容，如图10-50所示。通过文本工具栏可设置文本的字体、大小与颜色。

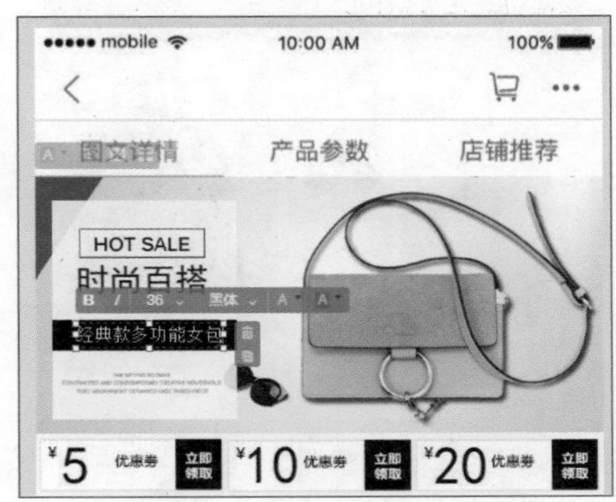


图10-50　修改文本

**步骤 09** 使用相同的方法制作并修改其他模块中的内容。此处将“热门推荐”修改为“商品搭配推荐”，选择热门推荐模块中的内容，单击模块右上角的“删除”按钮进行删除，如图10-51所示。

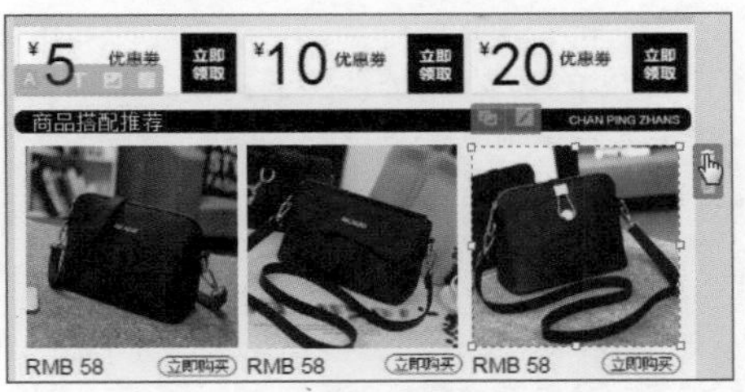


图10-51　删除模块

**步骤 10** 删除内容后，拉长“商品搭配推荐”栏的内容模块，单击右上角的“添加图片”按钮在该栏添加模块，如图10-52所示。

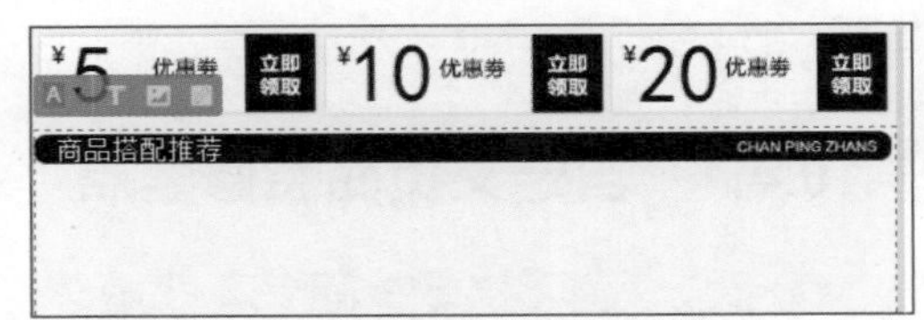


图10-52　添加模块

**步骤 11** 打开“选择图片”对话框，选择制作的宽度为620像素的商品搭配推荐图片，将其插入模块中，拖动模块到合适位置，效果如图10-53所示。

图10-53　添加模块效果

**步骤 12** 使用相同的方法制作其他模块中的内容，完成手机端详情页的装修。图10-54所示为使用模板编辑商品参数与颜色分类模块的效果。

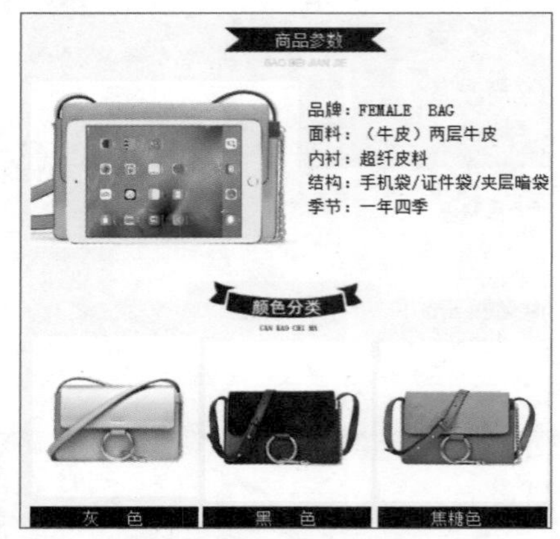

图10-54　修改其他内容

**新手试练**

随机对淘宝店铺的详情页无线端与电脑端效果进行分析，通过对比优化前后的效果，进一步明白在装修详情页时需要注意的问题，并根据分析结果制作电脑端详情页的无线端效果，要求优化后的详情页卖点清晰、信息精炼，图片占用空间小。

# 10.4 自定义页面装修

设计好的店铺页面，需要装修到店铺中才能被客户浏览，而默认店铺的页面只有首页与详情页，若制作了会员活动、品牌文化等页面，就需要用户先在店铺中添加自定义的页面，然后进行页面的装修。为了方便跳转到新建的页面中，可自定义无线端屏幕底部的菜单，将新建的页面添加到自定义菜单中。

## 10.4.1　自定义页面装修要点

尽管淘宝本身为卖家提供了一些自定义区放置的模块，但是很多的卖家都在用这些模块，导致页面千篇一律，所以功能性并不是很明显。此时，对追求个性、拓展销路的卖家而言，可以通过自定义页面发挥创意，在推荐店铺和商品的同时，展示店铺的独特性。需要注意的是，要想将自定义页面的功能发挥得淋漓尽致，自定义页面需要展示一些顾客关心的内容。

## 10.4.2　自定义菜单制作实战

手机淘宝店铺的菜单在手机界面的最下方，其目的在于方便客户快速调转到对应页面，下面对手机端淘宝店铺的菜单进行自定义设置。自定义屏幕底部的菜单为“宝贝分类、店铺活动、会员活动”，再新建名为“店铺活动”的页面，其具体操作如下。

**步骤 01** 登录淘宝账号，进入卖家中心，然后进入无线运营中心，在“无线运营中心”页面选择“自定义菜单”选项，在打开的页面中单击 +创建模板 按钮，如图10-55所示。

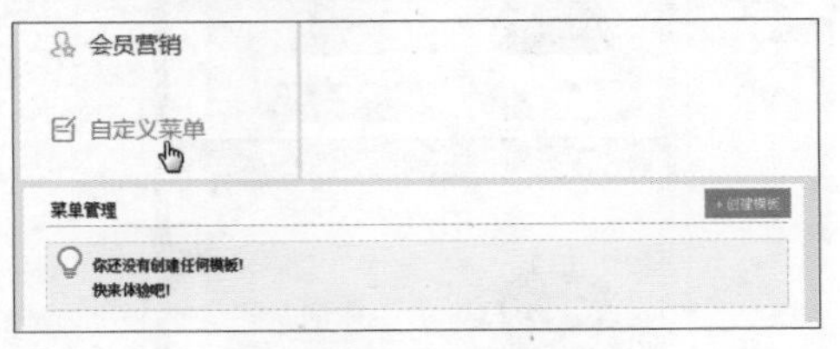


图10-55　自定义菜单

**步骤 02** 在打开的界面中输入模板名称，单击 下一步 按钮，如图10-56所示。

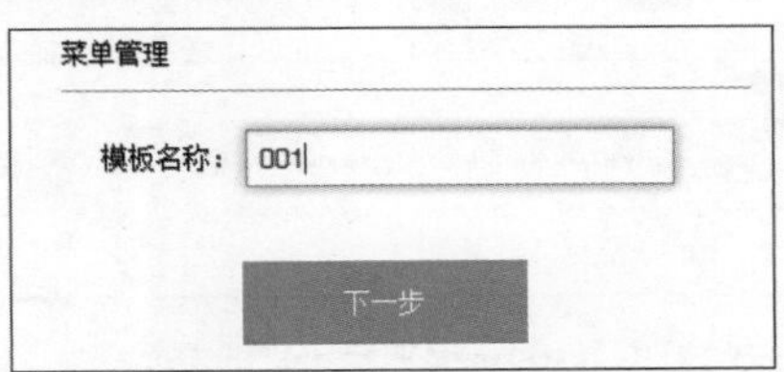


图10-56　输入模板名称

**步骤 03** 在打开的页面中单击选中需要添加分类项目前的复选框，根据店铺需要修改分类的名称，右侧的手机界面中显示了分类效果，如图10-57所示。

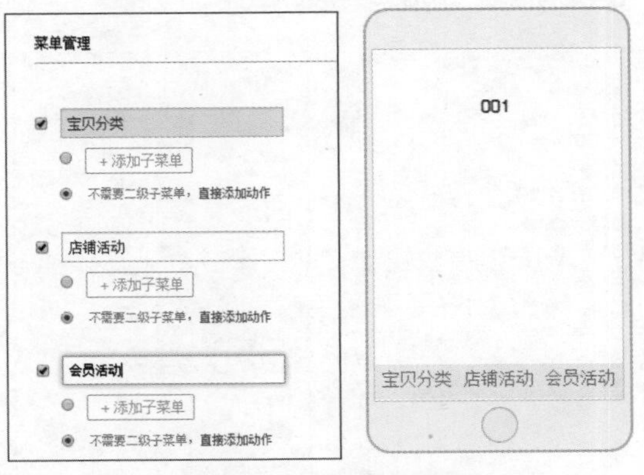


图10-57　添加分类项目

**步骤 04** 在“宝贝分类”栏中单击 +添加子菜单 按钮，在打开的对话框输入子菜单名称并选择分类，单击 确定 按钮，如图10-58所示。

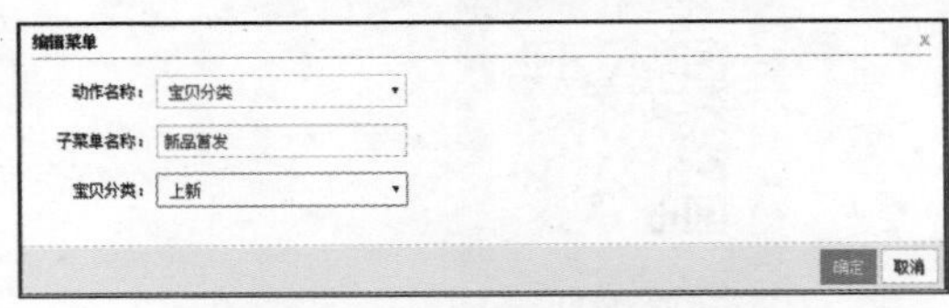


图10-58　添加子菜单

**步骤 05** 使用相同的方法添加其他子菜单，效果如图10-59所示。

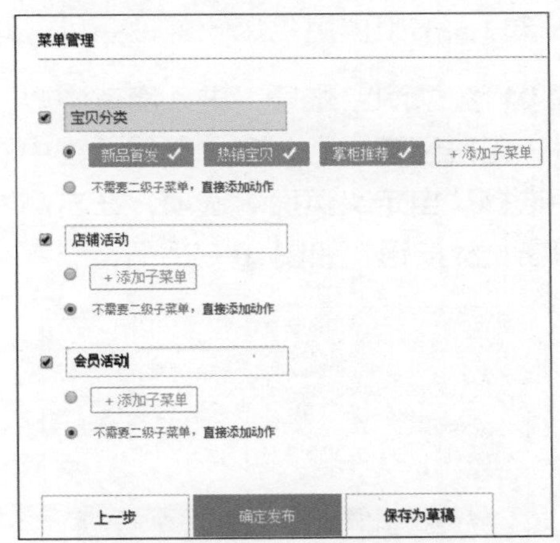


图10-59　添加其他子菜单

**步骤 06** 在右侧的手机界面中将显示添加子菜单的效果，如图10-60所示。使用相同的方法继续添加其他分类与子菜单，设置完成后单击 确定发布 按钮发布自定义菜单。

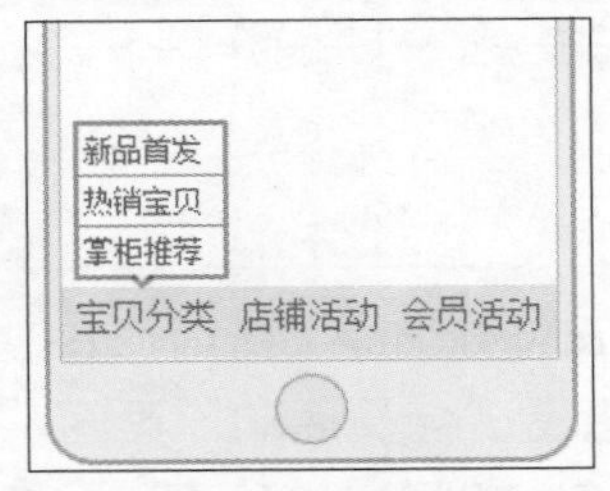


图10-60　添加子菜单的效果

### 10.4.3 自定义页面制作实战

除了首页、详情页页面外，卖家可根据店铺需要来添加符合店铺要求的其他页面，如会员活动页面、品牌介绍页面、节日专题页面等，下面将添加会员活动页面，其效果如图10-61所示。

图10-61 自定义页面效果

该页面的整体用色比较鲜艳夺目，商品排列整齐，活动主题鲜明，其具体操作如下。

**步骤 01** 登录淘宝账号，进入卖家中心，然后进入无线运营中心，在“无线运营中心”页面选择“自定义页面”选项，在右侧界面中单击新建页面按钮，如图10-62所示。

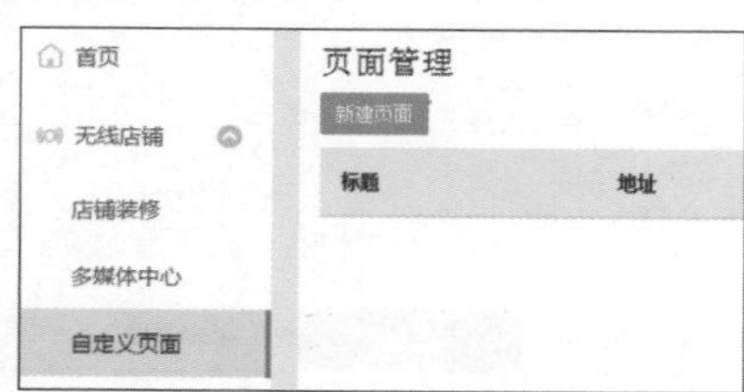


图10-62 新建页面

**步骤 02** 在打开的对话框中，输入新建页面的名称，单击确定按钮，如图10-63所示。

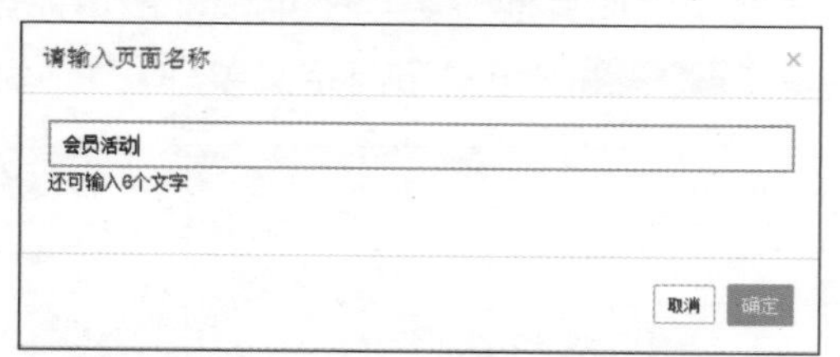


图10-63 输入新建页面的名称

**步骤 03** 查看“会员活动”页面，单击“编辑”超链接，如图10-64所示。

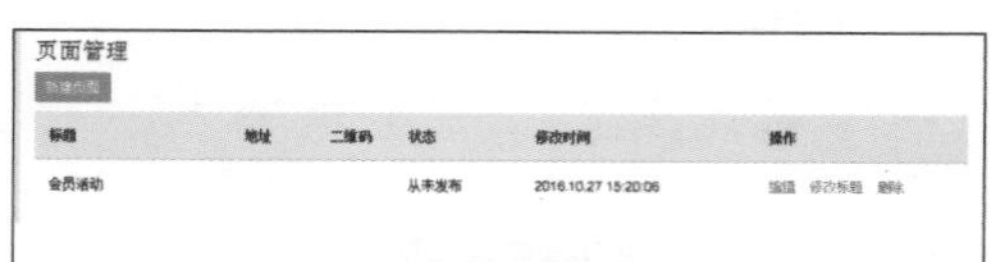


图10-64 编辑自定义的页面

**步骤 04** 打开装修后台，添加并编辑模块，其方法与电脑端相同，此处拖动“自定义模块”到页面中，拖动模块到15行单击确定位置，双击完成编辑。此时在右侧的“模板编辑”窗格中将显示模块的大小信息，如图10-65所示。删除多余的模块。

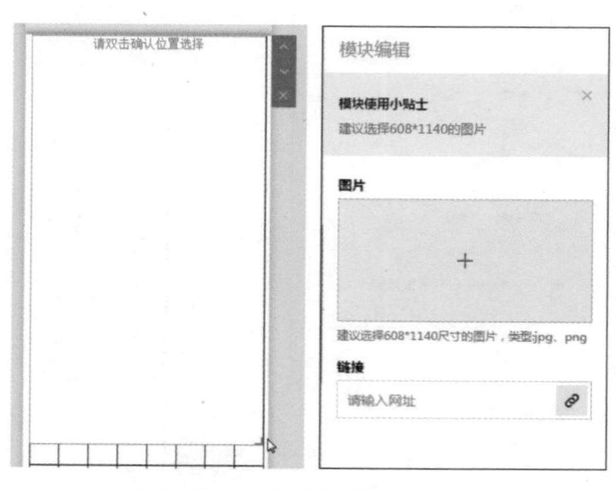


图10-65 装修“会员活动”页面

**步骤 05** 打开Photoshop，根据自定义模块的尺寸要求新建608像素×1140像素的会员活动页面，对会员活动页面进行制作，制作方法与首页的制作方法相似，完成后的效果如图10-66所示（配套资源:\效果文件\第10章\会员活动.jpg），制作完成后保存为JPG文件格式。在装修后台的"自定义模块"中添加该图像、链接等信息，即可完成活动页面的装修，完成后单击 发布 按钮。

图10-66 装修"会员活动"页面后的效果

**新手试练**

某店铺主要经营2～12岁童装，由于"11·11"活动即将到来，店铺为了搭上活动的快车，充分利用活动来促进销售，决定制作一个"11·11"活动页面。现要求读者制作活动页面，将活动页面装修到店铺中，再将该页面添加到首页底部的自定义菜单中。

在设计活动页面时，需要注意以下3个方面。

- 活动主题醒目、目标明确。
- 活动页色彩需要鲜亮、明快，符合促销的氛围。
- 若活动页面比较长，可考虑切片。

# 10.5 扩展阅读——无线店铺活动页的主要类型

由于无线店铺的屏幕比较小，分辨率高，在文字与排版上都要注重浏览的体验，可是展现的商品和活动信息毕竟有限，而通过活动页可以增加产品展现机会，多角度展现店铺目前促销情况。目前淘宝上的活动页大致分为以下3类。

- **单品推广活动页：**该页面主要用于打造热销单品。由于是强调单品，因此制作该类型的页面时要突出该商品的卖点，信息传达一致，突出商品的唯一性。
- **活动推广活动页：**该页面适用于追求整体活动感觉的专题活动页设计，如中秋活动页、国庆活动页等，此外该页面还适用于促销页面设计，如清仓甩卖页、低折扣页等。
- **产品搭配推荐活动页：**该页面可以将产品按客户的需要进行组合搭配，提高店铺的转化率与客单价。需要注意的是，该页面中的搭配必须以客户的需求为中心，并不是为了搭配而搭配。使用产品搭配推荐活动页时，可以适当考虑优惠券与满减的使用，以进一步促成订单的达成。

# 10.6 高手进阶

（1）为婴儿奶粉店铺新建大小为640像素×200像素，名为“奶粉店店招”的无线店铺店标图像，在制作时首先通过填充背景绘制卡通云朵与彩虹等元素，制作符合儿童可爱形象的梦幻背景，然后导入素材（配套资源:\素材文件\第10章\练习1），最后添加文本完成店招的制作，制作后的效果如图10-67所示。（配套资源:\效果文件\第第10章\练习1）

图10-67　奶粉店店招效果

（2）本练习将利用搜集的素材（配套资源:\素材文件\第10章\练习2）制作无线店铺棉袜的详情页，根据棉袜的清新风格，采用白色和深绿色作为店铺的主色调，对面料、生产工艺、细节亮点进行详细描述，促进客户消费，制作后的效果如图10-68所示（配套资源:\效果文件\第10章\练习2）。

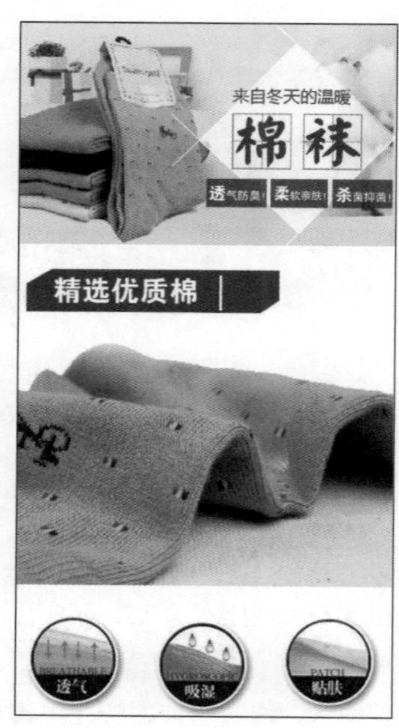


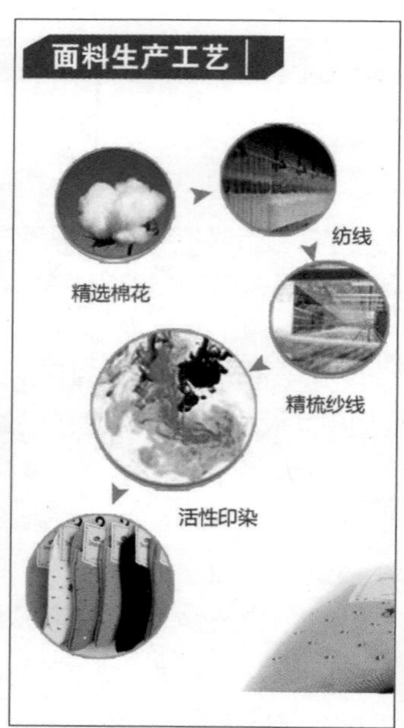


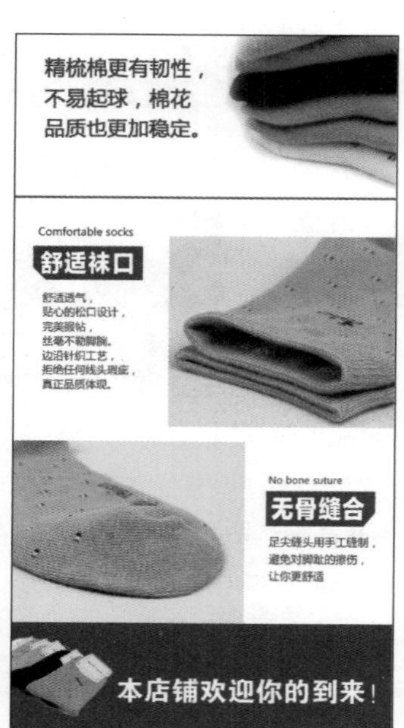


图10-68　无线端棉袜的详情页效果